CHRISTIAN SPIERING

DAS SELTSAMSTE TEILCHEN DER WELT

AUF DER JAGD NACH DEM NEUTRINO

Hanser

2. Auflage 2026

ISBN 978-3-446-28465-4

Vilshofener Straße 10 | 81679 München | info@hanser.de

Dieses Werk wurde vermittelt durch die Literarische Agentur Gaeb & Eggers.
Umschlag: Anzinger und Rasp, München
Motiv: © Jordy Meow
Satz: Greiner & Reichel, Köln
Druck und Bindung: GGP Media GmbH, Pößneck
Printed in Germany

INHALT

PROLOG

Wenn im Zoo der Elementarteilchen ein Preis für Extravaganz und Rätselhaftigkeit verliehen werden würde, dann dürfte er mit ziemlicher Sicherheit an das Neutrino gehen. Neutrinos sind die eigenartigsten und befremdlichsten aller bekannten Teilchen. Im Vergleich zu ihren eher prosaischen Mitbewohnern im Teilchenzoo nehmen sie sich wie regelrechte Zauberwesen aus. Ihre verblüffendste Eigenschaft ist ohne Zweifel die äußerst geringe Neigung, mit ihrer Umwelt in irgendeine Form von Wechselwirkung zu treten. Darum können sie riesige Materieschichten durchdringen, ohne auf ein anderes subatomares Teilchen zu prallen. Von den 60 Milliarden Sonnenneutrinos pro Quadratzentimeter und Sekunde etwa, die von der Sonne kommend auf die Erdoberfläche treffen und dann die Erde durchqueren, stoßen im Mittel kaum ein Dutzend mit einem Atom des Erdinnern zusammen. Unbemerkt durchqueren sie auch unseren Körper, dringen an der Schulter ein und eilen durch die Fußsohlen hinaus, jagen durchs Herz, preschen durch den Magen und huschen durchs Gehirn, ohne auch nur die geringste Spur zu hinterlassen.

Am Anfang der Geschichte des Neutrinos stehen Ungereimtheiten bei radioaktiven Zerfallsprozessen. Lise Meitner, die erste Heldin dieses Buches, hat ihnen einen Großteil ihres Lebens gewidmet – lange bevor sie durch ihre Rolle bei der Entdeckung und Erklärung der Kernspaltung berühmt wurde. Um die erwähnten Widersprüche auflösen zu können, »postulierte« unser zweiter Protagonist, der Physiker Wolfgang Pauli, im Jahr 1930 die Existenz des Neutrinos. Wenige Jahre später gelang es, die Eigenschaften des hypothetischen Teilchens zu berechnen. Das Ergebnis war allerdings niederschmetternd: Das Neutrino glich eher einem Geisterteilchen als einer realen Existenz. Dass man Paulis seltsames Teilchen je würde nachweisen können, glaubte darum niemand – einschließlich Pauli selbst.

Aber das war ein Irrtum. In den Vierzigerjahren entstanden die ersten Kernreaktoren, und sie erzeugten eine so gigantische Menge von Neutrinos, dass ein Nachweis in den Bereich des Möglichen rückte. 1956 gelang es zwei amerikanischen Physikern, Frederick Reines und Clyde Cowan, an einem Reaktor in den USA Neutrinos nachzuweisen. Aus dem Fluss von Abermilliarden Neutrinos, die in jeder Sekunde durch ihr Nachweisgerät strömten, lösten nur ein bis zwei pro Stunde ein Signal aus. Frederick Reines, der dritte Held unserer Erzählung, erhielt dafür den Nobelpreis für Physik. Anders als Meitner und Pauli hat er fast sein ganzes Forscherleben der Untersuchung von Neutrinos gewidmet, mit einer einzigartigen Mischung aus Ausdauer, Ideenreichtum und Besessenheit. An Ideenreichtum steht ihm unser vierter Held in nichts nach. Bruno Pontecorvo ist in der Neutrinoforschung nachgerade allgegenwärtig. Auch die Ergebnisse des IceCube-Neutrinoteleskops am Südpol, an dem ich selbst beteiligt bin, wären ohne Pontecorvos Idee von »Neutrino-Oszillationen« nicht verständlich. Drei seiner Ideen haben zu Nobelpreisen geführt – und in allen drei Fällen gehörte er nicht zu den Ausgezeichneten!

Eine der drei Ideen Pontecorvos betraf den Nachweis von Neutrinos. Zwar wurden die Neutrinos aus Kernreaktoren mithilfe eines anderen Nachweisprinzips entdeckt, aber dem US-Amerikaner Raymond Davis gelang es 14 Jahre später, mit der Pontecorvo-Methode erstmalig Neutrinos aus der Sonne nachzuweisen. Anders als Pontecorvo war Davis vor allem ein Mann der Ausdauer, ein Dickbrettbohrer par excellence. Davis, Nobelpreisträger von 2002, ist die fünfte der porträtierten Personen. Die sechste ist John Bahcall, der Davis als theoretischer Astrophysiker begleitete und Beharrlichkeit mit einer erstaunlichen Vielseitigkeit verband. 17 Jahre nach Davis' ersten Resultaten gelang die Messung von Sonnenneutrinos – mit einem völlig andersgearteten Gerät – auch dem Japaner Masatoshi Koshiba, der siebenten porträtierten Person. Zudem schenkte das Schicksal ihm ein astronomisches Jahrhundertereignis: die Explosion einer Supernova in einer Satellitengalaxis unserer Milchstraße. Weltweit wurden zwei Dutzend Neutrinos aus dieser Supernova registriert, die Hälfte davon mit Koshibas Detektor. Auf spektakuläre Weise bestätigten sie die Vorstellungen von dem, was im Innern eines kollabierenden Sterns passiert, und eröffneten endgültig die Ära der Neutrinoastronomie.

Die Persönlichkeiten der Hauptdarsteller in unserer Neutrinosaga könnten unterschiedlicher nicht sein. Da sind die peniblen Ausdauerläufer, die sich über mehr als zwei Jahrzehnte beharrlich einer Fragestellung widmen. Lise Meitner, Raymond Davis und John Bahcall sind Beispiele dafür. Daneben die genialen Vordenker, die mit einem Schlag einen gordischen Knoten durchtrennen, wie Wolfgang Pauli. Dazu Physiker, die von ihrem Forschungsobjekt regelrecht besessen sind und von einer Entdeckung und einer Idee zur nächsten eilen, wie Bruno Pontecorvo und Fred Reines. Und schließlich solche, denen ein astronomisches Jahrhundertereignis verdientermaßen zu Nobelpreisehren verhilft, wie Masatoshi Koshiba. Bewundernswert sind sie alle, jeder auf seine Weise.

Ihre Biografien sind jedoch nicht nur durch ihren Forschungsgegenstand, das Neutrino, geprägt, sondern auch durch die Weltgeschichte: durch ein Jahrhundert mit zwei Weltkriegen, durch Diktaturen wie die von Hitler in Deutschland, Mussolini in Italien und Stalin in der Sowjetunion. Durch Emigration, durch die Entdeckung der Kernspaltung und den Abwurf der Atombomben über Hiroshima und Nagasaki und durch den Kalten Krieg zwischen West und Ost. Lise Meitner und Bruno Pontecorvo werden durch die geschichtlichen Ereignisse um den Nobelpreis gebracht, die eine, weil sie aus Nazideutschland emigrieren musste, der andere, weil er über den Eisernen Vorhang hinweg vom Westen in den Osten wechselte und kaum Chancen hatte, seine Ideen in die Tat umzusetzen. Fred Reines, der Entdecker des Neutrinos, wäre möglicherweise nie auf das Neutrino als Lebensprojekt gestoßen, wenn er nicht vorher in Los Alamos für das Atombombenprojekt gearbeitet hätte. Und der Lebensweg des Japaners Masatoshi Koshiba wäre vielleicht ganz anders verlaufen, wenn nicht 1945, als er gerade 19 Jahre alt war, Atombomben über seinem Heimatland abgeworfen worden wären und Japan bedingungslos kapituliert hätte.

Zurück zu den Neutrinos selbst: Sie sind schon allein wegen ihrer physikalischen Eigenschaften ein fesselndes Forschungsobjekt. Für mich und viele meiner Kollegen sind sie aber in einer völlig anderen Hinsicht interessant: als kosmische Informationsträger. Teilchen, die nur äußerst sporadisch mit ihrer Umwelt reagieren, können uns nämlich aus kosmischen Regionen erreichen, aus denen nie ein Lichtstrahl zu uns dringen kann. Vereinfacht könnte man sagen: Was der Röntgenstrahl für die Medizin, das ist das Neutrino für die Astrophysik.

So haben uns Neutrinos entscheidende Informationen aus dem Innern der Sonne geliefert, von dort, wo die Kernreaktionen ablaufen, aus denen unser Zentralgestirn seine Energie bezieht. 1987 haben sie uns, wie schon erwähnt, Kunde aus dem Innern einer Supernova überbracht. Die zwei Dutzend weltweit registrierten Supernova-Neutrinos hatten die Wirkung eines Paukenschlags. Von heute auf morgen nahmen selbst Skeptiker die Neutrino-Astronomie ernst, auch wenn die meisten von deren Pionieren immer noch als seltsame Exoten angesehen wurden. Auch für mich selbst stellte dieses Ereignis ein Schlüsselerlebnis dar: Ich schloss mich einem Projekt für ein Neutrinoteleskop im Baikalsee an.

Im Mittelpunkt des Baikal-Projekts stehen nicht Neutrinos aus der Sonne oder aus Supernovae, sondern solche aus kosmischen Beschleunigungsprozessen. Deren Energie ist zwar Millionen Mal größer als die von Sonnenneutrinos, aber ihre Anzahl auf der Erde dafür viele *Billionen* mal geringer. Der Nachweis solcher Neutrinos erfordert darum Detektoren von gigantischen Ausmaßen. Er gelang erst im Jahr 2013 mit dem IceCube-Neutrinodetektor am Südpol. An diesem Projekt (und seinen Vorstudien) bin ich selbst seit 1995 beteiligt und durfte mich darum zusammen mit 200 Mitstreitern über diesen fantastischen Erfolg freuen. Inzwischen konnten wir auch einige solcher Neutrinos bestimmten Quellen zuordnen – sogenannten Aktiven Galaxien bzw. dem Band der Milchstraße.

Die häufigsten Neutrinos im Kosmos sind ausgerechnet die, von denen wir noch nicht genau wissen, ob wir sie jemals nachweisen können: die Neutrinos, die seit dem Urknall vor 13,8 Milliarden Jahren, unbeeinflusst vom Rest der Materie, den Kosmos durcheilen – die berühmten »Relikt-Neutrinos«, von denen jeder Kubikzentimeter des Kosmos etwa 340 enthält. Ihre geringe Energie lässt ihren Nachweis fast aussichtslos erscheinen – aber geben muss es sie, zumindest wenn unsere Vorstellungen vom frühen Universum nicht völlig falsch sind.

Übrigens sind auch Sie und ich Neutrinoquellen. Unser Körper enthält radioaktive Isotope von Kalium und Kalzium, bei deren Beta-Zerfällen Neutrinos erzeugt werden. Etwa 5000 Neutrinos pro Sekunde strahlt der Körper eines Achtzig-Kilo-Menschen aus. Verschwindend wenig im Vergleich zu den 10^{21} Neutrinos, die ein 1-Gigawatt-Kernreaktor pro Sekunde emittiert, aber eben auch nicht null.

Dieses Buch soll Ihnen keine systematische Einführung in die Neutrinophysik und die verschiedenen kosmischen Neutrinoquellen bieten. Wenn Ihnen das am Herzen liegt, dann verweise ich auf mein eigenes Buch *Neutrinoastronomie – Blick in verborgene Welten* oder, wenn Sie es wesentlich kürzer und ohne eine einzige Formel wollen, auf das Buch *Neutrino* von Frank Close. Hier soll es in erster Linie um Schicksale gehen. Um Porträts von Menschen, die nicht nur großartige wissenschaftliche Leistungen erbracht haben, sondern auch interessante, vielschichtige, manchmal komplizierte und fast immer faszinierende Persönlichkeiten waren. Die Betonung liegt auf »waren«, denn ich habe mich, was die sieben Porträtierten betrifft, auf Personen beschränkt, die schon verstorben sind. Vier von ihnen habe ich selbst kennenlernen dürfen, zwei – Lise Meitner und Wolfgang Pauli – hätte ich allerdings schon aus Altersgründen nicht selbst treffen können (zumindest nicht als Erwachsener). Die Tatsache, dass die wissenschaftlichen Schlüsselergebnisse der Porträtierten fast alle 40 Jahre oder länger zurückliegen, bringt es mit sich, dass ihre Lebensgeschichten die Fragen nach dem gegenwärtigen Stand der Forschung offen lassen. In einem letzten, kurzen Kapitel skizziere ich daher die Entwicklung der Neutrinoforschung nach dem Tod meiner Protagonisten. Ganz zum Schluss habe ich für diejenigen Leser, die nichts mit Teilchenphysik zu tun haben und sich durch die unterschiedlichen Bezeichnungen für Neutrinos (mal nach Typ, mal nach Herkunft) verwirrt fühlen könnten, eine Definition der wichtigsten Begriffe hinzugefügt.

Ich habe mich entschlossen, jedes Kapitel mit einer kleinen persönlichen Episode zu beginnen. Zumindest bei jenen, denen ich selbst begegnet bin, gibt mir das die Gelegenheit, ein kleines Schlaglicht aus meinem Blickwinkel auf die Betroffenen zu werfen.

1 EIN RÄTSEL UND EIN AUSWEG: LISE MEITNER UND WOLFGANG PAULI

Juni 2008. Ich schlendere mit meinem Kollegen Josef Jochum durch Tübingen. Es ist das erste Mal, dass ich in dieser geschichtsgesättigten Stadt bin. Wir durchstreifen das wunderschöne alte Zentrum Tübingens. Über den Neckar hinweg, der sich still durch die Stadt schlängelt, werfen wir einen Blick auf den berühmten Turm, in dem der Dichter Friedrich Hölderlin die zweite Hälfte seines Lebens in geistiger Umnachtung verbracht hat. Am Holzmarkt stöbern wir ein wenig in der Buchhandlung Heckenauer, in der Hermann Hesse von 1895 bis 1899 seine Buchhändlerlehre absolviert hat. Orte, die in jedem Stadtführer verzeichnet sind.

Josef ist Professor an der Universität Tübingen. Er beschäftigt sich, wie auch ich selbst, mit der Untersuchung von Neutrinos, jenen geisterhaften Teilchen, die so schwer dingfest zu machen sind. Am Abend dieses milden Junitages soll ich einen populärwissenschaftlichen Vortrag zur Astronomie mit Neutrinos halten. »Bis jetzt sehen wir noch nichts«, wird mich am übernächsten Tag das *Schwäbische Tagblatt* zitieren und hinzufügen: »So fröhlich können diesen Satz nur Physiker sagen.« In der Tat läuft im Jahr 2008 unser Neutrinoteleskop am Südpol erst im Teilbetrieb, und bis zu unserer ersten Entdeckung sollen noch fünf Jahre vergehen. 2008 kann ich nur Versprechungen und eine gehörige Portion Optimismus anbieten.

Die Sonne beginnt schon lange Schatten zu werfen. Wir müssen uns beeilen, um rechtzeitig zu dem Hörsaal zu kommen, in dem ich vortragen soll. Plötzlich deutet Josef auf ein stattliches Gebäude zu unserer Linken und sagt: »Hier war's!«

Ich weiß sofort, was er meint.

Vor meinem Auge erscheint eine zierlich gewachsene Frau von etwa fünfzig Jahren. Sie ist sorgfältig gekleidet. Ein Scheitel, nicht ganz in der Mitte, teilt ihre dunklen Haare, die sie hinten zu einem Knoten zusammengebunden hat. Die Frau sitzt im Frühstücksraum eines Hotels, nur ein paar Minuten von dem erwähnten Gebäude entfernt. Ihr Kaffee ist noch nicht ganz ausgetrunken. Gerade zündet sie sich eine Zigarette an. Von einem Nachbartisch schauen zwei militärisch anmutende Herren missbilligend hinüber. Wir schreiben das Jahr 1930. Zwar sind gerade erst die »Goldenen Zwanziger« zu Ende gegangen, wo alles, was einst verpönt war, mit einem Mal erlaubt zu sein schien. Aber eine Dame mittleren Alters, ohne Begleitung, ohne Ehering (wie die beiden Herren sofort konstatieren), aber rauchend: Das mochte in Berlin angehen. In Tübingen eher nicht. Selbst wenn die beiden geschniegelten Herren wüssten, dass da eine Professorin für Physik sitzt, würde ihre Skepsis nicht weichen, sondern sich womöglich noch verstärken.

In einer halben Stunde soll in dem stattlichen Gebäude eine Physiktagung beginnen. Lise Meitner – so heißt die Frau – zieht aus ihrer Handtasche einen Brief hervor, den ihr am Abend zuvor ein Kollege übergeben hat, mit der Bitte, ihn auf der Tagung zu verlesen. Der Verfasser ist Wolfgang Pauli – Physikgenie, Nachtschwärmer und Mitschöpfer der modernen Quantenmechanik. Er könne, so der dreißigjährige Professor an der Eidgenössischen Technischen Hochschule in Zürich, »leider nicht persönlich in Tübingen erscheinen«, da er »infolge eines in der Nacht vom 6. zum 7. Dez. in Zürich stattfindenden Balles dort unabkömmlich« sei. Das Schreiben ist einer der berühmtesten Briefe in der Geschichte der modernen Physik. Es zeigt die Lösung für ein zwei Jahrzehnte altes Rätsel auf. Und niemand sonst auf der Welt hat dieses Rätsel länger und akribischer untersucht als die zierliche Frau am Frühstückstisch.

Lise Meitner hat ihre Zigarette zu Ende geraucht. Sie greift ihre Tasche, zieht sich sorgfältig ihren Mantel an und geht eilig zum Tagungsgebäude hinüber. Noch eine Stunde, und eine kleine Schar von »Radioaktiven Damen und Herren«, wie Pauli sie scherzhaft anredet, wird von seinem verrückten Vorschlag hören. Die Geburtsstunde des Neutrinos hat geschlagen!

Lise will mehr

Lise Meitner wird am 7. November 1878 in Wien geboren. Oder war es der 17. November? Dieses Datum verzeichnet das Geburtsregister der jüdischen Gemeinde in Wien. Als Lise etwa zehn Jahre alt ist, vergisst jedoch ein Beamter, die Eins in ein Dokument einzutragen, und so wird aus der Siebzehn eine Sieben. Lise Meitner wird als Erwachsene ihren Geburtstag stets am 7. November feiern. Auch von ihrem korrekten Geburtsnamen, Elise, wird sie später keinen Gebrauch machen. Sie ist »Lise«.

Lises Geburtshaus liegt in der Kaiser-Josephs-Straße, in der Mitte zwischen dem kaiserlich-königlichen Augarten und dem Praterstern. Der regierende Kaiser heißt Franz Joseph, biederer Ehemann der bildschönen Elisabeth (»Sisi«). *Ganz* jung sind beide in Lises Geburtsjahr nicht mehr: Ein Jahr später werden sie ihre Silberhochzeit feiern. Als Sechsjährige wird Lise einen Blick auf Sisi erhaschen, als die mit ihrer kaiserlichen Kalesche zum Augarten prescht. Franz Joseph regiert die österreichisch-ungarische Monarchie seit 30 Jahren und wird noch vier weitere Jahrzehnte auf dem Thron bleiben. 1916 erspart der Tod dem Greis, den Untergang der Monarchie miterleben zu müssen.

1878 ist Wien eine blühende Stadt, eine Stadt der Musik und der Kultur. Als Lise zehn Jahre alt ist, wird das Wiener Burgtheater eröffnet, und als sie 13 ist, das Kunsthistorische Museum: Pilgerstätten für Theater- und Kunstinteressierte. Wien ist die Hauptstadt eines Vielvölkerstaates, dessen Kulturen einander beeinflussen und in dem Tradition und Moderne, Rückwärtsgewandtheit und Fortschritt miteinander verschmelzen. Gerade erst ist erlaubt worden, dass Frauen die Maturitätsprüfung ablegen können. Mehr noch: Nach einer Verordnung des

Ministeriums für Kultus und Unterricht können Frauen »ausnahmsweise« und nur als Gasthörerinnen zu Vorlesungen an der Universität zugelassen werden. Eine Studienberechtigung ist das noch nicht. Aber immerhin mehr, als im Deutschen Reich möglich ist. Und zwei Jahrzehnte später wichtig für Lise Meitner!

Einwohner aus allen Landesteilen strömen nach Wien. Wenige Jahre vor Lises Geburt hat die Einwohnerzahl eine Million überschritten. Unter den Zuwanderern sind viele Juden, deren formale Gleichstellung 1867 gesetzlich festgeschrieben wurde. Und unter ihnen auch Lises Eltern, Philipp und Hedwig Meitner, er in Mähren geboren, sie in der Slowakei.

»Früh vom orthodox Religiösen emanzipiert«, wird Stefan Zweig später über diese Juden schreiben, »waren sie leidenschaftliche Anhänger der Zeitreligion des ›Fortschritts‹. … Wenn sie aus ihrer Heimat nach Wien übersiedelten, passten sie sich mit erstaunlicher Geschwindigkeit der höheren Kultursphäre an, und ihr persönlicher Aufstieg verband sich organisch mit dem allgemeinen Aufschwung der Zeit.«

Philipp Meitner kommt 1862 nach Wien, studiert dort Jura und wird Rechtsanwalt. 1875 heiratet er Hedwig. Die beiden haben acht Kinder, fünf Töchter und drei Söhne. Lise ist das dritte Kind. Die Meitner-Kinder werden zwar alle in das Geburtenregister der israelitischen Kultusgemeinde eingetragen, erzogen werden sie aber protestantisch. Erst am 29. September 1908 wird Lise Meitner offiziell aus der Kultusgemeinde austreten – und sich am gleichen Tag evangelisch taufen lassen.

Mit zwei älteren und fünf jüngeren Geschwistern lernt Lise zwei wichtige Verhaltensmuster: Unterordnung für den Fall, dass sie eine Person respektiert – neben den Eltern auch die beiden älteren Schwestern Gisela und Auguste –, und die Fähigkeit, sich zu kümmern und zu lenken im Falle der jüngeren Geschwister. Weit später, als Professorin, wird sie ihre Studenten »wenn nötig mit eiserner Hand« führen, wie ihr Neffe Otto Robert Frisch schreibt.

Davon ist aber bei der jungen Lise noch nichts zu spüren. Aufgeweckt ist sie, aber auch schüchtern. Eine gewisse Scheuheit wird sie auch als Erwachsene nie ganz ablegen. Einstein, der sie sehr schätzt und später gerne als »unsere Marie Curie« bezeichnen wird, attestiert ihr nach einem Vortrag, zu dem sie sich regelrecht überwinden musste, eine »Kleinmädchenverschämtheit«. Auf den Fotografien der Zwanzigjährigen blickt sie einen nachdenklich an, manchmal schüchtern und ernst, manchmal verschämt lächelnd, den Mund leicht schief verzogen. Eine aparte Erscheinung ist die grazile junge Frau aber allemal.

Die Meitners lassen ihre Kinder am Wiener Kulturleben teilhaben. Sie nehmen sie in die Oper und zu Theater- und Museumsbesuchen mit. Die Mutter bringt ihnen Lesen und Schreiben bei, der Vater unterrichtet die vier ältesten Geschwister in Englisch, Französisch und Latein. Die Kinder können sich in der umfangreichen Bibliothek der Eltern bedienen und werden so schon früh mit guter Belletristik vertraut gemacht. Zweimal in der Woche erscheint ein Klavierlehrer bei den Meitners. Auguste wird später als erste junge Frau am Wiener Konservatorium Kompositionslehre und Klavier studieren. Aber auch Gisela und Lise sind recht gute Pianistinnen.

Alle Kinder lesen, doch die buchstäbliche Leseratte unter ihnen ist Lise. Wie schlafwandlerisch läuft sie häufig durch die Wohnung, ein Buch vor der Nase. Schöne Literatur, geschichtliche Werke und irgendwann auch Bücher physikalischen Inhalts. Für Arbeiten im Haushalt macht sie die Leserei nicht unbedingt geeigneter, und ihre Geschwister machen sich gerne über sie lustig: »Das kann die Lise nicht, das steht nicht im Physikbüchl.«

Die erste Anregung dafür, dass sich der schöngeistigen Literatur die Physik zugesellt, war angeblich eine ölige Pfütze. Lise war vom Schillern des Ölflecks gefesselt und wollte wissen, wie das Farbenspiel zustande kommt. Die Erklärung muss sie nachhaltig beeindruckt und ihr Interesse an physikalischen Problemen geweckt haben. Von nun an fragt sie häufiger nach, wenn sie etwas Erklärungsbedürftiges sieht. Und irgendwann reichen ihr die mündlichen Antworten nicht mehr aus. Irgendwann muss es ein »Physikbüchl« sein.

Ein ebenso behütetes wie förderndes Elternhaus. Lise wird sich später mit Dankbarkeit daran erinnern, wie viel sie »an Gutem und Schönen von zuhaus mitbekommen« hat. »Letzten Endes«, schreibt sie, »ist es noch heute der Boden, auf dem ich stehe.«

Von 1884 bis 1889 besucht Lise die Volksschule. Begabte Knaben wechseln danach ins Gymnasium. Dessen Besuch ist Mädchen damals noch verwehrt. Lise geht stattdessen auf die »Bürgerschule«. Deren Besuch beendet sie 1892, und damit gilt die Schulbildung der knapp Vierzehnjährigen als abgeschlossen.

Aber Lise will mehr. Lise möchte studieren. Mathematik, Physik, vielleicht auch Medizin.

Um zu studieren, muss man jedoch zuerst die Matura (also das Abitur) ablegen, und dazu hätte Lise das Gymnasium besucht haben müssen. Allerdings gibt es einen Umweg zur Hochschulreife: eine externe Matura. Für deren Vorbereitung muss man teure Privatstunden nehmen. Und: Man muss sich sicher sein, dass sich die Investition später auch gelohnt haben wird. Diese Gewissheit hat Philipp Meitner nicht. Darum lässt er Lise zunächst eine Ausbildung zur Französischlehrerin absolvieren. Damit würde sie – Matura hin, Matura her – ihren Lebensunterhalt notfalls auch selbst bestreiten können. Zwei Jahre dauert die Ausbildung, danach kann Lise eigenständig zum Familieneinkommen beitragen und, besonders wichtig, die Privatstunden zur Vorbereitung auf ihr Matura-Examen selbst bezahlen.

1901 hat sie es geschafft: Sie besteht die Matura-Prüfung! Damit hat sie die erste große Hürde auf dem Weg zu ihrem Ziel genommen. Drei Monate nach der Prüfung schreibt sie sich als Studentin der Mathematik und Physik an der Universität Wien ein (die seit 1898 auch Frauen zum Studium der meisten Fächer zulässt, und zwar nicht nur »ausnahmsweise« und als Gasthörerinnen). 23 Jahre zählt sie jetzt, ein Alter, in dem männliche Studenten damals meistens schon kurz vor der Promotion stehen.

Lise Meitner belegt zunächst die Fächer Physik, Mathematik und – da die Naturwissenschaften dem Fachbereich Physik der Philosophischen Fakultät zugeordnet sind – Philosophie.

Sie stürzt sich als Erstes auf die Mathematik und hört Vorlesungen zur Differenzial- und Integralrechnung, wichtigstes Handwerkszeug der theoretischen Physiker. Die Vorlesungen zur Theoretischen Physik selbst fallen zunächst aus, denn der designierte Lehrstuhlinhaber befindet sich noch in Leipzig. Es ist Ludwig Boltzmann, der unschätzbare Beiträge zur Thermodynamik und zur statistischen Physik geleistet hat. Tatsächlich gibt es heutzutage keinen Grundkurs der Physik, in dem man nicht mit dem Stefan-Boltzmann-Gesetz, der Boltzmann-Konstante oder der Boltzmann-Verteilung Bekanntschaft schließt. Boltzmann ist ein glühender Verfechter der Existenz von Atomen, unbeirrt von bissigen Anfeindungen konservativer Physiker und Philosophen. Für Lise Meitner ist der bullige Mann mit dem Rauschebart und den funkelnden Augen hinter der kleinen Nickelbrille mehr. Er ist ein Guru, ein Kämpfer für wissenschaftliche Wahrheit. Sie wird sich später erinnern: »Boltzmann hatte keinerlei Hemmungen, seinen Enthusiasmus, während er sprach, zu zeigen; diese Tatsache riss natürlich seine Hörer mit … Ich erinnere mich besonders daran, auf wieviel Schwierigkeiten und Opposition er traf, weil er von der Existenz von Atomen überzeugt war, und wie er von philosophischer Seite angegriffen wurde …« Später hat Lise auch privaten Kontakt zu Boltzmann und wird zu Musikabenden in dessen Haus eingeladen. Boltzmann spielt sehr gut Klavier, und eigentlich möchte man sich vorstellen, wie er und Lise gelegentlich vierhändig spielen. Aber das haben sie in Wirklichkeit nie getan. Lise – die Leser ahnen es! – ist zu schüchtern.

Nach acht Semestern beginnt Lise Meitner an ihrer Dissertation zu arbeiten. Ihre halb theoretische, halb experimentelle Arbeit mit dem Titel *Wärmeleitung in inhomogenen Körpern* wird 1906 in den Sitzungsberichten der Wiener Akademie der Wissenschaften veröffentlicht. Dahin schafft es beileibe nicht jede Dissertation. Kurz zuvor, im Dezember 1905, hat sie ihre Abschlussprüfungen mit Auszeichnung bestanden, und am 1. Februar 1906 wird sie promoviert. Jetzt ist sie Fräulein Dr. Meitner.

Kann sie davon leben? Mitnichten. Junge Wissenschaftler sind damals Hungerkünstler. Oder zumindest Lebenskünstler, es sei denn, sie haben ein familiäres finanzielles Polster. Für Frauen gilt das noch viel gnadenloser als für Männer. Darum bereitet sich das junge Fräulein Doktor auf eine Lehramtsprüfung in Mathematik und Physik vor: Als Lehrerin würde sie sich in jedem Fall selbst ernähren können. Nun bestreitet sie vormittags Probestunden an einer Mädchenschule, nachmittags geht sie in die Universität, um wissenschaftlich zu arbeiten. Noch im Jahr ihrer Promotion ergibt sich aus dieser Halbtagsbeschäftigung ihre zweite wissenschaftliche Veröffentlichung. Eine rein theoretische Arbeit. Diesmal geht es um die Reflexion von Licht an der Grenzfläche zweier Medien.

Aber dann, noch im gleichen Jahr, begibt sich Lise Meitner auf das Gebiet, dem sie ihr Leben lang treu bleiben wird: die Radioaktivitätsforschung.

α, β, γ – das radioaktive Alphabet

Am 1. März 1896, gerade ein Jahrzehnt zuvor, hat der französische Physiker Henri Becquerel zu seiner Überraschung festgestellt, dass Fotoplatten, die er einige Tage zusammen mit einem Brocken Uransalz in völliger Dunkelheit liegen gelassen hatte, leicht geschwärzt waren. Er schloss daraus, dass Uran irgendeine Art von Strahlung aussendet. Becquerel nennt sie der Einfachheit halber Uranstrahlen. Erst später prägen Marie und Pierre Curie den Namen radioaktive Strahlen.

In den folgenden drei Jahren untersucht der Neuseeländer Ernest Rutherford an der Universität in Cambridge die Absorption von Uranstrahlen und stellt fest, dass sie aus zwei Komponenten zu bestehen scheinen. Die eine wird schon von einer 20 Mikrometer dicken Aluminiumfolie absorbiert, die andere kann Rutherford noch nach mehreren Millimetern Aluminiumabschirmung nachweisen. Rutherford nennt die erste Form der Strahlung *Alpha-Strahlung* und die zweite *Beta-Strahlung*. Im Jahr 1900 identifiziert der Franzose Paul Villard schließlich eine noch durchdringendere Strahlung, die er folgerichtig

Gamma-Strahlung nennt. α, β, γ – die ersten Buchstaben des griechischen Alphabets.

Das große Vorbild für Lise Meitner ist Marie Curie. 1895 hat die aus Polen stammende angehende Physikerin in Paris den Physikprofessor Pierre Curie geheiratet. Ein gutes Jahr, nachdem Becquerel seine Entdeckung verkündet hat, beschließt Marie, ihre Doktorarbeit diesem seltsamen Befund zu widmen. Unterstützt durch Pierre, untersucht sie zahlreiche uranhaltige Metalle und stellt fest, dass die Strahlung nicht vom chemischen Bindungszustand des Urans abhängt. Sie muss also eine Eigenschaft der Atome selbst sein, nicht der Moleküle. Und mehr noch: Als die Curies Pechblende untersuchen, ein schwarzes, glänzendes Mineral, stellen sie fest, dass die Pechblende weit stärker strahlt als das darin enthaltene Uran. Mühsam trennen die Curies die einzelnen Bestandteile der Pechblende voneinander; eine chemische Meisterleistung. Allerdings ruinieren sich beide dabei ihre Gesundheit – zu dieser Zeit sind die Gefahren radioaktiver Strahlung noch weitgehend unbekannt. 1898 dann der Durchbruch. Die Curies stellen fest: Die starke Strahlung stammt von zwei bisher völlig unbekannten Elementen. Sie nennen sie Radium und – zu Ehren von Maries polnischer Heimat – Polonium. 1903 wird den Curies, zusammen mit Becquerel, der Nobelpreis für Physik zugesprochen.

Inzwischen ist schon ein weltweiter Radioaktivitäts-Rummel im Gange. Nicht nur bei Physikern: Man kann Kosmetika und Zahnpasten mit Radiumzusatz kaufen, wer an Gicht leidet, kann sich in Radium-Kurorte begeben und dort in leicht radioaktivem Wasser baden, und Radiologen setzen sich auf abenteuerlichste Weise Bestrahlungen mit radioaktiven Stoffen aus, um deren medizinische Wirkung zu untersuchen. Der Radiumhype erreicht, mit einiger Verspätung, auch Lise Meitner in Wien.

Wien bietet die besten Voraussetzungen für diese Art von Forschung. Die Pechblende, mit der die Curies gearbeitet haben, stammt aus den Minen im böhmischen Joachimsthal, damals zum österreichischen Kaiserreich gehörend. Sie ist dem Forscherpaar von der Kaiserlichen Akademie zur Verfügung gestellt worden. Für ihre eigene Forschung lässt nun die Akademie aus 10 Tonnen Pechblende 4 Gramm Radiumchlorid isolieren, weltweit das stärkste Präparat des begehrten Stoffes. Was den Radiumvorrat im Jahr von Lise Meitners Promotion betrifft, befindet sich die Wiener Universität also in einer Spitzenstellung.

Lises Vorgesetzter Stefan Meyer gehört zu den über ganz Europa verteilten Forschern, die ein paar Jahre zuvor, unabhängig voneinander, nachweisen konnten, dass die Beta-Strahlen aus elektrisch negativ geladenen Teilchen bestehen. Einer der Mitentdecker ist Becquerel. Der kann ein Jahr später auch die Masse der Teilchen bestimmen. Aus dem Verhältnis von Ladung zu Masse schließt er, dass es sich bei den Beta-Strahlen um nichts anderes als um Elektronen handelt.

Meyer hat seine Forschungen zur Radioaktivität unbeirrt fortgeführt. Er hilft Lise Meitner bei ihren ersten Schritten in das Gebiet. Gerätetechnisch ist das Feld attraktiv für Neulinge, denn eigentlich braucht man nicht viel mehr als eine radioaktive Quelle und ein Messgerät.

Eines dieser Messgeräte im Wiener Physikalischen Institut ist das Blattelektroskop, ein ebenso einfaches wie ausgeklügeltes Instrument. Es besteht aus einem dünnen Metallplättchen, das sich in einem luftdicht verschlossenen Glaskolben befindet. Das bewegliche Plättchen ist mit einem Metallstab verbunden, der aus dem Glaskolben ragt. Wenn man den Metallstab elektrisch auflädt, stoßen sich Plättchen und Metallstab ab. Das Plättchen steht jetzt abgespreizt vom Stab. Nun bringt man ein radioaktives Präparat in die Nähe des Kolbens. Die radioaktive Strahlung ionisiert die Luft im Glaskolben, und die freigesetzten Ionen und Elektronen gleichen den Ladungsunterschied zwischen Stab und Plättchen aus: Das Blättchen kehrt in seine Ausgangsstellung zurück. Je stärker die Strahlung, umso schneller der Ladungsausgleich und umso schneller klappt das Blättchen zurück. So einfach das Prinzip ist, so zeitaufwendig und vertrackt sind die Messungen. Nichts, was Lise Meitner abschrecken würde. Es ist ihre erste rein experimentelle Arbeit.

Zuerst untersucht sie die Alpha- und Beta-Strahlung von Thorium und Aktinium, zwei der kürzlich erst entdeckten radioaktiven Elemente. Eine sorgfältige Arbeit, wenngleich noch ohne durchschlagenden Neuigkeitswert. Danach geht sie der Frage nach, ob Alpha-Teilchen bei ihrem Durchgang durch Materie nur absorbiert oder gelegentlich lediglich abgelenkt (»gestreut«) werden. Lise Meitner findet heraus, dass Alpha-Teilchen tatsächlich gestreut werden, und auch, in welcher Weise die Streuung vom Atomgewicht der streuenden Folie abhängt.

Fünf Jahre später werden Streuversuche mit Alpha-Teilchen den Physiker Rutherford und seine Assistenten Madsen und Geiger (der Geiger, nach dem später der Geigerzähler benannt wird) zur Entdeckung des Atomkerns führen. So weit kommt aber Lise mit ihrem einfachen Versuchsaufbau noch nicht. Eine Veröffentlichung in einem Fachjournal sind die Ergebnisse allemal wert.

Kurz nach Lises Promotion wird die europäische Physikgemeinde durch eine traurige Nachricht erschüttert: Ludwig Boltzmann, der seit einiger Zeit unter Depressionen und vielfältigen körperlichen Gebrechen litt, hat seinem Leben ein Ende gesetzt. In Duino, einem mondänen Badeort an der Adria, hat er sich erhängt, während eines Familienurlaubs.

Nach Berlin zu Max Planck

Damit verschwindet eine Vaterfigur aus Lises Leben. Aber genau dieser Umstand sorgt dafür, dass eine neue auftaucht: Max Planck. Nicht lange nach Boltzmanns Tod besucht Planck Wien, um mit einem Vortrag an der Universität dem Toten seinen Respekt zu erweisen. Planck, knapp 50 Jahre alt, ist damals Ordinarius für Theoretische Physik an der Berliner Universität, Koryphäe auf dem Gebiet der Thermodynamik und hochgeschätzter Hochschullehrer. Zum Auftakt des neuen Jahrhunderts, also sieben Jahre zuvor, ist ihm eine Entdeckung gelungen, die das Ehrfurcht gebietende Gebäude der zeitgenössischen Physik zum Einsturz bringen sollte. Ein Gebäude, von dem viele meinten, es sei vollendet und bestenfalls noch winzigen Verschönerungsarbeiten zu unterwerfen.

Planck hatte sich der Strahlung gewidmet, die von erhitzten Körpern ausgesendet wird. Deren Abstrahlung ändert sich bei Temperaturerhöhung – von glutrot über gelb bis weißglühend. Niemandem war bis dahin gelungen, diese Strahlung über ihren gesamten Spektralbereich mit einer einzigen Formel zu beschreiben. Erst Planck glückte das Kunststück. Er fand heraus, dass eine einheitliche Beschreibung möglich ist, wenn man annimmt, dass die Energie, die die Atome als Licht abstrahlen, in Form von winzigen Portionen abgegeben wird, die er Quanten nannte.

Zunächst war das nicht viel mehr als ein Rechentrick. Zumindest für Planck. Konservativ, wie er war, lag ihm nichts ferner als die Annahme, Licht sei tatsächlich »gequantelt«. Plancks Quanten machten darum auch nicht viel Furore – bis ein in der Fachwelt gänzlich unbekannter Angestellter des Berner Patentamts eine kühne Hypothese aufstellte, nach der Plancks Annahme mehr als bloß ein mathematischer Kunstgriff war. Sein Name: Albert Einstein. Einsteins Erklärung der Lichtemission ging beim besten Willen nicht mehr als rein mathematischer Behelf durch. Sie wurde die erste von Einsteins Arbeiten, die der guten alten klassischen Physik das Genick brechen sollten.

Planck ist wenig angetan von Einsteins »Lichtquantenhypothese«. Auch bei seinem Vortrag in Wien verbirgt er das nicht. Aber das ficht Lise nicht an. In ihrem Wiener Institut hat man bisher sowieso wenig von den Quantendisputen mitbekommen. Für sie ist neben Plancks Ruf als Physiker etwas ganz anderes wichtig: die persönliche Ausstrahlung von Planck. Ganz anders als Boltzmann, der mal Berserker, mal Weltumarmer und manchmal beides zugleich war, strahlt Planck Zurückhaltung, Integrität und Noblesse aus. Lise ist beeindruckt. Und langsam beginnt ein Gedanke in ihr zu reifen: Sie will nach Berlin, sie will zu Planck.

Ganz so einfach geht das aber nicht. Ihre Nebenverdienste als Privatlehrerin fallen weg, und ein Zimmer in Berlin wird auch bezahlt werden müssen. Philipp Meitner müsste in die Tasche greifen und Geld dazugeben. Und er tut seiner Tochter den Gefallen. Er verspricht, sie zu unterstützen.

An einem Septembertag des Jahres 1908 ist es schließlich so weit. Begleitet von Eltern und Geschwistern fährt Lise in einer Mietdroschke zum Bahnhof, um in den Zug nach Berlin zu steigen. Gänzlich unwahrscheinlich, aber verlockend ist die Vorstellung, dass ihr auf dem Bahnhofsplatz ein sieben- oder achtjähriger Knabe über den Weg läuft, nach der Mode der Zeit in ein Matrosenkostüm gekleidet. »Wolfi!«, könnte die Mutter des Jungen vielleicht rufen, »Wolfi, lauf nicht so weit vorneweg!« Aber anstatt zu gehorchen, dreht der Kleine sich um und steckt seiner Mutter die Zunge heraus. Wolfgang Pauli, hier sieht man's schon, war schon als Kind nicht ganz einfach!

Forschen in der Holzwerkstatt: Lise Meitner und Otto Hahn

Nun also Berlin. 36 Jahre nach der deutschen Reichsgründung ist Berlin zur modernsten und dynamischsten Hauptstadt Europas geworden. Die Stadt ist das größte Industriezentrum Deutschlands, Firmen wie Agfa, Borsig, AEG und Siemens machen es zu einer Hochburg moderner Technologie. Wie Wien, so nimmt auch Berlin Jahr für Jahr Massen von Zuzüglern auf, aus dem Brandenburger Umland, aus Ostpreußen oder Schlesien, darunter, wie in Wien, auch viele Juden. Ein paar Jahre zuvor hat die Einwohnerzahl die Zwei-Millionen-Grenze überschritten. An zehn Fernbahnhöfen strömen die Neuankömmlinge in die Stadt, und während oben der Autoverkehr tobt, wühlen sich gleich daneben die Erbauer der U-Bahn durch den märkischen Sandboden.

Was die Zahl der Museen, Theater und Opern betrifft, stellt Berlin Lises heimatliches Wien in den Schatten. Und auch was die Bildung angeht, spielt Berlin in der Spitzenklasse. Die Friedrich-Wilhelms-Universität (heute Humboldt-Universität) steht in der Tradition von Wilhelm von Humboldt und seinem Ideal der Einheit von Lehre und Forschung. Mit den in den vorhergehenden Jahrzehnten gebauten Instituten für die Naturwissenschaften verfügt die Universität über modernste Forschungs- und Lehreinrichtungen. Nicht mehr lange wird es dauern, bis im Jahre 1911 die »Kaiser-Wilhelm-Gesellschaft zur Förderung der Wissenschaften« (die Vorgängerin der heutigen Max-Planck-Gesellschaft) gegründet wird und in ihren Instituten nochmals verbesserte Bedingungen bietet.

Überall geht es aufwärts. Auf jeden Fall in den westlichen Vierteln der Stadt – anders als im Norden und Osten, wo viele der Neuankömmlinge in heruntergekommenen Mietskasernenvierteln stranden. Solche Viertel sind es, die einen sozialdemokratischen Abgeordneten zu dem Schluss kommen lassen: »Man kann einen Menschen mit einer Wohnung geradeso gut töten wie mit einer Axt.« Dort möchte Lise Meitner natürlich nicht landen, so begrenzt ihr Budget auch sein mag. Als sie auf die Suche nach einem möblierten Zimmer geht, beschränkt sie ihre Erkundungen auf Charlottenburg im Westteil der Stadt. Sie hätte gerne ein Zimmer mit Klavier. Bei der ersten Wohnung klappt das allerdings noch nicht.

So fortschrittlich Berlin in puncto Wissenschaft ist, so rückständig ist es im Hinblick auf das Frauenstudium. Gasthörerinnen durften Frauen schon seit 1896 sein, aber ein vollwertiges Studium bleibt ihnen bis 1908 verwehrt. Preußen hinkt damit allen anderen deutschen Ländern hinterher, mit Ausnahme Mecklenburgs, wo Frauen erst ab 1909 studieren dürfen. In einer Umfrage von 1897 haben sich etwa die Hälfte der befragten Professoren gegen das Frauenstudium ausgesprochen, selbst der von Lise Meitner so geschätzte Max Planck. »Amazonen sind auch auf geistigem Gebiet naturwidrig«, hat er geschrieben. »Bei einzelnen praktischen Aufgaben, wie z. B. in der Frauenheilkunde, mögen die Verhältnisse anders liegen, im Allgemeinen aber kann man nicht stark genug betonen, dass die Natur selbst der Frau ihren Beruf als Mutter und Hausfrau vorgeschrieben hat, und dass Naturgesetze unter keinen Umständen ohne schwere Schädigungen, welche sich im vorliegenden Falle besonders an dem nachwachsenden Geschlechte zeigen würden, ignoriert werden können.« Immerhin hält er Ausnahmen für möglich: »Wenn eine Frau, was nicht häufig ist, aber doch bisweilen vorkommt, für die Aufgaben der theoretischen Physik besondere Begabung besitzt und den Trieb in sich fühlt, ihr Talent zur Entfaltung zu bringen, so halte ich es, in persönlicher wie auch in sachlicher Hinsicht, für Unrecht, ihr aus prinzipiellen Rücksichten die Mittel zum Studium von vorneherein zu versagen.«

Lise Meitner weiß nichts von dieser Äußerung. Und so steht sie eines Tages in Plancks Zimmer in der Friedrich-Wilhelms-Universität und bittet ihn, sich als Hörerin für seine Vorlesungen einschreiben zu dürfen. Planck, höflich, freundlich, aber doch erstaunt, fragt zurück: Sie *habe* doch schon einen Doktortitel – was denn nun noch? Lise antwortet, dass sie »gerne ein wirkliches Verständnis von der Physik gewinnen möchte«. Und Planck, erstaunlich, geht darauf ein. Offenbar hält er Lise Meitner für eine der von ihm selbst deklarierten Ausnahmen. Vielleicht ist er auch einfach von der Mischung aus Schüchternheit und Entschlossenheit des Fräulein Doktor beeindruckt.

Im Vergleich zu Boltzmanns mitreißenden Vorlesungen sind die von Planck nüchtern. Lise Meitner ist die einzige Frau im Hörsaal. Trotzdem findet sie rasch Kontakt zur Gemeinde der Berliner Physiker – aller Zurückhaltung zum Trotz. Zwei Monate nach ihrer Ankunft wird sie in die Physikalische Gesellschaft aufgenommen. Später wird sie auch in Plancks privaten Kreis einbezogen. Anders als der erste, würdige Eindruck vermuten ließ, kann Planck äußerst herzlich sein. Er spielt nahezu professionell Klavier, dazu auch Cello, und ist ein vorzüglicher Sänger. Die Hauskonzerte bei den Plancks sind legendär. Nachdem Planck später Einstein überredet hat, nach Berlin zu kommen, wird sich auch Einstein daran beteiligen (und sich galant für seine Fehler beim Violine-Spielen entschuldigen). Einstein spielt begeistert, aber nicht annähernd auf dem Niveau von Planck. Planck ist zudem kein Kind von Traurigkeit. Im Sommer werden Lauf- und Fangspiele veranstaltet, an denen er sich »mit geradezu kindlichem Eifer beteiligt«, wie Lise später vermerken wird. Kein preußischer Geheimrat also, zumindest privat.

Vorlesungen allein (und Nachhilfestunden, die Lise gibt) reichen natürlich nicht als Lebensinhalt. Lise Meitner möchte auch experimentell arbeiten, so wie sie es von Wien gewohnt ist. Darum hat sie gleich nach ihrer Ankunft in Berlin Kontakt zu einem jungen Radiochemiker aufgenommen, der einen physikalisch versierten Mitarbeiter für seine Experimente zur Radioaktivität sucht. Sein Name ist Otto Hahn. Er wird über 30 Jahre hinweg Lise Meitners engster Kollege und Freund bleiben. Lise fragt ihn nach seinen Plänen, bittet um eine Woche Bedenkzeit und sagt dann zu.

Hahn ist vier Monate jünger als Lise Meitner. Nach dem Studium in München und Marburg ist er erst zum Forschen nach London und dann nach Montreal gegangen. Eigentlich hat er vorgehabt, später als konventioneller Chemiker in der Industrie zu arbeiten, aber dann ist er schon in London bei der Radiochemie gelandet. Fast auf Anhieb entdeckt er ein Isotop des Thoriums, das er Radiothorium tauft. Ein neues Element, denkt man zunächst, denn was ein Isotop ist (Variationen ein und desselben Elements, bei denen der Atomkern zwar die gleiche Anzahl von Protonen, aber eine unterschiedliche Neutronenanzahl besitzt), das weiß man damals noch nicht. In Montreal arbeitet Hahn bei Rutherford und publiziert mehrere wichtige radiochemische Arbeiten.

Nun ist er wieder in Berlin. Gerade hat er sich habilitiert. Radiochemie ist an der Berliner Universität etwas Neues, und wie immer, wenn etwas neu ist, gibt es Krittler und Ignoranten. »Es ist ja unglaublich, was sich heutzutage alles habilitiert«, säuselt einer der missgünstigen Kollegen hinter vorgehaltener Hand.

Karriereunterschiede zwischen Wissenschaftlern wird es auch ein Jahrhundert später zuhauf geben, und nicht immer kann man sie darauf schieben, dass der eine ein Mann und die andere eine Frau ist. Ein neues Feld, ein stimulierender Lehrer, die Arbeitsbedingungen und vieles mehr können eine Rolle spielen. Dass aber, wie in diesem Fall, der eine von zwei Gleichaltrigen mit knapp 30 Jahren schon habilitiert ist, während es die andere, sicherlich nicht weniger begabt, gegen viele Widerstände und mit vielen Umwegen, gerade mal zur Promotion geschafft hat, und dass ihr jetzt eine lumpige Zweijahresstelle, unbezahlt, angeboten wird, zeigt deutlich, um wie viel steiniger der Weg von Wissenschaftlerinnen Anfang des 20. Jahrhunderts ist.

Zwei Jahre, unbezahlt. Lise Meitner nimmt trotzdem an. Sie akzeptiert auch, dass der Institutsdirektor Emil Fischer, Nobelpreisträger von 1902, ihr das Betreten des Instituts untersagt. Mit Frauen, meint Fischer, habe man nur Ärger – vor ein paar Jahren hätten sich die Haare einer Russin, der er ausnahmsweise den Zutritt erlaubt hatte, fast an einem Bunsenbrenner entzündet. Lise Meitner darf darum nur die ehemalige Holzwerkstatt des Instituts betreten. Glücklicherweise hat Hahn schon 1906 in dieser Werkstatt ein kleines Laboratorium für radioaktive Messungen eingerichtet, mit einem schweren Eichentisch für die Instrumente, daneben ein winziger Schreibtisch. Seine chemischen Untersuchungen führt er ein Stockwerk höher im Institut selbst durch. Nun muss er unten nur noch »nachrüsten«. Immerhin kann Otto die Institutstoilette benutzen, Lise dagegen muss in irgendeine nahe gelegene Gaststätte gehen. Und selbst wenn sie das Institut betreten dürfte: Es gibt schlicht und einfach keine Damentoilette!

Was alles leichter macht: Hahn ist eine hessische Frohnatur, meist ein fröhliches Lächeln unter dem fesch gestutzten Schnurrbart. Seine angenehme, offene Art erleichtert es Lise, die angeborene Schüchternheit zu überwinden. Und auch in wissenschaftlicher Hinsicht sind die beiden ein ideales Paar. Er im thematischen Ansatz eher intuitiv, in der Durchführung aber extrem gründlich und ausdauernd, sie das systematische und theoretisch versierte Gegenstück zu ihm. Er der Chemiker, sie die Physikerin. »Hähnchen«, wird sie später öfter sagen, »von Physik verstehst Du nichts.« Noch siezt man sich aber. Fräulein Meitner und Herr Hahn. Erst 15 Jahre später, als Lise die Patentante für Ottos Sohn wird, werden sie zum Du übergehen.

Das Autorenpaar Hahn/Meitner macht sich schnell einen Namen. Gleich im ersten Jahr ihrer Zusammenarbeit bringen sie es auf drei Veröffentlichungen, im zweiten Jahr werden es sogar sechs. Zunächst nehmen sich die beiden vor, alle greifbaren radioaktiven Quellen von Beta-Strahlung zu untersuchen. Lise stört es, dass frühere Ergebnisse, von verschiedenen Forschern unter den unterschiedlichsten Bedingungen erzielt, nicht gemeinsam unter einen Hut zu bringen sind. Daher also eine vergleichende Studie.

Da haben wir die ganze Lise Meitner: eine klare Fragestellung, ein klares Programm. Weil sie verstehen will, was »dahintersteckt«. Schon im April 1908 wird die 12-seitige Arbeit der beiden veröffentlicht. »Offenbar waren wir damals sehr fleißig!«, wird sich Hahn später erinnern. Und von nun an wird, wenn das Wort Beta-Strahlung fällt, irgendwann auch der Name Lise Meitner fallen.

Einen ganz unterwarteten Effekt entdecken die beiden bei der Untersuchung der Alpha-Strahlung. Die Alpha-Strahlung besteht aus Helium-Kernen, und immer wenn ein radioaktiver Kern ein Alpha-Teilchen ausspuckt, erhält er einen gehörigen Rückstoß. Der Rückstoß kann unter Umständen so heftig sein, dass der betreffende Kern (der »Tochterkern«) aus der dünnen Schicht des radioaktiven Materials regelrecht herausgeschleudert wird, in aller Seelenruhe durch die Gegend schwebt und sich irgendwo als Niederschlag absetzt. Und natürlich, bemerkt Lise, muss man den neu entstandenen Tochterkern in diesem Niederschlag viel leichter nachweisen können als in der Ausgangssubstanz. Im Niederschlag müsste er hochgradig angereichert sein. Und so ist es auch. Lise und Otto finden in den Niederschlägen eine Reihe neuer radioaktiver Substanzen, viel unkomplizierter, als wenn sie versucht hätten, sie aus der Ausgangssubstanz zu isolieren. Die »Rückstoßmethode« ist geboren.

Zurück zur Beta-Strahlung.

Beta-Strahlung: Runde 1

Viele Untersuchungen zur Beta-Strahlung werden damals mit einer einfachen Anordnung gemacht. Auf der einen Seite eine Beta-Quelle, auf der anderen ein Nachweisgerät wie das oben erwähnte Blattelektroskop. Dazwischen Absorberplatten, deren Zahl man variieren und so das Durchdringungsvermögen der Beta-Strahlen untersuchen kann. Reine Substanzen, so meinen Otto und Lise und mit ihnen die meisten anderen Forscher, senden Beta-Strahlung einer ganz bestimmten Energie aus, deren Absorption nach einem Exponentialgesetz erfolgt. Je mehr Platten, umso geringer die Intensität der Strahlung, die hinter den Platten noch zu messen ist. So sehen ihre Befunde tatsächlich auch aus. Und dann, wenn der Abfall bei wachsender Plattenzahl einmal *nicht* exponentiell ist, stellt sich heraus, dass ihre Substanz nicht nur einen, sondern zwei oder drei verschiedene Beta-Strahler enthält. Auf diese Weise haben sie tatsächlich mehrere bisher unbekannte Substanzen entdeckt.

Aber Mitte des Jahres 1909 berichtet William Wilson, ein Assistent Rutherfords, dass das nicht die ganze Wahrheit ist. Wilson hat seine Beta-Strahlung – von der man inzwischen längst weiß, dass sie aus Elektronen besteht – durch ein Magnetfeld laufen lassen. Die negativ geladenen Elektronen werden abgelenkt, und zwar umso stärker, je geringer ihre Energie ist. Wenn man nun hinter dem Magnetfeld eine Lochblende anordnet, so kann man Elektronen einer ganz bestimmten Energie herausfiltern. Wunderschön – also müssten diese monoenergetischen Elektronen Ottos und Lises Hypothese zufolge einem exponentiellen Absorptionsverhalten folgen. Das tun sie aber nicht. Der Intensitätsabfall ist linear und nicht exponentiell!

Hahn und Meitner sind skeptisch. Sie weisen Wilson auf Unklarheiten bei seiner Anordnung hin und beschließen, das Experiment zu wiederholen. Diesmal ordnen sie aber hinter dem Magneten keine Lochblende an und weisen die Strahlung nicht durch ein Blattelektroskop nach. Nein: Sie lassen die Elektronen auf eine fotografische Platte prallen. Wenn die Elektronen monoenergetisch wären, dann müssten sie immer auf die gleiche Stelle des Films treffen bzw. eine einzelne geschwärzte Linie erzeugen (die Fokussierung durch den Magneten funktionierte nur in einer Dimension).

Im Chemischen Institut der Universität gibt es keinen starken Magneten. Der nächstgelegene geeignete Magnet befindet sich im Physikalischen Institut. Lise Meitner wird sich später erinnern, wie sie und Hahn nach Herstellung von Substanzen mit kurzer Zerfallszeit »wie aus der Pistole geschossen« zum einen Kilometer entfernten Physikinstitut rannten, um dort zu messen. Wenn die Zerfallszeit besonders kurz ist, muss es auch schon mal ein Taxi sein. Die Ergebnisse sind jedoch nicht eindeutig. Häufig sieht man wie erwartet eine einzelne klare Linie. Manchmal scheinen es aber auch zwei, drei oder mehr zu sein. Meitner, Hahn und ihr Kollege Otto von Baeyer, in dessen Labor der Magnet steht, erhöhen die Magnetfeldstärke, um die Auflösung der Spektrallinien zu verbessern. Gleiches Ergebnis! Zudem erscheinen die Linien hoher Energie keinesfalls scharf, sondern verwaschen und diffus.

Die ursprüngliche, einfache Hahn/Meitner-Hypothese ist also nicht zu halten. Etwas ratlos sammeln Otto und Lise in den nächsten Jahren einfach Daten. Noch eine Substanz und noch eine und noch eine. Alles sorgfältig protokolliert und veröffentlicht, aber ohne einen klaren Schlussstrich ziehen zu können. Im Juni 1912 schicken die beiden ihre vorerst letzte Arbeit zu diesem Thema an eine Zeitschrift. Tatsächlich soll sich der Beta-Zerfall als weitaus komplexer erweisen, als alle Beteiligten denken. Nach dem Ersten Weltkrieg wird die Zahl der widersprüchlichen Befunde wachsen und immer neue Fragen und Hypothesen aufwerfen.

Das Jahr 1912 bietet für Lise Meitner zwei erfreuliche Neuerungen. Erstens ernennt Max Planck sie zu seiner Assistentin – das erste Mal, dass es eine Frau an einer preußischen Universität auf eine solche Stelle schafft. Zwar besteht der größte Teil ihrer Arbeit darin, schriftliche Arbeiten von Plancks Studenten zu korrigieren, eine nervtötende Beschäftigung, aber: Sie wird dafür bezahlt! Viel ist es nicht, aber immerhin ist es ihr erstes selbst verdientes Geld als Wissenschaftlerin.

Zweitens wird in Berlin Dahlem, der zukünftigen vornehmen Villengegend im Südwesten Berlins, das Kaiser-Wilhelm-Institut für Chemie eingeweiht. Hahn erhält dort eine kleine Abteilung für Radiochemie. Sofort stellt er Lise Meitner ein, zunächst als unbezahlten Gast, kurz darauf als bezahlte offizielle Mitarbeiterin. Die Abteilung für Radiochemie trägt jetzt den Namen »Laboratorium Hahn/Meitner«. Trotz der organisatorischen Gleichstellung verdient Meitner nur ein Drittel von Hahns Gehalt. Allerdings ist sie im Gegensatz zu ihm nicht habilitiert und hat damit einen niedrigeren akademischen Rang als er. Noch dürfen Frauen in Deutschland sich sowieso nicht habilitieren.

Lise Meitner ist inzwischen auch mental gänzlich in Berlin angekommen. Schon in den Jahren zuvor hat sie einen beachtlichen Freundeskreis aufgebaut. Da ist die Botanikerin Elisabeth Schiemann, die ihr lebenslang eine enge Vertraute bleiben wird. Auch zu den beiden Planck-Töchtern hat sie ein freundschaftliches Verhältnis. Häufig unternehmen die vier Frauen Ausflüge in die Umgebung von Berlin. Mit Elisabeth Schiemann wandert sie sogar durch die Alpen. Und dann sind da die etwa gleichaltrigen Kollegen. Max von Laue, James Franck und Gustav Hertz, alles spätere Nobelpreisträger. In den Planck-Kreis ist sie sowieso integriert.

Planck ist und bleibt für Lise die hochverehrte Vaterfigur, eine schon damals weltweit anerkannte Koryphäe. Ähnlich prominent ist Fritz Haber, Direktor des Kaiser-Wilhelm-Instituts (KWI) für Chemie, an dem Lise jetzt arbeitet. Für die Entdeckung des Verfahrens zur Herstellung von Ammoniak wird er 1919 den Nobelpreis bekommen, ein Jahr nachdem Planck ihn für die Entdeckung seines Wirkungsquants bekommen hat. Anders als bei Planck wird die Verleihung des Preises an Haber im Ausland aber auf heftigen Protest stoßen: Er ist der Vater der deutschen Giftgasproduktion im Ersten Weltkrieg und wird zeitweilig als Kriegsverbrecher gesucht. Als Wissenschaftler rangiert er aber auf der gleichen Götterebene wie Planck, auch für Lise. Im April 1914 trifft noch ein weiterer Halbgott in Berlin ein: Albert Einstein. Max Planck hat ihn überreden können, von Zürich nach Berlin zu wechseln. Zwar ist

Einstein nicht viel älter als Meitner, Franck und von Laue, aber die weltumstürzenden Erkenntnisse seines »Wunderjahres« 1905, darunter die Lichtquantenhypothese und die Relativitätstheorie, haben ihn unwiederbringlich in die Koryphäen-Kategorie katapultiert.

Kriegsjahre

Eine bezahlte Festanstellung, eine erfüllende wissenschaftliche Arbeit, ein Kreis guter und interessanter Freunde, wachsende internationale Anerkennung: Was kann sich Lise Meitner mehr wünschen? Ihre Welt scheint in Ordnung. Am 2. August 1914 bedankt sich Lise aus Wien, wo sie in Urlaub ist, bei Emil Fischer dafür, dass er eine gerade erfolgte Aufwertung ihrer Stelle unterstützt hat. Derselbe Fischer, der sie damals nicht in das alte Universitätsinstitut lassen wollte, schätzt sie inzwischen seit Langem. Schon 1909 hat er das Zutrittsverbot zum Institut aufgehoben und – auch preußische Professoren sind sozial lernfähig! – extra für sie eine Damentoilette einbauen lassen.

Im Sommer 1914 aber hat sich die Welt innerhalb weniger Wochen geändert. Sie ist nun alles andere als »in Ordnung«. Am 28. Juni ist der österreichische Thronfolger von einem serbischen Attentäter ermordet worden. Einen Monat später erklärt Österreich-Ungarn Serbien den Krieg. Russland, Schutzmacht Serbiens, tut daraufhin das Gleiche mit Österreich, kurz darauf Deutschland das Gleiche mit Russland, ein paar Tage später ist auch Frankreich Kriegspartei. Am 4. August schickt schließlich England eine Kriegserklärung nach Deutschland. Der Weltkrieg ist da, Europa ist nachgerade schlafwandlerisch in die blutigste Auseinandersetzung seiner Geschichte hineingestolpert.

Von Katastrophenstimmung ist in Deutschland und Österreich allerdings nichts zu spüren, im Gegenteil, es herrscht eine trunkene Kriegsbegeisterung. Auch Lise Meitner begrüßt den Krieg. Natürlich wünscht sie sich sehnlichst, dass er schnell und mit einem Sieg für Österreich und Deutschland zu Ende gehen möge. Sie hat all die Jahre an ihrer österreichischen Staatsbürgerschaft festgehalten, aber sie fühlt sich inzwischen selbst »ein bisl deutsch«. Aus Wien schreibt sie ihrer Freundin Elisabeth Schiemann: »Es herrscht hier allgemein ein außerordentlich großes Vertrauen in unsere deutschen Kampfgenossen, und ich freue mich ganz persönlich darüber, weil ich mit einem gar nicht so kleinen Stückl meines Herzens zu Euch gehöre.« Ein bisl, ein Stückl – österreichische Einfärbungen können nationaler Begeisterung auch eine anrührende Note verleihen. Weniger anrührend lesen sich Äußerungen in einem Brief an eine befreundete schwedische Physikerin: »Aber trotzdem ich fast immer wie in einem bösen Traum umhergehe, empfinde ich, dass doch etwas Großes und Schönes darin liegt, dass die Menschen einmal für etwas ganz anderes kämpfen als für die gemeine Notdurft des Tages.« Gut, das hätte auch von Thomas Mann stammen können. Aber dass eine gebürtige Jüdin schreibt, »rein entwicklungsgeschichtlich« sei »die französische Rasse minderwertiger wie die deutsche und darum müssen wir siegen. Denn jetzt sind die Germanen die aufsteigenden Völker« – das erstaunt dann doch. Dass der deutsche Rassismus sie selber aus ihrem geliebten Deutschland und Millionen ihrer jüdischen Brüder und Schwestern in den Tod treiben wird, das ahnt sie zu diesem Zeitpunkt natürlich noch nicht.

Viele deutsche Wissenschaftler sind begierig, dem Vaterland mit ihrem Fachwissen zu dienen, allen voran Fritz Haber. Als gebürtiger Jude ist er schon vor seinem Studium zum Christentum konvertiert und ist glühender deutscher Patriot. Mit seiner Glatze, dem Kneifer auf der kräftigen Nase und dem altmodischen Stehkragen ähnelt er eher einem strammen preußischen Beamten als einem Wissenschaftler. Die Liste seiner Erfolge ist lang, allen voran die erwähnte synthetische Herstellung von Ammoniak – die Grundlage für die Massenproduktion von Stickstoffdünger. Ein Wohltäter der Menschheit, möchte man meinen. Nun aber, im Ersten Weltkrieg, dient dasselbe Verfahren zur Herstellung von Sprengstoff. In seinem Institut, das schon bald der Heeresverwaltung unterstellt wird, lässt er die Methoden vervollkommnen. Und er beginnt, mit etwas ganz anderem zu experimentieren: mit Giftgas!

Aus dem Wohltäter der Menschheit wird binnen weniger Monate der Vater des Gaskriegs.

Haber sieht das anders. Die Franzosen, führt er an, entwickelten schließlich auch Giftgas. Und das, obwohl es der Haager Landkriegsordnung widerspricht. Und außerdem: Der Giftgaseinsatz verkürze den Krieg und rette somit Menschenleben. Punkt, aus!

Auch Otto Hahn und Lise Meitner sind für dieses Argument empfänglich. Hahn meldet sich Anfang 1915 sogar freiwillig für Habers chemische Spezialtruppe. Am 22. April 1915 überwacht Haber in der Nähe von Ypern den ersten Einsatz seiner Erfindung. Hahn ist nicht dabei, er ist einen Tag zuvor nach Galizien an die Ostfront verlegt worden. Erst dort sieht er erstmals nach einem Giftgaseinsatz die elend erstickenden Soldaten. Er wird den Anblick nie vergessen.

Lise Meitner ist natürlich keine Augenzeugin des Grauens. Fern in Berlin nährt sie weiterhin die Hoffnung, den Krieg durch den Gaseinsatz schneller und mit weniger Opfern zu beenden. »Ich beglückwünsche Sie zu diesem schönen Erfolg bei Ypern«, schreibt sie einige Tage nach dem Einsatz von Ypern an Hahn, ihn immer noch an der Westfront wähnend.

Haber wird zum Hauptmann befördert, eine bis dahin nicht da gewesene Auszeichnung für einen Wissenschaftler. Am 1. Mai 1916 feiert er in seiner Villa in Berlin seine Beförderung. Während drinnen eben noch die letzten Sektkorken geknallt haben, greift sich Habers Frau Clara seinen Dienstrevolver. Sie ist selbst ausgewiesene Chemikerin. Teils wegen ihrer unglücklichen Ehe, teils wohl auch aus Verzweiflung über den Pakt, den ihr Mann mit dem Teufel geschlossen hat, erschießt sich Dr. Clara Haber, geborene Immerwahr, im Garten seiner Villa …

Im Sommer geht Lise Meitner als Röntgenschwester an die Front. Damit ist sie durchaus keine Ausnahme unter Wissenschaftlerinnen. Auch die Wiener Physikerin Marietta Blau dient als Röntgenschwester, ebenso wie auf der anderen Seite Marie Curie und ihre Tochter Irène. Am 4. August bringt ein Eisenbahntransport 200 österreichische Soldaten, 10 Ärzte und 50 Krankenschwestern von Wien nach Lemberg in Galizien, unter ihnen Lise. Zunächst steht keine Röntgenausrüstung zur Verfügung, und Lise arbeitet im Operationssaal. »So schrecklich habe ich es mir nicht vorgestellt«, schreibt sie an ihre Freundin Elisabeth. »Man macht sich seine eigenen Gedanken über den Krieg, wenn man all das hier sieht.« Menschen mit abgerissenen Gliedern, verurteilt zu einem Leben als Invalide (oder zum Tod), sterbende junge Männer, die kläglich nach ihrer Mutter rufen. Ihre Kriegseuphorie ist mit einem Mal wie verflogen. »Ich weiß momentan eigentlich keinen schöneren Wunsch als den nach Frieden«, fügt sie ein paar Tage später hinzu.

Der lässt allerdings noch auf sich warten. Insgesamt drei Jahre und drei Monate.

Irgendwann ist endlich die Röntgenstation eingerichtet, und Lise Meitner kann sich der Aufgabe widmen, deretwegen sie an die Front gezogen ist. Glücklich wird sie aber als Röntgenschwester nicht. Das Gefühl, Menschen zu helfen, das sie im Operationssaal hatte – hier will es sich nicht einstellen. Um nicht auf die Tätigkeit einer Röntgengehilfin eingeengt zu sein, repariert sie nach Dienstschluss alles, was irgendwie reparaturbedürftig erscheint. Aber auch das kann die zunehmend leerer werdenden Tage nicht ausfüllen. Sie beschleicht das Gefühl, überflüssig zu sein. Macht es noch Sinn, in Lemberg zu bleiben? Nein, sagt sie sich schließlich. Im Januar 1916 sucht sie um ihre Entlassung nach, meldet sich in Wien aber gleich wieder als Röntgenschwester. Nach fünf langen Monaten Wartezeit kann sie endlich zu einer neuen Stelle in einer Röntgenabteilung aufbrechen. Diesmal ist es Trient in Südtirol, damals noch zum Habsburgerreich gehörend. Aber sie kommt vom Regen in die Traufe. Auch hier fühlt sie sich überflüssig. Drei Wochen später verlässt sie Trient. Auch eine dritte Stelle, diesmal in Lublin, etwas westlich von Lemberg, stellt sich als Enttäuschung heraus.

Unter diesen Umständen, meint Lise Meitner, solle sie vielleicht doch besser versuchen, in ihrem eigentlichen Fachgebiet etwas Gutes für Deutschland zu leisen, auch ohne unmittelbare Kriegswichtigkeit. Im Oktober kehrt sie ins KWI nach Dahlem zurück.

Nummer 91: ein neues Element

Im Institut setzt sie eine Arbeit fort, die sie schon vor dem Krieg zusammen mit Otto Hahn begonnen hat. Sie wollen die Muttersubstanz von Aktinium finden, einem radioaktiven Element, das ein französischer Physiker im Jahr 1899 entdeckt hat und mit dem sie selbst schon vor Jahren experimentiert haben. Das Aktinium ist ein Zerfallsprodukt, und seit Anfang des Jahrhunderts stand die Frage im Raum: wovon? Welches Element ist die dazugehörige Muttersubstanz? Dieser Stoff würde den bisher leeren Platz 91 im Periodensystem der Elemente ausfüllen. Uran, das bisher schwerste bekannte Element, hat die Nummer 92.

Meitner macht also weiter, unterstützt durch Hahn, wenn er denn gelegentlich auf Heimaturlaub ist. Anfang 1917 wird er nach Berlin versetzt und kann jetzt häufiger vorbeischauen. Trotzdem: Die Hauptarbeit leistet eindeutig Lise Meitner. Sie kann inzwischen auch schon ohne Hahns Hilfe die chemischen Arbeiten ausführen. Und Anfang 1918 kann sie Erfolg vermelden. Element 91 ist identifiziert, und Meitner schreibt an Hahn: »Jedenfalls können wir jetzt wirklich bald ans Publizieren denken.« Am 16. März 1918 erscheint die Arbeit in der renommierten *Physikalischen Zeitschrift*. Für die neue Substanz schlagen die beiden den Namen Proaktinium vor. Lises ehemaliger Lehrstuhlinhaber aus Wien, Stefan Meyer, legt scherzhaft nahe, das Element Lisolenium zu nennen. Aber selbst wenn der Vorschlag ernst gemeint wäre: Lise Meitner würde ihn niemals akzeptieren. Dazu ist sie zu bescheiden. Oder zu schüchtern – wie man's nimmt. Erst 29 Jahre nach ihrem Tod, im Jahr 1997, wird ein Element nach ihr benannt werden: Meitnerium (Mt). Es steht auf Platz 109 des Periodensystems.

Im August 1918 berichtet Lise Meitner im physikalischen Mittwochskolloquium über die Entdeckung. Otto Hahn ist nicht dabei. Er liegt in einem Militärkrankenhaus, vermutlich wegen einer Vergiftung mit Phosgen. Vor Lise im Auditorium aufgereiht: Max Planck, Albert Einstein, Heinrich Rubens (der Direktor des Physikalischen Instituts der Universität) und andere Größen, dazu die Riege derjenigen jüngeren Physiker, die nicht an der Front sind. Lise kann danach an Otto vermelden, dass Planck, Einstein und Rubens »jeder extra« gesagt hätten, wie »hübsch« die Arbeit sei. »Woraus Sie sehen können, dass ich ganz vernünftig vorgetragen habe, obwohl ich dummerweise wieder sehr befangen war.« Sie sei aber »mit einem freundschaftlichen Scherz Plancks und einer sehr wohlwollenden psychologischen Betrachtung Einsteins über meine Schüchternheit davongekommen.« Es dürfte diese Gelegenheit sein, bei der Einstein seine oben erwähnte Bemerkung zu Lises »Kleinmädchenverschämtheit« macht. Einstein, unkonventionell und drollig, will eben ganz besonders lieb sein …

Vor großem Publikum auftreten mag Lise immer noch nicht. Sie ist ein Mensch der kleinen Runde oder des Vieraugengesprächs. Berta Karlik, nach dem Zweiten Weltkrieg Leiterin des Wiener Radiuminstituts, wird sich später erinnern: »Jeder, der ihr begegnete, hatte sogleich den Eindruck einer starken Persönlichkeit. Die Intensität, mit der sie Gespräche führte, wird jedem, der sie persönlich kannte, unvergesslich bleiben. Scharfer Verstand, kritischer Geist und große Konzentrationsfähigkeit zeichneten sie aus.« Für ihre Studenten wird sie in den Zwanzigerjahren sowieso unangefochtene Respektsperson sein. Da zählt es nicht, dass sie nicht viel größer als anderthalb Meter ist und deshalb hinter ihrem Rücken liebevoll als »Lischen« tituliert wird. Öfter ist sie dank ihres klaren Durchgriffs und ihrer Kompetenz »die Meitnerin«.

»Von jeher stark demokratisch«: Lise Meitners Aufbruch in die Goldenen Zwanziger

Im Herbst 1918 geht es mit Deutschland und Österreich-Ungarn an den Kriegsfronten rapide bergab. Auch die Unzufriedenheit im Landesinneren wächst, und bald darauf fegt die Novemberrevolution die Kaiser-, Königs- und Fürstenhäuser in beiden Ländern von ihren Thronen. Am 9. November wird in Berlin die Republik ausgerufen. Sogar zweimal:

zum einen durch den Sozialdemokraten Philipp Scheidemann, zum anderen durch Karl Liebknecht, den Anführer des linken Spartakusbundes. Der Kampf zwischen gemäßigten Sozialdemokraten, Spartakisten, Nationalisten und Kaisertreuen wogt hin und her und fordert in dem halben Jahr nach der Revolution gut 3000 Todesopfer, darunter auch Liebknecht und seine Mitstreiterin Rosa Luxemburg. Lise Meitner liegt die radikale Richtung von Liebknecht und Luxemburg von ihrem gemäßigten Charakter her fern. Für sie sind das »gefährliche Narren«. Immer noch bewahrt sie sich ihre seltsam überhöhte Meinung vom Deutschtum, obwohl der Krieg sie doch etwas Besseres gelehrt haben könnte. Im Revolutionsmonat November hat sie »russische Zustände« befürchtet und Elisabeth Schiemann geschrieben: »Der Deutsche ist von Natur aus ruhig und besonnen und sehr zur Ordnung geneigt, und vorläufig ist auch alles ruhig und ordentlich zugegangen.« Da lebten Liebknecht und Luxemburg noch …

Im Sommer 1919 besiegelt der Versailler Vertrag endgültig das Ende des Kaiserreichs. Lise Meitner begrüßt die neue Republik, sie habe »von jeher stark demokratische Neigungen gehabt«, schreibt sie an ihre Freundin Schiemann. Dass es ihr gutes altes Österreich-Ungarn nicht mehr gibt, betrübt sie trotzdem ein wenig. Wenn sie nun über Böhmen nach Wien reist, muss sie durch ein anderes Land fahren, durch die Tschechoslowakei. Und obwohl Berlin inzwischen längst zu ihrer eigentlichen Heimat geworden ist, obwohl sie inzwischen überzeugte Anhängerin der Demokratie ist – tief im Innern trauert sie vielleicht doch ein bisschen der kaiserlich-königlichen Monarchie nach. Auf jeden Fall hat sie ihre österreichische Staatsbürgerschaft behalten und wird sie auch bis an ihr Lebensende nicht abgeben.

Mit Beginn der Weimarer Republik weht für Wissenschaftlerinnen ein neuer Wind. Auch für Lise Meitner persönlich. Max Planck, Emil Fischer und der Physikochemiker Walter Nernst (der ein Jahr später den Nobelpreis erhalten sollte) beantragen in Würdigung ihrer wissenschaftlichen Leistungen die Ernennung zur Professorin. Dem Antrag wird stattgegeben. Am 31. Juli verleiht der zuständige Minister Lise

Meitner als einer der ersten Frauen in Deutschland den Titel »Professor«.

Noch schließt das nicht die Lehrbefugnis ein. Ein »richtiger« Professor (bzw. Professorin) ist Lise Meitner also immer noch nicht. Erst 1922 folgen die Lehrbefugnis und gleichzeitig die Ernennung zur Privatdozentin. Im Oktober desselben Jahres hält sie ihre Antrittsvorlesung mit dem Titel »Bedeutung der Radioaktivität für kosmische Prozesse«. Und schon am nächsten Tag kann man in der Zeitung davon lesen. Davon, dass Lise Meitner über »kosmetische Prozesse« gesprochen habe. Frauen und Kosmetik – das passt doch blendend. Der neue Wind der Weimarer Republik hat offenbar noch nicht alle Journalistenköpfe durchgepustet!

Seit 1917 hat Lise auch ihre eigene Abteilung, gleich neben der von Otto Hahn. 1922 ist sie Patin von Hahns Sohn Hanno geworden, und nun endlich – nach geschlagenen 15 Jahren! – gehen Hahn und sie zum Du über. Mit Hannos Mutter Edith duzt sie sich schon lange. Die beiden sind seit 1913 befreundet, dem Jahr von Ediths Heirat mit Otto.

Patentante, Professorin mit Lehrbefugnis, Abteilungsleiterin mit gutem Gehalt, einen ganzen Korb interessanter Probleme vor sich, wachsende internationale Reputation, dazu endlich eine standesgemäße Wohnung nicht weit entfernt vom KWI im vornehmen Villenviertel Dahlem: Es läuft gut für Lise. Die berühmten Goldenen Zwanziger sind angebrochen. Es werden auch für Lise Meitner goldene Jahre werden. Es sollen zugleich die Jahre ihrer entscheidenden Experimente zum Beta-Zerfall werden, die Pauli schließlich zum Vorschlag des Neutrinos veranlassen.

Wolfgang Pauli: ein Wunderkind aus Wien

Was macht eigentlich Wolfgang Pauli? Der kleine Junge im Matrosenanzug, der Lise Meitner damals in Wien über den Weg gelaufen (oder nicht über den Weg gelaufen) sein könnte.

Der kleine Junge von damals ist inzwischen 22 Jahre alt. Vor einem Jahr ist sein 230-seitiger Überblicksartikel zu Einsteins Relativitätstheorie in der *Enzyklopädie der Mathematischen Wissenschaften* erschienen. Der Artikel des Jungstars wird später zur großen Physikliteratur des 20. Jahrhunderts gezählt werden. Einstein selbst verleiht Pauli mit einer fast hymnischen Rezension einen regelrechten Ritterschlag.

Pauli hat am 25. April 1900 das Licht der Welt erblickt. In Wien, wie Lise Meitner, in einem geistigen Klima, das seine Entwicklung maßgeblich beeinflusst – das ist bei ihm nicht anders als bei ihr, die 22 Jahre vorher geboren wurde. Der intellektuelle und musische Zuschnitt seines Elternhauses ist allerdings noch ausgeprägter als der von Lises Eltern.

Paulis Großeltern väterlicherseits waren Prager Juden, er ein Buchhändler für jüdische Literatur, sie aus einer alteingesessenen Prager Familie. Ihr Familienname lautet Pascheles. Paulis Vater Wolf studiert Medizin. Er promoviert 1893 in Prag und habilitiert sich 1899 in Wien. Nach dem Tod seines strenggläubigen Vaters ändert er 1898 seinen Familiennamen in Pauli und konvertiert ein Jahr darauf zum Katholizismus. Pauli klingt weniger jüdisch. Denn: So viele Juden in angesehenen Positionen es auch geben mochte, Jude zu sein ist eben alles andere als karrierefördernd. Die Konvertierung ist dagegen nicht nur Karrieregründen geschuldet, sondern auch der Tatsache, dass Paulis Braut katholisch ist. Noch im Jahr der Konversion heiraten die beiden. 1903 ist Wolf Pauli schon Abteilungsleiter in einem Wiener Forschungsinstitut und zehn Jahre darauf außerordentlicher Professor an der Universität Wien. Er gehört zu den Pionieren der Biophysik und der Kolloidchemie.

Wolfgang Paulis Großvater mütterlicherseits war ein bekannter Theaterkritiker und Freigeist, mit einer ausgeprägt antiklerikalen Haltung, seit 1873 Redakteur der bedeutendsten liberalen Zeitung des Kaiserreichs. Von ihm hat Pauli die Fähigkeit geerbt, präzise und – wenn nötig – scharf zu formulieren. »Er war […] ein Kritiker mit Hieben, die bis zum Sattelknopfe trafen«, heißt es in einem Nachruf über den Großvater. Seine Frau Bertha war eine gefeierte Sopranistin, mit Engagements in Köln, Prag und schließlich über viele Jahre an der Wiener Hofoper. Eine ihrer zwei Töchter, Bertha Kamilla, sollte die Mutter von Wolfgang werden. Sie kommt im gleichen Jahr wie Lise Meitner zur Welt, 1878. Von ihrem freigeistigen Vater hat sie den Kampfgeist geerbt. Bertha Kamilla arbeitet als Journalistin, verfasst Essays über historische Themen und schreibt Theaterkritiken. Schauspiel ist für sie nicht nur Unterhaltungs-, sondern auch Erziehungs- und Fortschrittsanstalt. In dieser Hinsicht ist sie so etwas wie eine entfernte Vorläuferin von Bertolt Brecht. Zu ihren bevorzugten Themen gehören die Frauenrechte und der Pazifismus.

Paulis Patenonkel ist Ernst Mach, berühmter Physiker und Philosoph, damals einer der bissigsten Gegner der Atomhypothese, die Lises verehrter Professor Boltzmann so begeistert verteidigte. »Ham's schon eins gesehen?«, pflegte Mach Diskussionen über die Existenz von Atomen abzuwürgen. Der Pauli von 1922 ist von diesem historischen Fehlurteil natürlich weit entfernt, die vergangenen 20 Jahre haben schon längst das Urteil zugunsten von Boltzmann und gegen Mach gesprochen. Bissig kann er aber auch sein. Er ist nachgerade berühmt dafür! Sein Kollege Ehrenfest wird ihn später dafür, halb genervt, halb bewundernd, als die »Geißel Gottes« bezeichnen.

In dieser aufgeschlossen, geistig anregenden Atmosphäre ist Pauli mit den besten Voraussetzungen versehen, Naturwissenschaftler oder Schriftsteller zu werden. Zunächst aber ist der kleine Wolfgang der verwöhnte Mittelpunkt der Familie, ein Einzelkind wie Tausende andere. Das ändert sich schlagartig, als 1906 seine Schwester Hertha geboren wird. Pauli fremdelt mit ihr: Auf einmal dreht sich nicht mehr alles um ihn. Es braucht ein paar Jahre, bis Pauli seine Schwester akzeptiert. Unter anderem eint die beiden immerhin die Liebe zur Literatur und das

Interesse an Astronomie (das der kleinen Schwester allerdings von Pauli regelrecht aufgezwungen wird). Hertha wird später als Schauspielerin, antifaschistische Aktivistin, Autorin und Journalistin Karriere machen, mit einem Leben, das Wolfgangs an Dramatik und Weltläufigkeit in nichts nachsteht.

Nach der Grundschule wechselt Wolfgang auf das Humanistische Gymnasium in Wien-Döbling, in eine Schulklasse, die rückwirkend als »Klasse der Genies« bezeichnet werden wird. Außer ihm sollte auch sein Klassenkamerad Richard Kuhn einen Nobelpreis erhalten, nämlich den für Chemie. Andere sollten später Professoren, berühmte Schauspieler, Politiker oder Großindustrielle werden. Schon damals gilt Pauli als mathematisches Wunderkind. Als Dreizehnjähriger studiert er nicht nur physikalische und philosophische Arbeiten seines Patenonkels Ernst Mach, sondern auch grundlegende Werke der Mathematik. Seine Physik- und Mathematikbücher liest er, wie andere Leute Romane verschlingen, häufig bis spät in die Nacht. Aber er liest nicht nur, er schreibt auch. Noch als Gymnasiast verfasst er eine erste kurze Arbeit zu Einsteins Allgemeiner Relativitätstheorie und reicht sie kurz nach der Reifeprüfung zur Veröffentlichung ein. Zwei weitere folgen zu Beginn seiner Studienzeit. Die Zahl der Wissenschaftler, die damals Einsteins revolutionäre und mathematisch höchst anspruchsvolle Theorie verstehen, kann man angeblich an einer Hand abzählen. Und einer von ihnen ist, verblüffenderweise, dieser angehende Student von sage und schreibe 18 Jahren.

Im Juli 1918 legt Wolfgang sein Abitur mit Auszeichnung ab. Was nun? Soll er eine naturwissenschaftliche Laufbahn einschlagen? Oder (man wagt sich nicht vorzustellen, was der Welt dann verloren gegangen wäre) eine literarische?

Kosmische Zahlen, Anarchisten und der »Pauli-Effekt«

Pauli entscheidet sich für die Naturwissenschaft, genauer: für Physik. Er geht an die Ludwig-Maximilians-Universität nach München. Dort lehrt Arnold Sommerfeld theoretische Physik. Der untersetzte, drahtige Gelehrte mit seinem zauseligen Schnurrbart, dessen Aussehen irgendwie an einen Husaren-Oberst erinnert, gehört neben Planck, Einstein und Bohr zu jenen theoretischen Physikern, die in den letzten zwei Jahrzehnten die Quantenphysik und die Relativitätstheorie zum Fundament der modernen Physik gemacht haben.

Ernest Rutherford hatte 1911 vorgeschlagen, dass das Atom aus einem winzigen harten Kern besteht, der von einer dünnen Hülle aus Elektronen umgeben ist. Zwei Jahre später hat Niels Bohr Rutherfords Modell weiterentwickelt und angenommen, dass die Elektronen den Kern auf stabilen, kreisförmigen Bahnen umrunden (wobei er sich wagemutig von der klassischen Physik verabschieden musste, der zufolge die Elektronen beim Kreisen Energie abstrahlen und darum in den Kern stürzen müssten). Mitten im Ersten Weltkrieg hat Sommerfeld das Bohr'sche Modell nochmals erweitert und aus den Kreisbahnen Ellipsen gemacht. Damit hat er erstmals die Feinstruktur der Spektrallinien des Wasserstoffs erklären können – bis dahin ein Buch mit sieben Siegeln. Eine zentrale Rolle spielt dabei übrigens die sogenannte Feinstrukturkonstante, mit der man die Stärke elektromagnetischer atomarer Prozesse charakterisiert. Ihr Wert ist 1/137,036. Sie verbindet auf seltsame Weise die elektrische Ladung des Elektrons, die Lichtgeschwindigkeit und das »Planck'sche Wirkungsquantum« miteinander und wird auch in Paulis späterem Wirken eine zentrale Rolle spielen. Später wird man feststellen, dass unsere Welt unmöglich wäre und dass es uns nicht gäbe, wenn im Nenner statt 137 eine um drei oder vier Prozent abweichende Zahl stünde – etwa 133 oder 140. Es ist, als sei Sommerfelds Konstante auf unsere Existenz abgestimmt. Die Feinstrukturkonstante wird über das 20. Jahrhundert hinweg nicht der einzige bekannte Zahlenwert bleiben, auf den das zutrifft. Aber sie ist der erste Wert eines ganzen Bündels magischer Zahlen, von denen es scheint, sie hätten die Werte, die sie nun einmal haben, eigentlich nur deshalb, damit es uns Menschen gibt. Uns Menschen, die wir sie bestimmen können.

Als Pauli nach München geht, gelten Niels Bohr und Arnold Sommerfeld als die unumschränkten Autoritäten auf dem Gebiet der Quantentheorie der Atome. Das, was wir heute als »Quantenmechanik« bezeichnen, sollte erst in den folgenden zehn Jahren entstehen und Pauli würde, zusammen mit Werner Heisenberg, Erwin Schrödinger und Paul Dirac, einer ihrer Architekten werden.

Die Jahre 1918/19 in München sind turbulent. Als Pauli ankommt, fegt gerade die Novemberrevolution die deutschen Monarchen hinweg, darunter auch Bayerns König Ludwig III. Einen Tag nach Paulis Ankunft wird der Bayerische Freistaat ausgerufen. Schon dreieinhalb Monate später wird dessen erster Präsident ermordet und weitere anderthalb Monate später die gemäßigte Regierung gestürzt und von einem »revolutionären Arbeiterrat« abgelöst. Von nun an radikalisieren sich die Ereignisse mit rasender Geschwindigkeit. Die Räterepublik, anfangs von anarchistischen und pazifistischen Träumern angeführt, gerät in die Hände von kommunistischen Hardlinern. In den Straßen herrscht »Roter Terror«. Das Münchener Bürgertum, das die Ausrufung des Freistaats zunächst begrüßt hat, wünscht inzwischen nichts sehnlicher als den Sturz des Soldatenrats. Währenddessen rücken von draußen die Reichswehr und die berüchtigten stockreaktionären Freikorps an und ziehen ihren Ring immer dichter um München. Anfang Mai ziehen sie in München ein und nehmen blutige Rache. Mehr als 2000 vermutete oder tatsächliche Anhänger der Räterepublik werden erschossen oder zu langjährigen Haftstrafen verurteilt.

An Pauli scheint das alles vorbeizugehen. Er besitzt eine nachgerade unheimliche Fähigkeit, politische Dinge auszublenden. Er liest keine Zeitungen (die gegen Ende der Räterepublik sowieso verboten sind) und wird später auch kein Radio hören. Vor dem Chaos auf den Straßen kann er sich, zumindest tagsüber, in die Universität flüchten. Und außerdem entdeckt er, kaum dass die Unruhen abflauen, das Münchener Nachtleben für sich. Pauli ist nicht groß – etwa 1,65 Meter –, aber anders als in späteren Jahren ist er noch nicht korpulent. Mit seinen vollen Lippen und den etwas melancholisch blickenden Augen ist er durchaus attraktiv. Im Münchener Kneipen- und Varieté-Viertel Schwabing fühlt er sich schnell zu Hause.

Schon in München schließt Pauli Bekanntschaft mit dem knapp anderthalb Jahre jüngeren Werner Heisenberg. Beide sind sie Meisterstudenten von Sommerfeld, Heisenberg ein Jahr unter Pauli. Ihre Temperamente könnten jedoch nicht unterschiedlicher sein. Heisenberg der Naturbursche, früh auf und früh zu Bett, einst Mitglied der Pfadfinder, begeisterter Bergwanderer; Pauli ein Nachtmensch, der seine Zeit lieber in Kneipen als in der Natur zubringt und häufig erst gegen 11 Uhr in der Universität auftaucht. Tatsächlich hat er es mit seiner legendären Auffassungsgabe nicht nötig, regelmäßig zu den Vorlesungen zu erscheinen. Vermutlich kann man Pauli eher im Seminarraum und in der Bibliothek von Sommerfelds kleinem Institut antreffen als im Hörsaal. Mehr als die Vorlesungen befördern gezielte Diskussionen mit Sommerfeld und anderen ausgewählten Spitzenstudenten seine Entwicklung. Trotzdem: Irgendwann sieht sich Sommerfeld genötigt, ihm einen Rüffel zu verpassen: »Wenn Sie ein Genie werden wollen, muss ich Sie erst dazu ausbilden. Sie müssen um 8 Uhr morgens da sein.« Pauli erscheint für eine Weile um 8 Uhr, dann fällt er in seine alten Gewohnheiten zurück. Sommerfeld akzeptiert das. Er merkt wohl, dass Pauli nicht jemand ist, den man zum Genie ausbilden muss. Er ist schon eines.

Arnold Sommerfeld ist ein idealer Lehrer. Sein *Lehrbuch zur Theoretischen Physik* hat über Jahrzehnte Bestand – eine letzte aktualisierte Auflage wird mehr als 40 Jahre nach seinem Tod erscheinen, im Jahr 1994! Er hat ein außergewöhnliches Gespür dafür, seinen Schülern Aufgaben zu stellen, die auf ihre Fähigkeiten zugeschnitten sind. Bei Pauli – das dürfte die Leser jetzt nicht mehr überraschen – bietet sich da ein ausgesprochen anspruchsvolles Feld. Zusätzlich zu dem Artikel zur Relativitätstheorie, den er noch als Schüler eingereicht hat, hat Pauli

1919 noch zwei weitere Aufsätze zum gleichen Thema geschrieben. Und Sommerfeld scheint davon so beeindruckt zu sein, dass er Pauli im dritten Semester mit dem oben erwähnten Überblicksartikel zur Relativitätstheorie beauftragt. Der erscheint 1922 in der *Enzyklopädie der Mathematischen Wissenschaften*, 237 Seiten lang und mit 394 Fußnoten versehen. Für Jahrzehnte wird er das Standardwerk zur Relativitätstheorie bleiben.

Promovieren wird Pauli dagegen zu einem anderen Thema. Nachdem er noch als Student mehrere glänzende Arbeiten zum Verhalten von Atomen in Magnetfeldern veröffentlich hat, weist Sommerfeld ihm als Doktorarbeit eine Untersuchung des ionisierten Wasserstoffmoleküls zu. Das sind zwei Wasserstoffkerne, die sich ein Elektron teilen – ein Problem, bei dem man mit dem Bohr-Sommerfeld'schen Modell an dessen Grenzen gestoßen ist. Pauli schließt die Arbeit (natürlich!) mit Auszeichnung ab, obwohl er die Aufgabe durchaus nicht zu seiner eigenen Zufriedenheit lösen kann. Das ist im Jahr 1921. Wenige Jahre später wird er die Arbeit als »vom heutigen Stand überholt« bezeichnen. Da sind er selbst und einige wenige andere schon dabei, die moderne Quantenmechanik zu entwickeln, mit der das besagte Problem tatsächlich gelöst werden kann.

Wolfgang Pauli ist ein genialer Theoretiker. Eins aber ist er mit Sicherheit nicht: ein Experimentalphysiker! Nicht nur, dass er selbst weder Neigung noch Fähigkeiten zum Experimentieren hat. Schon seine bloße Anwesenheit, so der Tenor unzähliger Anekdoten, beeinflusst das Funktionieren von Apparaturen in negativer Weise. Hier fällt ein Reagenzglas um, da gibt es einen Kurzschluss, und dort zeigt ein Messgerät einen unsinnigen Wert an. Pauli sollte später regelrecht stolz auf diesen »Pauli-Effekt« sein. Einige Kollegen nehmen den Effekt tatsächlich ernst (und entkräften damit die Aussage, Physiker seien gegen Aberglauben gefeit). Otto Stern zum Beispiel, mit Pauli befreundet und in Hamburg sein Kollege, sollte ihm später wegen dieses Effekts angeblich Labor- und sogar Institutsverbot erteilen. Die bekannteste aller Anekdoten betrifft einen Vorfall im Göttinger Labor von James Franck, den wir schon aus seiner Berliner Zeit als Freund Lise Meitners kennen. Angeblich – so das Gerücht – geht eine wertvolle und empfindliche Apparatur in Paulis Abwesenheit zu Bruch. Pauli lebt damals schon lange nicht mehr in Göttingen, sondern schon in Zürich. Franck schreibt Pauli von dem Malheur und bemerkt scherzhaft, wenigstens diesmal treffe Pauli keinerlei Schuld. Er sei ja schließlich fernab in Zürich gewesen. Was aber antwortet Pauli? Er habe zur fraglichen Zeit im Zug nach Kopenhagen gesessen, und der wiederum habe genau zum besagten Zeitpunkt einen kurzen Aufenthalt in Göttingen gehabt. Der Pauli-Effekt!

Im Wintersemester 1921/22 arbeitet Pauli als Assistent von Max Born in Göttingen. So richtig glücklich wird er dort nicht. Borns Ansätze erscheinen ihm zu formal, zudem steht sein neuer Chef *noch* früher auf als Sommerfeld – nichts für den Nachtarbeiter Pauli. Und schließlich versagt ihm die Provinzstadt Göttingen die nächtlichen Zerstreuungen, die ihm München so reichlich geboten hat. Drei Monate nach seiner Ankunft in Göttingen bekommt er ein Angebot, als Assistent an die Hamburger Universität zu gehen. Er akzeptiert umgehend und wechselt nach einem halben Jahr bei Born hinüber nach Hamburg. Auch dort bleibt er nicht lange, sondern begibt sich für ein ganzes prägendes Jahr nach Kopenhagen, um mit Niels Bohr zusammenzuarbeiten.

Und damit sind wir im Jahr 1922 angelangt, dem Jahr, in dem wir Lise Meitner verlassen haben.

Beta-Strahlung: Runde 2

Seit Lise Meitners Ankunft in Berlin ist in der Atomphysik Entscheidendes passiert. Niels Bohr hat, wie schon beschrieben, in Kopenhagen sein Atommodell entwickelt, mit einem Kern, der von Elektronen auf festen Bahnen (»Hüllen«) umkreist wird. Zwei Jahre später, mitten im Krieg, hat Arnold Sommerfeld das Modell verfeinert und so erreicht, dass die Physik der Atomhülle und die Details von Spektrallinien mit bisher unerreichter Genauigkeit beschrieben werden können. Nun gibt es also die schon ziemlich gut verstandene Physik der Atomhülle und der Spektrallinien auf der einen Seite und die immer noch im Dunklen liegende Physik des Atomkerns und der Alpha-, Beta- und Gamma-Strahlung auf der anderen Seite. Pauli geht es in seinen Arbeiten um die Physik der Elektronen, die »weit draußen« von einer Hüllenebene auf die andere springen. Lise Meitner hingegen versucht die Botschaft zu verstehen, die direkt aus dem Kern stammt, in ihrem Fall die Beta-Strahlen. Das war und ist nun einmal ihre Königsdisziplin.

Kurz vor Beginn des Weltkrieges, Lise war mit anderen Dingen beschäftigt, ist noch einmal Bewegung in diese Sache gekommen. James Chadwick, der gerade bei Rutherford promoviert hatte, war für ein Jahr nach Deutschland gekommen. Dort wollte er mit Hans Geiger zusammenarbeiten, der seinerseits in England als einer von Rutherfords Assistenten dessen berühmte Streuversuche mit Alpha-Strahlen durchgeführt hatte. Nun knöpft sich Chadwick Lise Meitners geliebte Beta-Strahlen vor. Anders als sie benutzt er aber keine Filme zum Nachweis, sondern ein Instrument, das sein Gastgeber erst ein knappes Jahr zuvor erfunden hatte: den Geigerzähler. Und was sieht er? »Not the ghost of a line«, stellt er fest, nicht mal die Andeutung irgendeiner Linie, sondern ein ziemlich glattes, kontinuierliches Spektrum. Seltsam! Kann es sein, dass seine Auflösung schlechter als die von Meitner ist und deren Linien mit seiner Methode verwaschen erscheinen oder gar nicht mehr zu erkennen sind? Das zumindest ist das Argument, mit dem Meitner Chadwicks Messung begegnet. Also eine neue Messreihe, mit verbesserter Auflösung. Und nun sieht auch Chadwick einige wenige Linien, die sich über einem kontinuierlichen Spektrum abzeichnen. Aber warum sieht Meitner ihrerseits den kontinuierlichen Anteil nicht? Vermutlich, so Chadwicks Überlegung, haben Meitners Filme erst ab einer gewissen Schwelle angesprochen. Deshalb könnte ihr der schwache kontinuierliche Hintergrund, auf dem sich die starken Linien hervorheben, schlicht und einfach entgangen sein.

Chadwick will weitermessen, aber da macht ihm der Weltkrieg einen Strich durch die Rechnung. Chadwick ist Engländer, also »feindlicher

Ausländer«. Zwar erreicht Geiger mittels einer Sondererlaubnis, dass Chadwick noch ein paar Wochen in seinem Berliner Labor weiterarbeiten darf, aber schon im November 1914 stecken die Deutschen ihn in ein Internierungslager. Vier lange Jahre sitzt er dort untätig herum. Gut, dass er dabei einen Kadetten der englischen Royal Military Academy kennenlernt, der kurz vor Ausbruch des Krieges beschlossen hat, die Ferien ausgerechnet in Deutschland zu verbringen. Natürlich ist auch Charles Drummond Ellis, so der Name des Kadetten, interniert worden. Ellis hat keine Ahnung von Physik, aber er findet interessant, was Chadwick ihm zu seinen Forschungen erzählt. In den kalten Nächten der Gefangenschaft fragt er Chadwick Löcher in den Bauch. Und als der Krieg vorüber ist und Chadwick und Ellis nach England zurückkehren können, lässt Ellis seine Armeekarriere fahren und stürzt sich in die Physik. 1921 holt ihn Chadwick in Rutherfords Laboratorium, wo er inzwischen auch selbst wieder gelandet ist.

Und womit beauftragt Rutherford seinen neuen Zögling? Mit der Messung des Beta-Spektrums! Lise Meitners hartnäckigster Opponent auf ihrem Spezialgebiet betritt die Bühne.

Auch Ellis beobachtet in seiner ersten Arbeit Linien über einem kontinuierlichen Spektrum. Und er liefert auch gleich eine – im Prinzip – richtige Erklärung für die Linien: die *innere Konversion.* Bei diesem Prozess überträgt der Kern seine Anregungsenergie, anstatt sie als ein Alpha-, Beta- oder Gamma-Quant abzustrahlen, auf ein Hüllenelektron, das dann ausgesandt wird. Wie das genau funktioniert, kann Ellis zu dem Zeitpunkt noch nicht wissen. Wie kommen Kerninneres und Hüllenelektron zusammen? Erst die ein paar Jahre später von Heisenberg und Schrödinger ausgearbeitete Quantenmechanik wird die Erklärung liefern. Der Quantenmechanik zufolge darf man ein Hüllenelektron nicht einfach als punktförmiges Teilchen auffassen, sondern als eine Art verschmierte Wolke. Diese Wolke ist genau genommen die Wahrscheinlichkeitsverteilung für den Ort, an dem sich das Elektron (jetzt wieder punktförmig gedacht) befindet. Die Ausläufer der Wolke reichen erstaunlicherweise bis in den Kern hinein. Dieser Vorstellung zufolge gibt es eine gewisse, wenn auch kleine Wahrscheinlichkeit dafür, dass sich das Elektron gerade *innerhalb* des Kerns befindet. Bei diesem ominösen »Durchflugmanöver« kann es die Energie abgreifen, die bei einem Prozess tief im Kern frei wird. Dadurch wird es schließlich aus seiner Bahn gelöst und nach draußen ausgespuckt. Mit einer festen Energie, nämlich der, die es aus dem Kern mitbekommen hat, minus der Energie, die für die Ablösung aus seiner Hüllenbahn notwendig ist.

Lise Meitner kann dieser Erklärung für einige Linien durchaus etwas abgewinnen. Aber dass das die vollständige Lösung des Problems ist – das bestreitet sie vehement. In den Folgejahren entspinnt sich eine temperamentvoll geführte Auseinandersetzung zwischen ihr auf der einen Seite und Chadwick und Ellis auf der anderen. Schon aus theoretischen, prinzipiellen Gründen will sich Lise Meitner nicht von der Vorstellung verabschieden, dass der primäre Vorgang beim Beta-Zerfall die Emission von Elektronen mit genau fixierter Energie ist. Sie glaube nicht, dass man aus den Versuchen von Ellis (und auch schon aus denen von Chadwick) auf die Existenz eines primär kontinuierlichen Spektrums schließen könne, schreibt sie 1922. Das ruft nun wiederum Chadwick auf den Plan, der zusammen mit Ellis seine Vorkriegsexperimente wiederholt, natürlich mit verbesserter Apparatur, und zu demselben Ergebnis wie damals kommt.

Lise Meitner gibt sich nicht geschlagen. Gerade erst hat der Amerikaner Arthur Compton einen Effekt entdeckt, der später nach ihm benannt werden sollte und für den ihm 1927 der Physiknobelpreis verliehen werden würde. Bei diesem Prozess trifft ein energetisches Photon auf ein Elektron und überträgt ihm einen Großteil seiner Energie. Das Photon wird dadurch langwelliger. Eine denkbar einfache Erklärung für das kontinuierliche Beta-Spektrum. Am Anfang stehen demnach Gamma-Quanten (also hochenergetische Photonen) mit fixierter Energie, und heraus kommt ein Elektron mit variabler Energie.

Aber ach – der Compton-Effekt ist viel zu schwach, um das kontinuierliche Spektrum zu erklären. Lise Meitner zieht daraufhin einen weiteren Pfeil aus dem Köcher: Könnte es sein, dass die monoenergetischen Elektronen aus dem Kern an den Hüllenelektronen gestreut werden und dabei einen Teil ihrer Energie abgeben?

Nein. Auch das kann nicht die Erklärung sein. 1924 und 1925 können Ellis und sein Mitarbeiter Wooster auch dieses Argument mit weiteren Experimenten entkräften. Und langsam wird allen klar, dass man einen grundsätzlich neuen Zugang versuchen müsste. Den gibt es, aber was seine experimentelle Umsetzung betrifft, grenzt er ans Unmögliche.

Die Überlegung ist die, dass bei allen Erklärungsversuchen Meitners das ursprünglich monoenergetische Elektron seine Energie an andere Elektronen oder an Gamma-Quanten überträgt. Über sekundäre Prozesse geben aber auch diese, genau wie das Beta-Elektron, ihre Energie an das umgebende Medium ab. Dabei heizen sie es auf, zusätzlich zu der Aufheizung durch das Beta-Elektron selbst. Die gesamte abgegebene Energie müsste darum exakt die Energie des Beta-Elektrons im Moment seiner Erzeugung ergeben. Die kann man erfreulicherweise genau berechnen: Sie ergibt sich mit der berühmten Formel $E = m \cdot c^2$ aus der Massendifferenz (m) von Ausgangskern und Endkern. Die Temperaturerhöhung müsste einer freigesetzten Energie entsprechen, die ihrerseits genau dieser Massendifferenz entspricht.

So das Meitner-Szenario. Hätten jedoch Ellis und Wooster recht, dann müsste die Temperaturerhöhung immer geringer sein, als es der Massendifferenz von Ausgangs- und Endkern entspricht. Die Beta-Elektronen werden in diesem Szenario ja schon von vorneherein mit verminderten Energien aus dem Kern emittiert.

Das Problem ist nur: Wie misst man verlässlich Temperaturunterschiede von einem tausendstel Grad, und das für Mengen im Milligramm-Bereich? In der Tat benötigen Ellis und Wooster zwei volle Jahre, ehe sie zu einem publizierbaren Ergebnis kommen. Zu einem Ergebnis, das von Lise Meitner mit verbesserter Genauigkeit nachvollzogen werden und die Physik der Neutrino-Hypothese ein entscheidendes Stück näherbringen wird.

Pauli: Tagprobleme, Nachtprobleme … und eine Nobelpreisidee

Wir wollen sie bis dahin getrost ihrem Schicksal überlassen und uns für einen Moment wieder Pauli zuwenden. Der ist nach einem beglückenden Jahr bei Niels Bohr wieder an die Universität in Hamburg zurückgekehrt. Und mit ihm ist auch ein Problem zurückgekehrt, auf das er schon vor seiner Abreise nach Kopenhagen gestoßen war: der »anormale Zeeman-Effekt«. Er betrifft Feinheiten der Spektrallinien von Atomen, die sich in einem schwachen Magnetfeld befinden. Pauli müht sich seit über einem Jahr an dem Problem ab, leider ergebnislos. Was er auch versucht, wie lange er nachts auch brütet – es ist, als pralle er von einer Wand ab. Und als wenn das nicht genug wäre: Irgendwie hängt ihm auch noch seine unbefriedigende Lösung für die Spektrallinien des ionisierten Wasserstoffmoleküls nach, zu denen er seine Promotion verfasst hat. Der große Erfolg seiner ersten Jahre, die Artikel zur Relativitätstheorie, sie scheinen wie aus einer längst vergangenen Zeit. Pauli beginnt zu trinken. »Ich habe bemerkt, dass mir das Weintrinken sehr gut bekommt«, schreibt er seinem Kommilitonen aus der Münchener Zeit. »Nach der zweiten Flasche Wein oder Sekt pflege ich die Manieren eines guten Gesellschafters anzunehmen (die ich im nüchternen Zustand nie habe) und kann dann unter Umständen auf die Umgebung, namentlich wenn sie weiblich ist, einen ungeheuren Eindruck machen.« Pauli entwickelt eine ausgesprochen gespaltene Persönlichkeit (wenn er sie nicht im Grunde schon vorher hatte): tagsüber der seriöse Forscher, nachts Besucher zweifelhafter Etablissements in Hamburgs Rotlichtviertel Sankt Pauli. Seinem Psychoanalytiker C. G. Jung wird er später über die »vollkommene Spaltung zwischen Tag- und Nachtleben in meiner Beziehung zu Frauen« schreiben. Dr. Jekyll und Mr. Hyde in Hamburg …

Seine nächtlichen Exzesse hält Pauli vor seinen gleichaltrigen Hamburger Kollegen geheim, selbst vor seinem engsten Freund, dem erwähnten Kommilitonen aus Münchener Tagen. Pauli ist sich seiner

Persönlichkeitsspaltung wohl bewusst. »Ich hatte einen Hang zum Kriminellen und zum Raufbold (was bis zum Mörder hätte ausarten können)«, gesteht er C. G. Jung. Dass eine leidenschaftliche Beziehung zu einer Morphinistin die Sache nicht besser macht, kann man sich leicht denken.

Paradoxerweise ist Pauli tagsüber immer noch der präzise denkende, geniale Wissenschaftler, als den wir ihn in München kennengelernt haben. Er habilitiert sich und publiziert wichtige Arbeiten. Aber der große Wurf ist nicht dabei.

Der große Wurf – er kommt 1924. Pauli hat es inzwischen aufgegeben, den anormalen Zeeman-Effekt bis ins Letzte beschreiben zu können. Stattdessen stellt er sich eine Frage, der sich in dieser Strenge (oder Konsequenz) noch niemand vor ihm gewidmet zu haben scheint: Warum gibt es auf der untersten Elektronenschale eigentlich maximal zwei Elektronen? Eins beim Wasserstoffatom, zwei beim Heliumatom. Geht man zu schwereren Elementen über, so wird die nächste, weiter außen gelegene Schale angelegt. Wenn die mit acht Elektronen auch gesättigt ist, wird die dritte Schale angelegt. Und so weiter …

Aber warum, so fragt sich Pauli, springen die Elektronen nicht alle auf die erste Schale? Was hält sie davon ab, diesen energetisch günstigsten Zustand einzunehmen?

1924 beschreibt man ein Atom mit drei »Quantenzahlen«. Die erste, die Hauptquantenzahl, bezeichnet die Schale, auf der sich das Elektron befindet. Die zweite, die Nebenquantenzahl, gibt die Stärke der elliptischen Verformung der Elektronenbahn an. Je höher die Schalennummer, also die Hauptquantenzahl, umso mehr ganzzahlige Werte kann die Nebenquantenzahl einnehmen. Die dritte Quantenzahl charakterisiert die räumliche Orientierung des Elektrons in einem äußeren magnetischen Feld. Auch sie kann nur eine begrenzte Anzahl von Werten einnehmen. Dabei gilt eine mysteriöse Regel, die als Erstem Niels Bohr aufgefallen ist: Die maximale Anzahl der Elektronen auf einer Schale beträgt das Doppelte der Hauptquantenzahl zum Quadrat. Aber warum ist das so?

Mit einem genialen Geistesblitz findet Pauli die Lösung, die beide Fragen beantwortet. Der Zahlenmystiker und Zahlenakrobat Pauli erkennt, dass sich alles zusammenfügt, wenn er zwei Dinge postuliert. Erstens gibt es eine vierte Quantenzahl, die nur zwei Werte annehmen kann. Und zweitens kann keines der Elektronen im Atom in allen vier Quantenzahlen mit einem anderen Elektron übereinstimmen. Mit diesem Postulat erhält man genau die Maximalzahl von Elektronen, die Bohr aus den Daten herausgelesen hat. Und dann ist mit einem Mal auch klar, warum auf der ersten Schale nur zwei Elektronen sitzen können. Für diese Schale sind die zweite und dritte Quantenzahl gleich null. Mehr als einen Wert kann demnach nur die vierte Quantenzahl einnehmen, und zwar – laut Pauli – zwei.

Niemals sind zwei Elektronen in einem Atom im gleichen Zustand! Das ist das berühmte Pauli-Ausschließungsprinzip, für dessen Postulat er 1945 den Nobelpreis erhalten wird. Zunächst sieht es aber überhaupt nicht danach aus. Bohr und Heisenberg machen sich über Paulis Geistesblitz eher lustig, als dass sie ihn ernst nehmen. Was zum Teufel soll diese vierte Quantenzahl, von der niemand weiß, was sie bedeuten könnte? Heisenberg schimpft Pauli einen »Formalismus-Philister« und wirft ihm »Schwindel« vor. Bohr ist der Erste von beiden, der sich wieder beruhigt und Pauli zugesteht, dass an dessen Vorschlag doch irgendetwas dran sein könnte. »Interessant, aber nicht verrückt genug«, pflegt er neue Hypothesen sonst zu beurteilen. Paulis Vorschlag ist offenbar verrückt genug, selbst für Bohr.

Dann ändern zwei Befunde alles. Anfang 1925 fällt einem deutschamerikanischen Studenten auf, dass Paulis Quantenzahl die Dimension eines Drehimpulses haben muss, und weitere neun Monate später entdecken die Holländer George Uhlenbeck und Samuel Goudsmit, dass das Elektron tatsächlich über so etwas wie einen Eigendrehimpuls verfügt. Die Situation ähnelt dem Sonnensystem. Die Erde kreist um die Sonne, was dem System einen Drehimpuls verleiht. Außerdem dreht sich die Erde um sich selbst, womit sie einen Eigendrehimpuls besitzt. Den Eigendrehimpuls von Teilchen wird man in der Folge als *Spin* bezeichnen. So weit, so gut. Nur ist dieses anschauliche Modell leider nicht mit der Relativitätstheorie zu vereinbaren – und die stellt inzwischen kein vernünftiger Physiker mehr infrage.

Aber die Rettung ist nah. Sie kommt mit der »neuen« Quantenmechanik, deren eine Version Werner Heisenberg, Max Born und Pascual Jordan im Frühjahr 1925 formulieren und deren andere Erwin Schrödinger im Januar 1926 veröffentlicht. Die eine wird fortan »Matrizenmechanik« und die andere »Wellenmechanik« genannt werden. Pauli gehört zu denen, die 1926 und 1927 beweisen können, dass die beiden Formulierungen äquivalent sind. Nun kann man auch endlich die Feinstruktur der Spektrallinien des Wasserstoffatoms und Paulis Albtraum-Problem, den anormalen Zeeman-Effekt, exakt erklären. Tatsächlich ist es Pauli und nicht Heisenberg selbst, der als Erster unter Benutzung von Heisenbergs Formulierung die Zustände des Wasserstoffatoms berechnen kann – eine mathematische Glanzleistung! Heisenberg ist zwar »ein wenig unglücklich«, weil er selbst es nicht so schnell geschafft hat, aber voller Bewunderung darüber, wie rasch Pauli das Problem erledigen konnte. Zum Ausgleich haben Heisenberg und sein Kollege Pascual Jordan die Nase bei der Erklärung des anormalen Zeeman-Effekts vorn.

Pauli gelingt es schließlich auch, seinen Elektronenspin in die Quantenmechanik einzubauen. Er hat zwar den Anfang der Quantenmechanik ein bisschen verstolpert, aber bei ihrer glanzvollen Entwicklung in den Folgejahren ist er eine der vier oder fünf unbestrittenen Schlüsselfiguren. Das mathematische Feuerwerk, das Pauli und Co. in ihren Briefen und in Fachartikeln entzünden, lässt einen noch heute fassungslos zurück. Dabei ist Pauli derjenige von allen, der am schnellsten konzeptionelle Sackgassen und Fehlschlüsse erkennt. Mit seinem beißenden Spott kann er oberflächliche Argumente zerpflücken, mit seiner wissenschaftlichen Exzellenz kann er schnell die Spreu vom Weizen trennen. »Das Gewissen der Physik« wird er deshalb genannt.

Beta-Strahlung: Endspiel

Zurück zu den Kontrahenten Meitner, Ellis und Wooster. Den beiden Engländern ist es inzwischen tatsächlich gelungen, die Temperatur genügend genau zu messen. Die Temperaturerhöhung beträgt nur etwa ein Drittel des Wertes, den man aus der Massendifferenz von Ausgangs- und Endkern erwarten würde.

Meitners Hypothese ist falsch! Aber natürlich überprüft sie das Resultat von Ellis und Wooster. Und Lise Meitner wäre nicht die glänzende Experimentatorin, die sie nun einmal ist, wenn sie es nicht genauer hinkriegen würde. 1930 veröffentlich sie ihren Wert. Er stimmt mit dem von Ellis und Wooster gemessenen überein. Ihr Messfehler ist dabei halb so groß wie der ihrer Konkurrenten. Und nun endlich schreibt sie an Ellis: »Wir haben Ihre Resultate vollständig verifiziert. Es scheint mir, dass es keinerlei Zweifel mehr geben kann, dass Sie völlig recht hatten mit Ihrer Annahme, dass die primäre Beta-Strahlung inhomogen ist. Aber ich verstehe das Resultat nicht im Geringsten (But I do not understand this result at all).«

Inzwischen ist das kontinuierliche Beta-Spektrum auch ins Blickfeld der Quantentheorie-Päpste gerückt. Sie haben mit ihrer »neuen Physik«, der Quantenmechanik, die Geheimnisse der Atomhülle gelöst, aber was im Innern des Kerns vor sich geht, ist immer noch ein Buch mit sieben Siegeln. Die Physiker kennen bis jetzt lediglich drei Elementarteilchen: das Proton, das Elektron und das Photon. Das Neutron muss noch bis 1932 warten, ehe es entdeckt wird. Der Kern besteht für die Physiker aus Protonen und Elektronen. Die korrekte Kernmasse erhalten sie, indem sie statt der (noch nicht entdeckten) Neutronen eine gleiche Anzahl zusätzlicher Protonen im Kern postulieren. Aber dann ist der Kern natürlich viel positiver geladen, als wenn die korrekte Kernmasse durch Hinzufügen von Neutronen erhalten wird. Die überschüssige elektrische Ladung kompensieren die Physiker, indem sie den Zusatzprotonen eine gleiche Anzahl von negativ geladenen Elektronen »beigeben«. Deren Gewicht ist im Vergleich zu dem von Protonen und

Neutronen vernachlässigbar. Nun stimmt also beides: Kernmasse und Kernladung. Aber leider funktioniert der Trick nach den Gesetzen der Quantenphysik nicht. Niemand kann nämlich erklären, wie die leichten Elektronen in einem so kleinen Volumen wie dem eines Atomkerns gefangen gehalten werden können.

Ein kardinales Problem. Und nun kommt noch die fehlende Energie beim Beta-Zerfall dazu.

Eine heilige Kuh, eine kuriose Heirat und ein verzweifelter Ausweg

Wie schon mehrmals geschehen, prescht Bohr mit einer gewagten Idee vor. Könnte es sein, so Bohr, dass der Energieerhaltungssatz zwar im Alltagsleben gilt, aber auf atomarer Ebene verletzt ist? Mal ein wenig nach oben hin, mal ein wenig nach unten hin, sodass sich insgesamt so etwas wie eine »Energieverschmierung« ergibt, die zu dem beobachteten kontinuierlichen Beta-Spektrum führt …?

Der Energieerhaltungssatz! Die heiligste Kuh der Physik. Und ausgerechnet diese Kuh will Bohr schlachten, und sei es auch nur für subatomare Einzelprozesse! Das ruft Pauli auf den Plan, das »Gewissen der Physik«.

Pauli ist seit 1927 mitnichten in ruhigeres Fahrwasser geraten. 1927 hat sich seine Mutter wegen einer Affäre von Paulis Vater vergiftet und ist gestorben. 1928 nimmt Pauli einen Ruf an die Eidgenössische Technische Hochschule (ETH) in Zürich an. Noch immer leidet er unter dem Tod seiner Mutter und löst sich deshalb von seinem Vater. Innerlich und äußerlich. Er, der bisher seine Artikel immer mit Wolfgang Pauli jr. unterzeichnet hat, um nicht mit seinem wissenschaftlich ebenfalls berühmten Vater verwechselt zu werden, lässt jetzt das jr. weg. Er will sich, und sei es auch nur über Details des Namens, in keine Beziehung zu seinem Vater setzen. Seltsamerweise tritt er auch aus der katholischen Kirche aus (die ja erst durch die Mutter in die Familie gebracht wurde) und gilt damit offiziell wieder als Bürger jüdischen Bekenntnisses. Vielleicht hat ihn die harte Haltung der Kirche zum Selbstmord dazu veranlasst.

Nun also Zürich. Die Schweizer Kantonshauptstadt ist keine Provinzstadt wie Göttingen; sie bietet durchaus Gelegenheiten für Vergnügungen. Aber sie ist auch nicht München, Kopenhagen oder gar Hamburg. In Zürich gibt es kein Schwabing und schon gar nicht ein St. Pauli. Vielleicht deshalb macht Pauli häufige Ausflüge nach Hamburg und Kopenhagen. Bald kommt eine dritte Stadt hinzu, es ist Berlin. Einer der Gründe, nach Berlin zu reisen, ist eine Frau. Genauer gesagt zwei Frauen. Die eine ist Paulis Schwester Hertha, die seit 1927 in Berlin wohnt und unter Max Reinhardt, dem berühmten Regisseur und Produzenten, Theater spielt. Die andere heißt Margarethe (Käthe) Deppner, in gleichem Alter wie Hertha und damit sechs Jahre jünger als Wolfgang Pauli. Sie ist Tänzerin und Schauspielerin, und es ist sehr wahrscheinlich, dass Pauli und sie sich über Hertha kennenglernt haben. Pauli trifft sie später auf einer abendlichen Festlichkeit eines vermögenden Bekannten in Zürich wieder. Käthe tanzt in der Truppe mit, die zur Unterhaltung der Gäste engagiert worden ist. Pauli verliebt sich in sie. Von nun an ist sie der Hauptgrund, nach Berlin zu fahren. Dass er dabei ein- oder zweimal auch Lise Meitner einen Besuch abstattet, fällt fast nicht ins Gewicht. Sie wäre dann die dritte Frau, deretwegen er nach Berlin fährt.

Im Dezember 1929 eröffnet Pauli seinen verblüfften Kollegen, dass er im Begriff ist, zu heiraten. Und um die Überraschung voll zu machen: Es ist eine Pantomimin und Varieté-Tänzerin. Fast könnte man an Professor Unrat in *Der blaue Engel* denken, einem der ersten deutschen Tonfilme, der im gleichen Jahr gedreht wird. Nun, Pauli ist kein vertrottelter Professor, und Käthe Deppner kann es an Laszivität wahrscheinlich nicht mit Marlene Dietrich aufnehmen. Aber ein gutes Ende nimmt auch dieses Verhältnis nicht. Käthe hat sich schon vor der Hochzeit in einen anderen Mann verliebt, einen Chemiker, findet aber merkwürdigerweise nicht die Energie, die Hochzeit abzusagen.

Ein seltsamer Einstieg in eine Lebensgemeinschaft. Aber auch Pauli schwebt die Ehe nicht als das vor, was sich der Normalbürger darunter vorstellt. In der Züricher Professorenschaft liebeln sowieso alle durcheinander, gerade als sei das Wort Promiskuität eine Erfindung von Physikern. Aber bei allem Nichtbürgerlichen: Was Pauli sicherlich nicht vorschwebt, ist, dass seine Frau ihn schon nach weniger als einem Jahr wieder verlässt. Sie hat sich nun doch für den anderen entschieden. »Wenn es wenigstens ein Stierkämpfer gewesen wäre«, stöhnt Pauli, »jemand, gegen den ich keine Chance gehabt hätte. Aber ein durchschnittlicher Chemiker!«

Bei aller Turbulenz im persönlichen Leben: Pauli ist immer noch die kritische Instanz, als die er seit Anfang der 1920er-Jahre angesehen wird. Er ist erklärter Gegner von Bohrs Hypothese zur Ursache des kontinuierlichen Beta-Spektrums. »Theoretischen Unfug« nennt er Bohrs Idee, und im März 1929 schreibt er ihm: »In welchem Stadium befindet sich die Klärung Deiner neuen Gedanken? Willst Du den armen Energiesatz noch weiter malträtieren? Viele herzliche Grüße von Deinem unverbesserlichen W. Pauli«.

Eine Idee hat Pauli aber noch, um den Energieerhaltungssatz auf einfache Weise zu retten: Zusammen mit den Beta-Strahlen könnten ja vielleicht auch Gamma-Strahlen emittiert werden, ganz ohne Compton-Effekt und ähnliche sekundäre Prozesse. Und vielleicht könnte das Kalorimeter von Ellis und Wooster ja für Gamma-Strahlen durchlässig sein, sodass die gar nicht in die Energiebilanz eingehen würden. Eine Idee, die Pauli auf einer Tagung in Kopenhagen äußert. Und Lise Meitner, die er kurz darauf auf einer Tagung in Zürich trifft, bestätigt ihm zunächst, dass das durchaus möglich sei. Sie ist selbst gerade dabei, die Messung der beiden Engländer zu überprüfen. In einem Brief an seinen Kollegen Ehrenfest (es ist derselbe, von dem die Bezeichnung »Geißel Gottes« für Pauli stammt) schreibt Pauli: »Frl. Meitner teilte mir .... mit, (und sie fügte hinzu: Man sieht, dass kein Experimentalphysiker in Kopenhagen war), dass das Kalorimeter so gebaut war, dass es für γ-Strahlen sicher durchlässig war. Deren Energie wird in dem bewussten Experiment also gar nicht mitgemessen, sondern nur die der β- Strahlen. Dann ist dieses Experiment ganz harmlos!«

Zu früh gefreut! Einige Monate später können Lise Meitner und ihr Assistent Wilhelm Orthmann mit ihrem eigenen Versuchsaufbau zeigen, dass keinerlei Gamma-Strahlen auftreten. Sie hat ihr Experiment von vorneherein so aufgebaut, dass ihr auch Gamma-Strahlen nicht entwischt wären.

Die Energiekrise im Beta-Zerfall bleibt also bestehen. Und als wenn das nicht genug wäre: Es gibt noch ein weiteres Rätsel. Seitdem Goudsmit und Uhlenbeck den Spin entdeckt haben und seitdem man weiß, dass der sowohl für Elektronen wie für Protonen entweder +½ oder –½ beträgt – seitdem gibt es zusätzlich zur Energiekrise auch eine »Spinkrise«!

Stickstoffkerne mit der Kernladungszahl 7 zum Beispiel verhalten sich so, als ob sie einen Gesamtspin von 1 besitzen. Das hat der Italiener Franco Rasetti gerade erst herausgefunden. Würde also der Kern nur aus Protonen und Elektronen bestehen, dann müsste er 14 Protonen und 7 Elektronen enthalten, also 21 Teilchen, jedes mit einem Spinbetrag von ½. Und wie immer man diese Spins mit ihren unterschiedlichen Vorzeichen addiert: Es kommt niemals eine ganze Zahl heraus, also auch nicht 1!

Drei Probleme auf einem Haufen! Erstens: Elektronen sind zu leicht, um im Kern gefangen zu sein. Zweitens: Wenn man nur Protonen und Elektronen als Kernbausteine annimmt, kriegt man nicht den richtigen Gesamtspin des Kerns heraus. Und drittens: Auf die emittierten Beta-Strahlen entfällt weniger Energie, als man erwarten würde.

Pauli erschlägt die Probleme 2 und 3 mit einem einzigen Vorschlag. Er nimmt an, dass zusätzlich zu Protonen und Elektronen auch noch eine dritte Sorte neutraler Teilchen im Kern herumschwirrt. Sie treten so schwach mit ihrer Umwelt in Wechselwirkung, dass man sie bisher einfach übersehen hat, und sie tragen die fehlende Energie davon. Problem Nummer 3 gelöst! Und sie haben einen Spinbetrag von ½. Problem Nummer 2 auch gelöst! Bleibt nur noch Problem Nummer 1. Das kann auch Pauli beim besten Willen nicht knacken, denn dazu muss erst das Neutron als Kernbaustein entdeckt werden, und das gelingt erst zwei Jahre später unserem alten Bekannten Chadwick. Vorerst tauft Pauli *sein* Teilchen auf den Namen Neutron.

Pauli hat diese Idee wohl vorher schon Heisenberg gegenüber erwähnt. Aber das Licht der Welt (auch wenn die »Welt« zunächst nur aus ein paar Dutzend Physikern besteht) erblickt sie erst am 6. Dezember 1930 auf der Tagung des physikalischen Territorialvereins (»Gauverein«) für Baden-Württemberg und die Pfalz. Pauli selbst ist nicht nach Tübingen gereist, er hat andere Prioritäten. In diesem Fall ist es der zu Beginn dieses Kapitels erwähnte Ball im mondänen Hotel Baur au Lac in Zürich. Stattdessen also der Brief an die »Lieben radioaktiven Damen und Herren«:

Offener Brief an die Gruppe der Radioaktiven
bei der Gauverein-Tagung zu Tübingen.

Physikalisches Institut
der Eidg. Technischen Hochschule
Zürich

Zürich, 4. Dez. 1930
Gloriastrasse

Liebe radioaktive Damen und Herren,
Wie der Ueberbringer dieser Zeilen, den ich huldvollst anzuhören bitte, Ihnen des näheren auseinandersetzen wird, bin ich angesichts der »falschen« Statistik der N- und Li-6 Kerne, sowie des kontinuierlichen β-Spektrums auf einen verzweifelten Ausweg verfallen um den »Wechselsatz« … der Statistik und den Energiesatz zu retten. Nämlich die Möglichkeit, es könnten elektrisch neutrale Teilchen, die ich Neutronen nennen will, in den Kernen existieren, welche den Spin ½ haben und das Ausschliessungsprinzip befolgen und sich von Lichtquanten

ausserdem noch dadurch unterscheiden, dass sie nicht mit Lichtgeschwindigkeit laufen. Die Masse der Neutronen müsste von derselben Größenordnung wie die Elektronenmassen sein und jedenfalls nicht größer als 0,01 Protonenmasse. Das kontinuierliche β-Spektrum wäre dann verständlich unter der Annahme, dass beim β-Zerfall mit dem Elektron jeweils noch ein Neutron emittiert würde derart, dass die Summe der Energien von Neutronen und Elektronen konstant ist.

...

Ich traue mich vorläufig aber nicht, etwas über diese Idee zu publizieren und wende mich erst vertrauensvoll an Euch, liebe Radioaktive, mit der Frage, wie es um den experimentellen Nachweis eines solchen Neutrons stände, wenn dieses ein ebensolches oder etwa 10mal größeres Durchdringungsvermögen besitzen würde, wie ein γ-Strahl. Ich gebe zu, dass mein Ausweg vielleicht von vornherein wenig wahrscheinlich erscheinen wird, weil man die Neutronen, wenn sie existieren, wohl längst gesehen hätte. Aber nur wer wagt, gewinnt und der Ernst der Situation beim kontinuierlichen β-Spektrum wird durch den Ausspruch meines verehrten Vorgängers im Amte, Herrn Debye, beleuchtet, der mir kürzlich in Brüssel gesagt hat: »O, daran soll man am besten gar nicht denken, sowie an die neuen Steuern.« Darum soll man jeden Weg zur Rettung ernstlich diskutieren. Also liebe Radioaktive, prüfet, und richtet. – Leider kann ich nicht persönlich in Tübingen erscheinen, da ich infolge eines in der Nacht vom 6. zum 7. Dez. in Zürich stattfindenden Balles hier unabkömmlich bin. – Mit vielen Grüssen an Euch, sowie auch an Herrn Back, Euer untertänigster Diener

gez. W. Pauli

Es ist am Ende Geiger, der den Brief verliest. Lise Meitner ist vermutlich wieder einmal ihrer Schwäche erlegen, Männern den Vortritt zu lassen. So, wie sie es schon unzählige Male mit Hahn gemacht hat. Paulis Vorschlag wird zustimmend, aber doch mit einer gewissen Zurückhaltung aufgenommen. *Noch* eine steile These in dieser an steilen Thesen reichen Zeit! Immerhin kann Geiger an Pauli vermelden, dass seine neuen Teilchen vom experimentellen Standpunkt her durchaus denkbar seien.

Nach Ende der Tagung erbittet sich Lise Meitner den Brief von Geiger zurück. Sie wird ihn aufbewahren, auch während der Jahre der Emigration aus Nazideutschland. Pauli bittet sie 1956, ihr den Brief zu überlassen, um davon in einem Überblicksaufsatz Gebrauch zu machen. Und so findet dieses einzigartige Dokument ein Vierteljahrhundert, nachdem es geschrieben wurde, seinen Weg in die Öffentlichkeit.

Unterm Damoklesschwert der Nazis: Jagd nach Transuranen

Lise Meitners Rolle in unserem »Vorspiel zum Neutrino« ist Ende 1930 eigentlich auserzählt. Für ihre bisherigen Arbeiten ist sie mehrmals für den Nobelpreis vorgeschlagen worden, teils mit Hahn zusammen, einmal auch alleine. Ende des Jahres 1933 wird sie auf mehr als 50 Arbeiten zurückblicken können, die sie in den 13 Jahren seit 1920 veröffentlicht hat, allein oder mit Mitarbeitern. Ihre internationale Anerkennung hat einen Höhepunkt erreicht. Im Herbst 1933 wird sie auf die 7. Solvay-Konferenz nach Brüssel eingeladen, in den illustren Kreis derjenigen, die die neue Physik des 20. Jahrhunderts geschaffen haben. Alles scheint gut bis zu Beginn des Jahres 1933.

Aber dann kommen die Nazis an die Macht. Am 30. Januar 1933 wird Hitler zum Reichskanzler ernannt, am 27. Februar brennt der Reichstag. Hitler benutzt den Brand, um eine Notverordnung in Kraft zu setzen und politische Gegner in Gefängnisse und Konzentrationslager zu werfen. Bürgerlich-liberale Kreise werden sich des vollen Schreckens nicht gleich bewusst. Auch Meitner nicht. Am 21. März eröffnet Hitler den Reichstag, und sie schreibt an Otto Hahn, der sich in den USA aufhält, Hitler habe »sehr maßvoll, taktvoll und persönlich« gesprochen. »Hoffentlich geht es in diesem Sinne weiter [...]. Dass die Übergangszeiten allerlei Missgriffe bedingen, ist ja fast unvermeidlich. Es hängt jetzt alles vom vernünftigen Maßhalten ab.«

In dieser Hoffnung sollte sich Lise Meitner sehr schnell betrogen sehen. Juden und politische Gegner werden aus dem Staatsapparat entlassen, zuerst willkürlich, dann über das berüchtigte »Gesetz zur Wiederherstellung des Berufsbeamtentums«. Dieses Gesetz definiert auch, wer als »nichtarisch« gilt: jeder, der auch nur einen einzigen jüdischen Großelternteil hat. Lise Meitner muss gezwungenermaßen »nichtarisch« in ihren Fragebogen eintragen. Immerhin: Anders als die Universitäten sind einige Kaiser-Wilhelm-Institute (noch) nicht unmittelbar betroffen. Zudem ist Lise durch ihre österreichische Staatsbürgerschaft zunächst vor Repressalien geschützt.

Einstein, gerade auf einer Gastprofessur in den USA, kündigt von dort aus seine Mitgliedschaft in der Preußischen Akademie der Wissenschaften. Mehr noch: Er gibt auch seinen deutschen Pass zurück (er hat ja zum Glück noch die Schweizer Staatsbürgerschaft). Wut bei den Nazis: Wie gerne hätten *sie* ihm den Pass entzogen, statt dass *er* ihnen den Pass vor die Füße wirft! Sie geben Einsteins eigenem Antrag auf Ausbürgerung darum zunächst nicht statt. Erst ein Jahr später, im März 1934, bürgern sie ihn selbst aus. James Franck, Lises enger Freund aus den frühen Berliner Jahren und inzwischen Nobelpreisträger und Professor in Göttingen, ebenfalls »nichtarisch«, tritt unter nachdrücklichem Protest zurück und wird Deutschland kurz darauf verlassen. Erwin Schrödinger, der anstandslos als »arisch« gilt, geht aus Protest gegen die Nazi-Willkür nach Oxford. Fritz Haber, Lises ebenfalls »nichtarischen« Institutsdirektor, bewahrt zwar seine Rolle im Ersten Weltkrieg vorläufig vor Maßnahmen. Doch er reicht von sich aus den Rücktritt ein. Er vollziehe ihn mit dem gleichen Stolz, mit dem er seinem Land im Laufe seines Lebens gedient habe, schreibt er. 40 Jahre lang habe er seine Mitarbeiter aufgrund von Intelligenz und Charakter ausgesucht, unabhängig von ihrer Abstammung. Er sei nicht bereit, diese Methode zu ändern.

Lise Meitner aber bleibt am KWI. Irgendwie hofft sie immer noch, dass der Spuk bald vorübergeht. Und dann ist da ihr Pflichtgefühl – preußisch würde man sagen, wenn sie nicht Österreicherin wäre. Sie möchte ihre Arbeit fortsetzen und die Abteilung mit ihren jungen Mitarbeitern nicht allein lassen. Auch Max von Laue, Otto Hahn und am nachdrücklichsten Max Planck raten ihr, in Berlin zu bleiben. Sie ist jetzt 55 Jahre alt, da ist es schwer, woanders eine Karriere zu starten. Nicht alle emigrierten Wissenschaftler werden im Ausland mit Kusshand aufgenommen.

Der Status als Österreicherin schützt sie vor einer Entlassung, aber Vorlesungen an der Universität darf sie nicht mehr halten. Auch ein Schreiben von Planck und Hahn an das zuständige Ministerium nützt nichts. Am 11. September 1933 wird ihr die Lehrerlaubnis entzogen. In ihrem Dahlemer Institut bleibt sie jedoch weiterhin wohlgelitten und geschätzt. Politisch ist das KWI (noch) eine Oase. Eine trügerische! »Heute weiß ich, dass es nicht nur dumm, sondern auch ein großes Unrecht war, dass ich nicht sofort weggegangen bin [...], denn letzten Endes habe ich durch mein Bleiben doch den Hitlerismus unterstützt«, wird Lise Meitner später rückblickend schreiben. Allerdings: Wäre sie gleich zu Anfang gegangen, dann hätte sie Hahn nicht zu einer Arbeit überreden können, deren Folgen die Welt verändern sollten.

1934 haben Physiker in den USA und Europa schon ein paar Jahre lang versucht, Atomkerne mit Alpha-Teilchen zu beschießen und dadurch neue Kerne zu erzeugen. Der Haken dabei: Alpha-Teilchen sind positiv geladen, Kerne aber auch – je schwerer sie sind, umso stärker positiv. Da sich gleiche Ladungen abstoßen, ist es mit den damals verfügbaren Methoden nahezu unmöglich, Alpha-Teilchen in schwere Kerne zu »injizieren«. Nur bei leichten Kernen klappt es.

Dann hat aber der Italiener Fermi die geniale Idee, es mit Neutronen zu versuchen. Diese neutralen Schwesterteilchen der Protonen sind, wie oben schon erwähnt, 1932 von James Chadwick entdeckt worden. Deshalb musste das Geisterteilchen den Namen, den Pauli ihm gegeben hatte – Neutron –, abgeben und wurde 1933 von Fermi auf den Namen

»Neutrino« getauft. Da Neutronen elektrisch neutral sind, ist es egal, wie groß die elektrische Ladung des Kerns ist. Die Methode funktioniert. Die Fermi-Gruppe bestrahlt praktisch alle bekannten Elemente und untersucht die entstandenen radioaktiven Substanzen. Die meisten Elemente sind selbst nicht radioaktiv. Da lässt sich ein neu entstandenes Isotop mit Alpha-, Beta- oder Gamma-Strahlung leicht dingfest machen. Uran, das schwerste aller damals bekannten Elemente, strahlt aber von sich aus. Darum ist es schwieriger, herauszufinden, ob nach der Bestrahlung ein neues radioaktives Element entstanden ist. Erst muss das Uran, das nicht mit Neutronen reagiert hat, chemisch abgetrennt werden. Was zurückbleibt, ist dann die neue Substanz. Als Fermi die trickreiche Prozedur für Uran durchzieht, bleibt tatsächlich eine unbekannte Substanz zurück. Fermi interpretiert sie als ein Element mit 93 Protonen im Kern: ein Transuran!

Die Welt der Radiophysiker gerät in Aufregung. Ein Transuran, das ist ein bisschen wie der Stein der Weisen für Alchemisten. Natürlich gibt es Zweifler. Die einen behaupten, es dürfte wohl eher das Element mit der Nummer 91 sein, das Proaktinium, das Hahn und Meitner selbst entdeckt haben. Eine einzelne Stimme wagt sich mit der Vermutung hervor, der Atomkern sei durch den Beschuss in leichtere Bruchstücke zerfallen. Es ist eine Frau, die diese steile These wagt, die Radiochemikern Ida Noddack. Aber niemand nimmt die Vermutung ernst, zu sehr steht sie im Widerspruch zu geltenden Vorstellungen. Dass Ida Noddack richtigliegt, wird sich erst 1938 herausstellen – ohne dass man ihre frühe Vermutung würdigt. Mit den Worten »Und die Ida hatte doch recht« wird Otto Hahn das erst kurz vor seinem Tode tun.

Zunächst also nichts mit »leichteren Bruchstücken« … Aber das Proaktinium – könnte es das sein? Und wenn ja, wer kann das am besten überprüfen? Natürlich die Entdecker des Proaktiniums: Meitner und Hahn. Lise überredet Otto, ihre seit mehreren Jahren unterbrochene Zusammenarbeit wiederaufzunehmen. Die Proaktinium-Hypothese können die beiden schnell zu den Akten legen, aber damit ist das Problem ja noch nicht gelöst. Tatsächlich wird es Lise bis zu ihrer Flucht aus Deutschland beschäftigen. Zur Unterstützung – Hahn ist durch Verwaltungsarbeiten sehr belastet – holen sie einen jungen Chemiker mit ins Boot, Fritz Straßmann. Der ist entschiedener Gegner des Nationalsozialismus und hat kaum eine Chance, zu normalen Bedingungen in einem Forschungsinstitut angestellt zu werden. Fachlich ist Straßmann genau das, was Meitner und Hahn brauchen; politisch sind sie sowieso auf ähnlicher Linie. (Hahn, zum Beispiel, hat Anfang 1934 seine Position an der Universität gekündigt, weil er sich mit seinen entlassenen jüdischen Kollegen solidarisch fühlte.)

Bei ihrer Suche nach den zehn- oder hundertmilliardstel Gramm eines möglichen Transurans sind die drei zunächst durch die Stärke ihrer Neutronenquelle behindert. Derartig kleine Mengen eines Stoffes liegen im Grenzbereich des Nachweisbaren, selbst für solche Großmeister der Experimentierkunst. Ihren Konkurrenten Enrico Fermi in Rom und Irène Joliot-Curie in Paris stehen inzwischen weit stärkere Quellen zur Verfügung. Im Rennen um interessante Ergebnisse haben darum die zunächst die Nase vorn. Erst Ende 1937 kann man in Berlin Neutronen in ähnlicher Anzahl wie in Rom und Paris erzeugen. Lise Meitner hat inzwischen auch längst experimentell nachvollzogen, was Fermi in Rom festgestellt hat: Man muss die Neutronen vorher abbremsen, um den stärksten Effekt zu erzielen.

In den Jahren nach 1933 hat sich die Lebenssituation für »Nichtarier« schrittweise verschlechtert, auch für Lise Meitner. Im Institut machen sich allmählich Nazis breit, man geht immer weniger unbefangen miteinander um. Zu Tagungen in Deutschland wird sie nicht mehr eingeladen, und auch an ihren geliebten physikalischen Kolloquien an der Universität darf sie nicht mehr teilnehmen. Da kann auch ihr enger Freund Max von Laue, der Organisator der Veranstaltungen, nichts ausrichten. Publizieren – das kann sie noch. In den Jahren nach Hitlers Machtantritt hat sie mehr als 20 Arbeiten veröffentlicht. Zusammen mit Max Delbrück, ihrem »Hausphysiker für theoretische Physik«, hat sie außerdem ein Buch mit dem Titel *Der Aufbau der Atomkerne* veröffentlicht. Auch in den 1930-Jahren wird sie mehrmals für den Nobelpreis vorgeschlagen (wovon sie natürlich nichts weiß).

Dann aber ändert sich Lise Meitners Situation mit einem Schlag. Am 12. März 1938 rücken Soldaten der Wehrmacht in Österreich ein, einen Tag später wird Österreich dem Deutschen Reich einverleibt. »Angeschlossen«, wie es offiziell heißt. Damit ist Meitner von einem Tag auf den anderen von einer Bürgerin Österreichs zu einer Reichsdeutschen geworden. Und damit Hitlers Rassengesetzen voll unterworfen …

Keine Woche nach dem »Anschluss« fängt der Obernazi des Instituts an, offen gegen Lise Meitner zu hetzen: »Die Jüdin gefährdet das Institut.« Die Schlinge zieht sich zu. Hahn versucht, den Finanzdirektor des Instituts, Karriere-Nazi ohne besondere innere Überzeugung, für Meitner einzuspannen, doch der schlägt nur vor, sie möge ihre Stelle kündigen und inoffiziell weiterarbeiten. Ein absurder Vorschlag! Lise Meitner, als sie davon hört, ist verzweifelt. Als Nächstes wenden sie und Otto Hahn sich an Carl Bosch, den Nachfolger von Planck als Präsident der Kaiser-Wilhelm-Gesellschaft. Bosch verspricht ihr, an einen »anständigen Nazi im Ministerium« zu schreiben und um die Erlaubnis für Lises Ausreise aus Deutschland zu bitten. Am 20. Mai schickt er einen Brief an Reichsinnenminister Wilhelm Frick, am 16. Juni erhält er die Antwort. Es bestünden »politische Bedenken gegen die Ausstellung eines Auslandspasses für Frau Professor Meitner« und es würde »für unerwünscht gehalten, dass namhafte Juden ins Ausland reisen, um dort als Vertreter der deutschen Wissenschaft oder gar mit ihrem Namen und ihrer Erfahrung, entsprechend ihrer inneren Einstellung, gegen Deutschland zu wirken«. Diese Auffassung habe auch Heinrich Himmler, der Reichsführer SS und Chef der Deutschen Polizei, vertreten. Lise Meitner sitzt in der Falle. Und nun ist auch noch Himmler über ihren Fall informiert. Schlechter hätte es nicht kommen können. Hahn beschließt darum, Lise Meitner so schnell wie möglich illegal über die Grenze zu bringen.

Festgenagelt in Schweden: Lise Meitner erklärt die Kernspaltung

Ein paar Tage zuvor hat Lise Meitner Niels Bohr getroffen, der Berlin einen Besuch abgestattet hat. Bohr hat sich dort auch mit dem Niederländer Peter Debye, Direktor des Kaiser-Wilhelm-Instituts für Physik, unterhalten, der schon von Lises misslicher Lage weiß. Nach der Ablehnung von Lises Ausreisegesuch schreibt Debye an Bohr, dass die Umstände in Berlin sich seit ihrem Gespräch grundlegend geändert hätten. Man brauche eine schnelle Lösung des Problems, deutet er an, ohne Lises Namen zu nennen. Bohr bittet daraufhin einen Kollegen aus Holland um Hilfe. Es ist Dirk Coster, den Lise schon seit seinen Besuchen in Berlin gut kennt.

Was jetzt abläuft, könnte einem Agentenkrimi entnommen sein. Keine zwei Wochen nach der abschlägigen Antwort des Ministers schreibt Coster nach Berlin, er werde demnächst nach Berlin kommen, um sich »seinen Assistenten« anzusehen und ihm einen Jahresvertrag im holländischen Groningen anzubieten. Gleichzeitig erreicht er, dass die holländische Regierung eine Anweisung an eine kleine Grenzstation schickt, sie möge Lise Meitner mit ihrem österreichischen Pass und ohne Visum einreisen lassen.

Coster trifft am 13. Juli in Berlin ein. Lise Meitner wohnt seit ein paar Tagen im Hotel Adlon bzw. in Hahns Wohnung, um einer möglichen Verhaftung zu entgehen. Fast wäre die Flucht trotzdem schiefgegangen. Dem Obernazi des Instituts, der die gleiche Institutsvilla wie Lise bewohnt, sind ihre Reisevorbereitungen nämlich nicht entgangen. Prompt verfasst er eine Anzeige an den berüchtigten Sicherheitsdienst der SS. Der leitet die Information an einen systemtreuen Institutsmitarbeiter weiter – er möge dem Fall nachgehen. Doch dieser, ehemaliger Doktorand von Hahn, zögert die Sache hinaus. Erst als Hahn verlautbart, dass Meitner im Ausland sei, lässt er die Anzeige auf dem Dienstweg zurückgehen. Glück gehabt!

Glück gehabt auch bei der Ausreise selbst: Mit Coster fährt Lise

Meitner im Zug nach Holland, die Nerven bis zum Zerreißen gespannt. Doch nichts passiert. Keine SS-Männer durchkämmen den Zug, kein Schaffner stellt irgendwelche Fragen, und auch die deutschen Grenzbeamten lassen sie gelangweilt passieren, obwohl sie bemerken, dass Lise kein holländisches Einreisevisum hat. Fast zehn Jahre später wird sie schreiben: »Die Geschichte meines Herauskommens war ein Colportage Roman.«

Von Holland reist Lise erst nach Kopenhagen zu Bohr und dann nach Stockholm, wo sie am Nobel-Institut eine Anstellung erhalten hat. Aber einsam, der Sprache nicht mächtig, ohne experimentelle Möglichkeiten, vorläufig nur in einem Hotelzimmer untergebracht, ist sie dort alles andere als glücklich. Im Gegenteil: Sie ist zutiefst unglücklich! »Ich sehe manchmal mein Leben wie das Leben eines fremden Menschen, den ich erst kennenlernen muss«, schreibt sie an ihre Freundin Elisabeth Schiemann in Berlin. »Ich habe immer gesagt, ich wäre bereit, bis zu meinem letzten Atemzug noch dazuzulernen; und das Leben hat mich beim Wort genommen, ich habe viel zu lernen.« Innerlich sei sie »leer wie eine Nuss«.

Der Herbst vergeht, und der Winter fällt ein. Weihnachten verbringt Lise bei ihrer schwedischen Freundin unweit von Göteborg. Ihr Neffe Otto Robert Frisch ist von Kopenhagen, wo er bei Niels Bohr arbeitet, herübergekommen und verbringt Weihnachten und Silvester mit seiner geliebten Tante. Stundenlang gehen die beiden im Schnee spazieren. Und dabei debattieren sie eine Nachricht aus Berlin, die Otto Hahn am 19. Dezember geschickt hat.

Hahn und Straßmann haben die Versuche zum Neutronenbeschuss von Uran fortgesetzt. Als sie unter den Reaktionsprodukten das erwartete Radium isolieren wollen, bleibt etwas übrig, was nicht wie Radium, sondern eher wie Barium aussieht. Die Masse von Radiumkernen liegt nur ganz knapp unter der von Urankernen, aber die von Bariumkernen bringt es nur auf rund 60 Prozent davon! »… immer mehr kommen wir zu dem schrecklichen Schluss: unsere Ra-Isotope verhalten sich nicht wie Ra, sondern wie Ba«, schreibt Otto. »Vielleicht kannst Du uns irgendeine phantastische Erklärung vorschlagen. Wir wissen selbst dabei, dass es nicht in Ba zerplatzen kann.«

Doch, es kann! Und genau das finden Lise und ihr Neffe bei ihrem Winterspaziergang heraus.

Bisher hat man sich den Atomkern wie einen Wassertropfen vorgestellt, dessen Oberflächenspannung ihm seine runde Form verleiht und ihn vor dem Auseinanderplatzen bewahrt. Lise und Otto Robert erweitern das Modell und nehmen an, dass große instabile Kerne bei einem Aufprall von draußen in Schwingungen versetzt werden, die so stark sein können, dass der Tropfen sich in der Mitte abschnürt und in zwei annähernd gleich große Teile zerplatzt. Die beiden schätzen auch die Energie ab, die bei einem solchen Zerfall freigesetzt wird. Sie ist um viele Tausend Mal höher als die Energie, die bei einer chemischen Reaktion freigesetzt wird …

Auch Hahn hat sich inzwischen mit der Zerplatz-Hypothese angefreundet. Die ersten Ergebnisse hat er bereits am 22. Dezember zur Publikation eingereicht, um zu verhindern, dass Irène Joliot-Curie in Paris ihm zuvorkommt. Am 27. Dezember verfasst er aber einen Nachtrag zu dem ersten Artikel, in dem er schon vorsichtig die Möglichkeit eines Zerplatzens ins Spiel bringt. Erklären kann er den zugrunde liegenden Prozess allerdings nicht, das bleibt Meitner und Frisch vorbehalten. Eigentlich, so sagt Hahn selbst, gehört Lise Meitner mit auf die Autorenliste beider Artikel, denn sie hat den Weg zu der Entdeckung über Jahre hinweg mitgeebnet. Aber eine Mitautorschaft einer Jüdin, die zudem Deutschland illegal verlassen hat – das erscheint Hahn politisch zu problematisch.

In diesen Monaten herrscht ein weltweites Wettrennen der Kernphysiker nach etwas fundamental Neuem. Alle sind sie im Grunde auf der Jagd nach weiteren Transuranen. Da passt es, dass Anfang Dezember Fermi der Nobelpreis für seine Arbeiten zu Kernumwandlungen verliehen wird, insbesondere für die Entdeckung des ersten Transurans. Lise Meitner wohnt der Preisverleihung bei. Dass Fermis Interpretation seines Ergebnisses falsch ist und er gar kein Transuran entdeckt hat, wird sich schon wenige Wochen nach der Preisverleihung herausstellen. Lise Meitners Interpretation der Hahn-Straßmann-Resultate wird dabei eine entscheidende Rolle spielen.

Die Arbeit von Hahn und Straßmann (einschließlich Hahns Nachtrag) erscheint am 6. Januar 1939 in der Zeitschrift *Naturwissenschaften.* Am 16. Januar schicken Meitner und Frisch ihren Artikel an die Zeitschrift *Nature.* Frisch, wieder in Kopenhagen, hat in rasender Geschwindigkeit das Berliner Resultat mit Lise Meitners Rückstoß-Methode von 1908 bestätigt und sogar die Energie der Spaltprodukte messen können. Da die beiden nicht auf Dringlichkeit bestanden haben, erscheinen die Artikel aber erst am 11. bzw. am 18. Februar. Bohr hat schon am 26. Januar auf einer Tagung in den USA über die Ergebnisse vorgetragen. Wie von der Tarantel gestochen stürzen gleich nach dem Vortrag die ersten Physiker aus dem Raum, um genau das zu versuchen, was in Wirklichkeit Frisch schon gelungen ist. Aber von Frischs Resultaten hat auch Bohr noch nichts gehört und folglich auch nicht darüber berichten können.

Allein im Jahr 1939 erscheinen weltweit fast 100 Veröffentlichungen zur Kernspaltung, deren Erforschung jetzt mit atemberaubender Geschwindigkeit vorangeht. 1940 gelingt endlich auch die Synthese des ersten Transurans, Neptunium mit der Ordnungszahl 93, und schon 1941 folgt das zweite Transuran, Plutonium mit der Ordnungszahl 94.

Lise Meitner sitzt derweil in Stockholm und muss erleben, dass ihre erzwungene Flucht sie von einer weltbewegenden Entdeckung ausgeschlossen hat. Der Ruhm konzentriert sich allein auf Hahn. Bei aller Bescheidenheit von Lise Meitner, bei aller Fähigkeit, sich zurückzunehmen – sie ist gekränkt. Auch ihr Verhältnis zu Otto Hahn ist beschädigt. Manne Siegbahn, der Direktor des Stockholmer Instituts, Physiknobelpreisträger des Jahres 1924, lässt ihr keine wirksame Unterstützung zukommen. Als Mitglied des Nobelkomitees wird er 1948 auch verhindern, dass sie den Nobelpreis für Physik zugesprochen bekommt. Ein zweiter Nobelpreisträger im eigenen Institut, noch dazu eine Frau – das würde sein eigenes Licht weniger hell leuchten lassen. Ihrer Freundin

Elisabeth Schiemann klagt Lise brieflich ihr Leid: »Etwas komme ich mir wie ein Toter vor, dessen Stimme nicht mehr gehört werden kann«, und: »Die fehlende Arbeit ist ein großer Schmerz, es bedeutet das Fehlen jeglichen Sinns in meinem Leben«, und: »Wissenschaftlich lebe ich wie Robinson auf einer Insel, in meinem Alter eine sehr hoffnungslose Tatsache.« Sie ist jetzt 61 Jahre alt. An deutschsprachige Bücher kommt die hingebungsvolle Vielleserin (»Kein Tag ohne zwei Stunden schöne Literatur!«) nicht heran. Trost findet sie nur in der Musik.

1939 beginnt Hitler den Zweiten Weltkrieg. Schweden ist neutral, aber als Deutschland im Frühjahr 1940 Dänemark und Norwegen besetzt, erscheint die Situation immer brenzliger. Lise Meitner muss in ständiger Furcht davor leben, dass die Deutschen auch Schweden überfallen.

Zum Glück kann sie mit einigen österreichischen und deutschen Freunden noch brieflich verkehren, denn Schweden ist ein neutrales Land. Aber der Krieg entfremdet sie von vielen ihrer einstigen Mitstreiter, und sie muss sich fragen, ob man sich später je wieder würde verstehen können. Wenige ihrer Physikerfreunde lehnen das Naziregime so klar ab wie ihr alter Freund Max von Laue, den Einstein später einmal wegen seiner aufrechten und kompromisslosen Haltung im »Dritten Reich« als »Ritter ohne Furcht und Tadel« bezeichnen wird. Selbst über ihrem Verhältnis zu Hahn liegt ein leichter Schatten – einmal wegen ihrer beiden Rollen bei der Entdeckung der Kernspaltung, zum andern wegen Hahns Rolle im deutschen »Uranverein«, dessen unmittelbare Zielstellung der Bau eines Kernreaktors ist – was den Bau einer Bombe als Fernziel jedoch nicht ausschließt! Bei aller Freude und Sentimentalität anlässlich eines Vortragsbesuchs von Hahn in Stockholm – man schreibt das Jahr 1943, also mitten im Krieg – lässt sich die Verstimmung nicht völlig beheben, obwohl sie beide in Briefen das Gegenteil beteuern.

Am 6. August 1945 werfen die Amerikaner eine Atombombe auf Hiroshima, am 9. August eine zweite auf Nagasaki. Es vergehen keine zwei Tage, und schon wird Lise Meitner in ihrem schwedischen Urlaubsort von Journalisten belagert. Der Atombombenabwurf katapultiert sie auf die Titelseiten der Zeitungen. Ein schwedisches Revolverblatt verbreitet die Mär, sie sei 1938 mit dem Atombombengeheimnis in der Tasche aus Deutschland geflohen und habe das Geheimnis den Amerikanern verkauft. Aber auch die seriösere *New York Herald Tribune* vermeldet am 8. August, dass die Berechnungen der 67-Jährigen bei der Entwicklung der Atombombe eine wesentliche Rolle gespielt hätten, und gibt damit den Ton für eine Reihe ähnlicher Meldungen an. Schnell verleiht ihr die Presse den irrigen Titel »Mutter der Atombombe«. Es wird sie Monate kosten, diesen Unsinn zu widerlegen und aus der Welt zu schaffen.

Lise Meitner: Ruhm und Nachruhm

Bekannt ist sie aber nunmehr, bekannter als jemals vorher. Und jetzt erinnert man sich auch der unzähligen wissenschaftlichen Meriten, die sie sich über mehr als drei Jahrzehnte erworben hat, ebenso der Zurücksetzungen, die sie durch ihre Flucht aus Nazi-Deutschland erleiden musste. Zwar wird 1945 der kriegsbedingt ausgesetzte Nobelpreis für 1944 dann doch nur Hahn und nicht ihnen beiden zuerkannt. Aber es hagelt andere Ehrungen und internationale Einladungen.

Schon 1945 ist sie zum Mitglied der Akademie der Wissenschaften in Stockholm gewählt worden, die Mitgliedschaften in den entsprechenden Akademien in Dänemark und Norwegen folgen 1946. Vom Februar bis Juli 1946 weilt sie zu einer Gastprofessur in den USA und wird Ehrendoktor von gleich drei Universitäten. Die amerikanische Presse wählt sie zur »Frau des Jahres«.

1947 bekommt sie endlich ihr eigenes Laboratorium an der Stockholmer Universität. Bald darauf wird sie zum Korrespondierenden Mitglied der Akademien der Wissenschaften in Österreich und in der DDR gewählt. In der DDR mit einhelliger Zustimmung, in Wien mit einer Enthaltung. »Es gibt immer noch Unentwegte, die Frauen nicht in solchen Körperschaften haben wollen«, berichtet ihr Stefan Meyer aus Wien. Immerhin, ein kleines Stück scheint die Zeit trotz allem fortgeschritten zu sein: Der großen Marie Curie und ihrer Tochter Irène haben ihre konservativen französischen Kollegen die Mitgliedschaft in der Académie Française zeitlebens verweigert! In den 1950ern folgen drei weitere Ehrendoktorate, das letzte davon an der Freien Universität Berlin. 1957 überreicht ihr der deutsche Bundespräsident Heuss die Insignien des Ordens Pour le Mérite für Wissenschaft und Künste, und 1958 wird sie Ehrenbürgerin von Wien. 1959 wird schließlich das Hahn-Meitner-Institut in Westberlin eingeweiht. Lise Meitner ist zur Einweihung geladen und kommt ihr gerührt nach. Überhaupt ist sie häufiger in Deutschland, als man nach dem ihr angetanen Unrecht vermuten könnte. Anders als Albert Einstein, der sehr bewusst seinen Fuß zeitlebens nicht mehr auf deutschen Boden setzt.

Einige der Ehrungen erhält sie gemeinsam mit Hahn, als Erstes die Max-Planck-Medaille der Deutschen Physikalischen Gesellschaft im Jahr 1949, als Letztes (da ist sie schon zu gebrechlich, um zu reisen), den Enrico-Fermi-Preis in den USA, die höchste Auszeichnung auf dem Gebiet der Kernphysik. Diesmal mit Straßmann als drittem Preisträger. Man schreibt das Jahr 1966, Lise Meitner ist 87 Jahre alt.

Schon 1960 ist sie von Stockholm nach Cambridge in England umgezogen. Da ist sie in der Nähe ihres jüngsten Bruders (dem größten Teil der Familie ist die Flucht vor den Nazis gelungen) und der Familie ihres Neffen Otto Robert Frisch, der dort am Trinity College lehrt. Das Rauchen hat Lise Meitner auf Anraten der Ärzte schon mit 77 Jahren aufgegeben. »Ich bin sehr stolz, dass ich seit dem 22. Jänner nicht eine einzige Zigarette geraucht habe«, schreibt sie im Mai 1955. Eigentlich ist es erstaunlich, dass die radioaktive Strahlung, der sie sich anfangs wie alle ihre Kollegen reichlich unbekümmert ausgesetzt hat, und das jahrzehntelange Kettenrauchen sich nicht viel nachteiliger auf ihre Gesundheit ausgewirkt haben.

Lise Meitners letztes Jahrzehnt ist ein Jahrzehnt des Zurückblickens. In der Zeitschrift *Die Naturwissenschaften* erscheinen ihre Erinnerungen an das Dahlemer Institut und an ihren verehrten Lehrer Planck, in der amerikanischen Zeitschrift *Physics Today* wirft sie einen Blick auf den beruflichen Status von Frauen, und im *Bulletin of Atomic Scientists* erscheint ihr Aufsatz »Looking back«. »Ich kam immer wieder zu dem Schluss: Das Leben muss nicht einfach sein, vorausgesetzt, es ist nicht inhaltsleer. Und dieser Wunsch wurde mir erfüllt«, schreibt sie darin. Und: »Dass das Leben nicht immer einfach war, dafür sorgten der Erste und Zweite Weltkrieg und ihre Folgen. Aber für die Tatsache, dass es wirklich ausgefüllt war, habe ich der wunderbaren Entwicklung der Physik und den großen, liebenswürdigen Persönlichkeiten zu danken, mit denen ich durch meine physikalische Arbeit in Berührung kam.«

Am 27. Oktober 1968 verstirbt Lise Meitner in Cambridge. Drei Monate vorher hat der Tod Otto Hahn ereilt. Otto Robert Frisch hat ihr die Nachricht verschwiegen, um die immer schwächer Werdende nicht aufzuregen. Hahn war eben doch von allen Freunden und Kollegen der, der ihr am nächsten stand. Der längste Freund, mit dem sie ein halbes Jahrhundert zuvor in der Holzwerkstatt zusammen Brahmslieder gesungen hat, während unter ihrem Tisch säckeweise Uranerz lag und vor sich hin strahlte.

Ein Mondkrater, ein Venuskrater und ein Asteroid wurden nach Lise Meitner benannt, Schulen und Institute. Am meisten würde sie vielleicht die kleine Statue vor der Humboldt-Universität in Berlin freuen. 2014 ist sie eingeweiht worden. Ihr gegenüber steht ein Denkmal von Max Planck aus den 1950er-Jahren. Der Physikalischen Gesellschaft, die das Denkmal damals in Auftrag gegeben hatte, war es zu expressionistisch. Jahrzehntelang hat es inmitten eines Blumenrondells vor meinem Institut in Zeuthen gestanden und dort die Zeitläufte überdauert. Nun steht es wieder da, wohin es ursprünglich sollte, und blickt hinüber zu Lise Meitner. Was hätte ihr besser gefallen können!

Pauli besucht Amerika. Im Gepäck: seine Lebenskrise und sein Teilchen

Zurück zum Beginn der 1930er-Jahre. Paulis Hypothese eines geisterhaften zweiten Teilchens, das zusätzlich zum Elektron aus dem Kern geschleudert wird, ist bisher kaum über den Kreis der Tübinger Konferenzteilnehmer hinausgedrungen. Selbstverständlich weiß Bohr davon, denn Pauli hat ihm über seinen »verzweifelten Ausweg« zur Lösung der Energie- und der Spinkrise beim Beta-Zerfall geschrieben. Aber Bohr hält an seiner eigenen Hypothese fest: der Annahme, dass der Satz von Energieerhaltung nur im Großen gilt, nicht auf atomarer Ebene. Angesichts der letzten Experimente von Ellis und Wooster und von Meitner und Orthmann ist auch diese Annahme eigentlich nicht mehr haltbar.

Pauli schlittert derweil tiefer und tiefer in seine eigene Krise hinein. Keine Energiekrise, keine Spinkrise, sondern eine Sinnkrise, eine Depression. Ausgelöst worden ist sie durch den Selbstmord seiner Mutter und die verunglückte Ehe mit Käthe Deppner, aber in Wahrheit sitzt sie viel tiefer. Wie tief, wird sich bald zeigen.

Vom fachlichen Standpunkt her hätte Pauli keinen Grund, unglücklich zu sein. Seit den Geniestreichen von Heisenberg und Schrödinger in den Jahren 1925 und 1926 ist das Gebiet der Quantenmechanik regelrecht explodiert. Die »neue Quantenmechanik« ist nicht mehr so anschaulich wie die »alte Quantenphysik« mit dem Bohr-Sommerfeld'schen Atommodell und seinen punktförmigen Elektronen, die den Kern auf elliptischen Bahnen umkreisen. Eigentlich ist sie völlig unanschaulich. Das kommt für Pauli aber nicht unerwartet. Schon vor der Formulierung der neuen Quantentheorie hat er an Heisenberg geschrieben, eine neue Physik müsste aller Wahrscheinlichkeit nach unanschaulich sein. Doch obwohl die Quantenmechanik sich unserem Vorstellungsvermögen verschließt, erklärt sie endlich die Vielzahl von Beobachtungen, bei deren Interpretation die alte Quantenphysik kläglich versagt hat.

Pauli hat in dem Schaffensreigen der vergangenen fünf Jahre eine zentrale Rolle gespielt. Er hat als Erster mithilfe des Heisenberg'schen Ansatzes das Wasserstoffatom beschreiben können. Er hat mitgeholfen, zu zeigen, dass die beiden Formulierungen der Quantenmechanik, die von Heisenberg und die von Schrödinger, äquivalent sind. Er hat es geschafft, den Teilchenspin in die Quantenmechanik einzubauen. Schließlich hat er, zusammen mit Heisenberg, einen ersten Artikel zu einer »Quantenfeldtheorie« geschrieben, eine Theorie, in der nicht nur Teilchen, sondern auch die Kräfte zwischen ihnen quantisiert werden. Was für eine Bilanz!

Mit einem Sack voll innerer Probleme einerseits und einem Füllhorn großartig gelöster physikalischer Rätsel andererseits fährt Pauli zunächst einmal in die USA. Im Mai 1931 bringt ihn ein Dampfschiff nach New York. Von dort aus geht es nach Chicago und von da zu einem längeren Aufenthalt nach Ann Arbor in Michigan. Im Sommer 1931 leiden die USA unter einer Hitzewelle, und Pauli schreibt einem Kollegen in Europa: »Trotz Gelegenheit zum Schwimmen leide ich sehr unter der großen Hitze hier. Unter der ›Trockenheit‹ leide ich aber gar nicht, da Laporte und Uhlenbeck ausgezeichnet mit Alkohol versorgt sind.« Da ist er wieder: der Alkohol, in dem Pauli seine innere Zerrissenheit ersäuft. Und das trotz der Prohibition – des Alkoholverbots, das von 1920 bis 1933 in den USA herrschte. George Uhlenbeck, der uns als Mitentdecker des Elektronenspins schon bekannt ist, hat offenbar Verbindungen nach Kanada, dessen Grenze nur eine Autostunde entfernt liegt. Paulis Alkoholkonsum hat allerdings Folgen: »Dummerweise bin ich neulich (in etwas angeheitertem Zustand) so ungünstig über eine Treppe gefallen, dass ich mir die Schulter gebrochen habe und nun im Bett liegen muss, bis die Knochen wieder ganz sind – sehr langweilig.«

Auf einer Konferenz in Pasadena im Juni 1931 spricht Pauli endlich über sein neues Teilchen. Immer noch ist ihm selbst die Sache nicht ganz geheuer. Während die zukünftigen Teilchenphysiker in der zweiten Jahrhunderthälfte keine Probleme damit haben sollten, zur Erklärung unverstandener Ergebnisse ein neues Teilchen aus dem Zylinder zu zaubern (und sich dann zu freuen, wenn es tatsächlich entdeckt werden sollte), sind die Physiker der Zwanzigerjahre noch anders konditioniert. Erfolge der Quantenmechanik hin, Erfolge der Relativitätstheorie her – aber den bekannten drei Teilchen (Proton, Elektron, Photon) einfach noch ein viertes Teilchen hinzuzufügen, das wurde von vielen eher als unseriös empfunden. Noch dazu eines mit so seltsamen Eigenschaften. Genau deswegen hat Pauli ja seinen Vorschlag vom Dezember 1930 einen »verzweifelten Ausweg« genannt.

Pauli fremdelt also selbst (noch) mit seinem Teilchen, dem »närrischen Kind meiner Lebenskrise«, wie er es später einmal bezeichnen wird. Deshalb lässt er seinen Redebeitrag auf der Pasadena-Konferenz auch nicht in den Konferenzberichten abdrucken. Die Presse hat aber Wind von Paulis Teilchen bekommen. Unter der Schlagzeile »Neutrons?« schreibt eine lokale Zeitung, dass Pauli den bekannten »drei unteilbaren Bausteinen des Universums (Proton, Elektron und Photon)« ein viertes Teilchen hinzufügen wolle. »He calls it the neutron«, schließt die kurze Notiz zu dem Teilchen, das später Neutrino heißen sollte. Und selbst die *New York Times* berichtet: »Ein neuer Bewohner des Atominneren wurde heute in die Welt der Physik eingeführt, als Dr. Pauli vom Institut für Theoretische Physik, Zürich, Schweiz, die Existenz von Teilchen oder Einheiten postulierte, die er ›Neutronen‹ taufte.« Nun ist die Idee endgültig in der Welt, und kaum vier Monate später berichtet schon einer der Teilnehmer der Pasadena-Konferenz auf einer Tagung in Rom über Paulis Teilchen. Es ist Samuel Goudsmit, zusammen mit Uhlenbeck der Entdecker des Elektron-Spins. Goudsmit soll einen zusammenfassenden Vortrag zu neueren Ergebnissen halten. Natürlich erinnert er sich an Paulis Vortrag in Pasadena, und er erwähnt ihn in seinem eigenen Bericht. Später wird er sich daran wie folgt erinnern: »Pauli sollte an dem Treffen in Rom teilnehmen, kam aber etwa einen Tag zu spät. Tatsächlich betrat er den Sitzungssaal genau in dem Moment, als ich seinen Namen nannte! Wie von Zauberhand! Ich bemerkte das und erntete ein schallendes Gelächter aus dem Publikum.«

Da ist er wieder – der Pauli-Effekt. Diesmal geht zwar nichts entzwei, aber die Gleichzeitigkeit der Ereignisse passt zu dem Bild, das sich um diese Zeit schon alle Welt von Pauli gemacht hat. Wie von Zauberhand (»simply magic« im Original).

Fermi entwickelt die Theorie zum Beta-Zerfall und macht aus dem Neutron das Neutrino

Der Gastgeber der Tagung in Rom ist Enrico Fermi, den wir ja schon im Zusammenhang mit Lise Meitner und der Jagd nach Transuranen kennengelernt haben. Wir schreiben Oktober 1931. Fermi ist offenbar angetan von Paulis Hypothese, anders als Bohr, der wieder und wieder seine Idee der Nichterhaltung der Energie im Beta-Zerfall vertritt, das letzte Mal im August vor großem Publikum anlässlich einer Feier zu Faradays Geburtstag. Nochmals vier Monate früher, während einer Physikertagung in Kopenhagen im April, ist Paulis Teilchen jedoch schon so populär gewesen, dass in einer Faust-Parodie ihm (dem Teilchen) die Rolle des Gretchen und Pauli jene von Mephisto zugewiesen werden. Statt wie Gretchen über den Verlust ihrer Unschuld zu klagen, trauert das Neutrino seiner Ladung hinterher: »Meine Ladung ist hin / Statistik ist schwer / Ich finde sie nimmer / Und nimmer mehr.« Zu diesem Zeitpunkt hat es seinen vorläufigen Namen »Neutron« gerade an jenes Teilchen abgeben müssen, das wir auch heute noch als Neutron bezeichnen. Von ähnlicher Masse wie das Proton, aber ohne elektrische Ladung, ist es der zweite Kernbaustein neben dem Proton. Damit erübrigen sich endlich auch das oben beschriebene künstliche Hinzufügen von Protonen, um auf die richtige Masse zu kommen, und das Einbinden einer gleichen Anzahl von Elektronen, um die überflüssige positive Ladung der Protonen zu kompensieren. Einen Stickstoffkern mit der Kernladungszahl 7, dessen Bestandteile man eben noch als 14 Protonen und 7 Elektronen angenommen hatte, wird jetzt als die Summe von 7 Protonen und 7 Neutronen verstanden.

Mit dem Neutron ist die »heilige Trinität« von Proton, Elektron und Photon durchbrochen. Jetzt kennt man schon vier Grundbausteine des Universums. Als dann im August 1932 auch noch in der kosmischen Strahlung das Positron als Antiteilchen des Elektrons entdeckt wird, gibt es keinen vernünftigen Grund, anzunehmen, dass bei fünf Schluss ist.

Inzwischen hat auch Bohrs Hypothese den Todesstoß erhalten. Bohr hatte ja angenommen, dass die Energieerhaltung auf atomarer Ebene nur im Mittel gilt, also nicht für Einzelereignisse. Wenn dem so wäre, dann müssten auch einige wenige Beta-Teilchen extrem hohe Energien erreichen können, im Prinzip ohne einen festen oberen Grenzwert, argumentiert Pauli. Jetzt braucht man nur noch eine genaue Messung des Beta-Spektrums. Endet es abrupt an einem bestimmten Punkt, hätte er recht; klingt es sacht nach oben aus, ohne eine scharfe Obergrenze, dann hätte Bohr gewonnen. Die entsprechenden Messungen werden auf der 7. Solvay-Konferenz präsentiert, die im Oktober 1933 in Brüssel stattfindet. Der belgische Großindustrielle Ernest Solvay hat diese Konferenzserie für Physik und Chemie ins Leben gerufen. Die Solvay-Konferenzen vereinigen die Weltspitze der Physiker und Chemiker. So auch diesmal. Rutherford, Bohr, Heisenberg, Schrödinger, Chadwick, Ellis, erstmalig auch Lise Meitner, Marie Curie und ihre Tochter Irène Joliot-Curie, Fermi, Dirac – um nur die zu nennen, denen wir in diesem Kapitel schon begegnet sind. Einstein, hochgeehrter Dauergast auf den Solvay-Konferenzen, musste sich diesmal entschuldigen. Er hat nach der Machtergreifung der Nazis zu Beginn des Jahres zwar noch eine kurze Visite in Belgien und England absolviert, ist dann aber strikt in den USA geblieben.

Das Ergebnis der Messungen des Beta-Spektrums ist eindeutig: Es hat eine Obergrenze! Bohr hat verloren. Aber hat Pauli schon gewonnen? Dazu müsste es etwas mehr geben als die Vermutung, die Pauli 1930 in qualitativer Form geäußert hat, ohne quantitative Angaben zu machen. Dieses »Mehr« liefert Fermi. Und er liefert auch einen passenden Namen für Paulis Teilchen. »Neutron«, das »Neutrale«, ist inzwischen an Chadwicks Teilchen vergeben. Aber wie wäre es mit einem »kleinen Neutralen«, das auf Italienisch »Neutronino« oder etwas hingebogen (aber schöner!) »Neutrino« heißt? Und so erhält Paulis Teilchen endlich den Namen, den es auch heute noch trägt.

Fermi nimmt nicht mehr an, dass das Neutrino schon vor dem Zerfall im Kern herumschwirrt. Bei ihm wird es erst beim Zerfall erzeugt. Seine Vorstellung vom Beta-Zerfall sieht folgendermaßen aus: Ein Neutron zerfällt spontan in drei Teilchen. Das erste ist sein eigenes positives Schwesterteilchen, das Proton, das zweite ein Elektron und das dritte ein Neutrino. Fermi führt für das Neutrino den griechischen Buchstaben ν (sprich »nü«) ein. Der Beta-Zerfall schreibt sich demnach $n \rightarrow p + e^- + \nu$. Für Fermi stellt sich das Neutrino als eine Art neutrales Schwesterteilchen des Elektrons dar, ähnlich wie das Neutron der neutrale Bruder des Protons ist. Beim Zerfall verbleibt das Proton im Kern (wodurch sich dessen Kernladungszahl um eins erhöht), während Elektron und Neutrino aus dem Kern hinausgeschleudert werden. Die voll ausgearbeitete Theorie liefert auch die Form des Beta-Spektrums, das man für verschiedene Annahmen zur Neutrinomasse erhält. Es stellt sich heraus, dass die Neutrinomasse wesentlich kleiner als die Elektronmasse sein muss (wenn nicht gar null, wie die Masse des Photons).

Schon Ende 1933 hat Fermi unter dem Titel »Versuch einer Theorie der Beta-Strahlen« eine kurze Mitteilung an das italienische Journal *La Ricerca Scientifica* geschickt. Ende Januar 1934 hat er die Theorie weiterentwickelt und reicht nun einen ausführlicheren Artikel mit gleichem Titel bei dem renommierten englischsprachigen Journal *Nature* zur Veröffentlichung ein. Und was macht dessen Herausgeber? Er lehnt die Arbeit ab. Ihm wären »Hinweise zugegangen«, dass das Manuskript »zu realitätsferne Spekulationen enthält, um für den Leser von Interesse zu sein«. Selten haben sich Gutachter so geirrt wie in diesem Fall! Fermi schickt seine Arbeit daraufhin auf Italienisch an das Journal *Nuovo Cimento* und auf Deutsch an die *Zeitschrift für Physik* in Berlin. Beide Journale drucken die Arbeit. Auf Englisch ist sie nie erschienen …

»Ich habe etwas Schreckliches getan«

Fermi sollte sich nun fürs Erste von theoretischen Arbeiten verabschieden. Er stürzt sich schon bald auf die Experimente, in deren Zusammenhang wir ihn schon im Kapitel zu Lise Meitner kennengelernt haben: die Jagd nach Transuranen. Seine Theorie eröffnet jedoch ein reiches Spielfeld für andere. Unter anderem sagt sie voraus, dass auch ein *inverser Beta-Zerfall* existieren muss. Dabei zerfällt nicht ein Neutron in Proton, Elektron und Neutrino, sondern ein Neutrino stößt auf ein Proton, und das Ergebnis sind ein Neutron und ein Positron. Es vergeht kaum ein Jahr, und die neuen Daten zum Beta-Zerfall einer Vielzahl von Elementen erlauben es, die Wahrscheinlichkeit für das Auftreten des inversen Beta-Zerfalls zu berechnen.

Hans Bethe und Rudolf Peierls, beides deutsche Emigranten, führen die komplizierte Rechnung durch. Sie finden heraus, dass die Wahrscheinlichkeit für den Einfang eines Neutrinos durch einen Kern um viele, viele Größenordnungen geringer ist als für jeden anderen damals bekannten Prozess. Ihre Rechnungen ergeben eine Absorptionswahrscheinlichkeit von etwa 10^{-21}, wenn man ein Neutrino durch 1 cm Wasser hindurchschickt. Um auf eine Absorptionswahrscheinlichkeit nahe 1 zu kommen, müsste man darum ein Neutrino durch eine Wasserschicht von 10^{21} cm laufen lassen. Das sind etwa 1000 Lichtjahre oder grob gerechnet 250-mal so weit wie die Distanz zu unserem nächstgelegenen Stern, Alpha Centauri. Die beiden Physiker ziehen den Schluss, dass es praktisch ausgeschlossen ist, jemals eine von einem Neutrino ausgelöste Reaktion zu beobachten.

Das Neutrino, eine wundervolle Idee, die sich aber auf ewig und immer einem experimentellen Nachweis entzieht! Kein Wunder, dass viele Physiker das Neutrino noch über mehr als ein Jahrzehnt nicht als reales Teilchen, sondern eher als mathematischen Kniff zur Erklärung des Beta-Zerfalls verstehen werden. Bohr gibt immerhin seinen Widerstand gegen Paulis Hypothese auf, allerdings erst 1936.

Pauli hat schon 1930 geschrieben: »Heute habe ich etwas Schreckliches getan, etwas, was kein theoretischer Physiker jemals tun sollte. Ich habe etwas vorgeschlagen, was nie experimentell verifiziert werden kann.« Damals wusste er noch nicht genau, wie richtig er nach damaligem Kenntnisstand liegt und wie sehr er mit dieser Bemerkung das Resultat von Peierls und Bethe vorausgeahnt hat. Er wusste aber auch noch nicht, dass in den 1950er-Jahren eine besondere Form von Neutrinoquelle auftauchen wird: Kernreaktoren! Und dass diese Meiler derartige Unmengen von Neutrinos abstrahlen, dass deren Nachweis in den Bereich des Möglichen rückt.

Pauli träumt

Während die Idee des Neutrinos mehr und mehr Gestalt annimmt, wendet sich in Bezug auf Paulis psychische Probleme nichts zum Besseren. Im Gegenteil. Nach außen hin ist er noch immer der scharfsinnige, witzige Professor, aber in seinem Innern herrschen Zerrissenheit und Leere. In seiner Verzweiflung überwindet er schließlich die Abneigung, die er seit dem Tod seiner Mutter gegen seinen Vater spürt, und fragt ihn um Rat. Der Vater empfiehlt ihm, den berühmten Psychiater Carl Gustav Jung zu konsultieren, der in Küsnacht nahe Zürich seine Praxis betreibt. Ursprünglich ein Freud-Schüler, hat Jung sich mit dem Begründer der Psychoanalyse schon vor dem Ersten Weltkrieg heillos zerstritten. Die überzogene und einseitige Bedeutung, die Freud dem Geschlechtstrieb und dessen frühkindlichen Wurzeln zuweist, lehnt Jung ab. Stattdessen durchforstet er das Unterbewusstsein seiner Patienten nach universellen Bildern und Vorstellungen, die es in allen Kulturen und zu allen Zeiten gab. Er nennt diese Urbilder »Archetypen« und versucht, deren Auftreten in Beziehung zu den Problemen seiner Patienten zu setzen.

Pauli geht nicht unvorbereitet zu Jung. Er liest mehrere von dessen Büchern und stößt sofort auf Gedanken, die er auf sich beziehen kann. Jungs Theorie der »Vereinigung der Gegensätze« zum Beispiel könnte auf kaum jemanden besser passen als auf ihn selbst mit seiner zwischen Tag und Nacht gespaltenen Persönlichkeit. Und womit haben er und seine Mitstreiter sich in den letzten Jahren denn philosophisch beschäftigt? Mit Gegensätzen wie etwa dem zwischen Welle und Teilchen! Zwei unvereinbare Bilder, von denen aber je nach Versuchsanordnung das eine oder das andere passt. Niels Bohr hat diesem Zusammenhang in seinem berühmten Komplementaritätsprinzip Ausdruck verliehen, dem zufolge zwei methodisch verschiedene Beobachtungen eines Vorgangs einander ausschließen, aber dennoch zusammengehören und sich gegenseitig ergänzen.

Jung bemerkt sofort, was für ein Kaliber da vor ihm sitzt. »Hochgebildet, mit einem außerordentlichen Verstand, der natürlich die Ursache aller seiner Schwierigkeiten war; er war viel zu einseitig intellektuell und wissenschaftlich ausgerichtet ... Unglücklicherweise achten solche intellektuellen Menschen nicht auf ihr Gefühlsleben und verlieren so den Kontakt mit der fühlenden Welt ... So hat er in allen seinen Beziehungen zu anderen Menschen sich selbst völlig verloren. Schließlich fing er an zu trinken ... und bekam Angst vor sich selbst«, schreibt Jung vier Jahre später. Und nochmals später erinnert er sich, dass Pauli sich in einem solchen Zustand der Panik befunden habe, dass »nicht nur er, sondern auch ich selber den Wind von der Irrenanstalt herüberwehen fühlte«.

Ein berühmter Wissenschaftler, der sich seiner inneren, hoch komplizierten Vorgänge nicht bewusst ist, der dem Wahn nahe ist – ein unwiderstehliches Forschungsobjekt für C. G. Jung. Interessanterweise entscheidet er sich aber, Pauli zunächst von seiner Praktikantin Erna Rosenbaum behandeln und sie Paulis Träume aufzeichnen zu lassen. Er will »das Material« absolut rein, ohne jegliche Beeinflussung durch sich selbst erhalten. Zudem vermutet er, dass eine Frau besser geeignet sein könnte, um Pauli »aufzubrechen« und die Schätze seines Unterbewusstseins ans Licht zu befördern. In Gegenwart eines Mannes, so Jungs Vermutung, würde Pauli zu viele Abwehrmechanismen hochfahren.

Jung sollte sich nicht getäuscht haben. Erna Rosenbaum berichtet Jung nach dem ersten Treffen mit Pauli, dass dessen Berichte von überaus starken Gefühlen begleitet gewesen seien und er sich dabei auf dem Boden gewälzt hätte. »Ist er verrückt?«, fragt sie Jung, aber der beschwichtigt: »Nein, nein, er ist ein deutscher Philosoph. Verrückt ist er nicht.«

Pauli packt Erna Rosenbaum gegenüber aus. Und was er auspackt, sind zum großen Teil Träume. Innerhalb von fünf Monaten schreibt er mehr als tausend davon für seine junge Therapeutin auf. Ein paar Hundert davon wird Jung später publizieren, allerdings ohne den Namen des Patienten preiszugeben. Als Leser ist man fasziniert von der Genauigkeit, mit der Pauli seine Trauminhalte wiederzugeben imstande ist. Und natürlich vom Inhalt selbst. Häufig geht es um physikalische Sachverhalte oder Symbole, die in verwirrende Handlungsstränge eingebunden sind – Uhren, Wellen, Quadrate, Kreise, Elektronenschalen, Radioaktivität ... Auch Paulis zwielichtige Erfahrungen in Rotlichtvierteln fließen in seine Visionen ein. Einmal träumt er von einem Nachtklub voller Prostituierter, mit dessen Besitzer er sich über die Bedeutung von links und rechts und von Symmetrie streitet. Er flieht aus dem Club und fährt mit einem Taxi die vier Seiten eines Quadrats gegen den Uhrzeigersinn ab. So weit, so geheimnisvoll. Aber jemand wie Jung ist bereit und begierig, diesem Traum seine ganz eigene Interpretation im Sinne von Archetypen aufzudrücken. Das Quadrat zum Beispiel ist für ihn so ein Archetyp. Und natürlich auch der Kreis, den eine Schlange bildet, die sich in den eigenen Schwanz beißt. Die Schlange *Uroboros*, wie schon die Alchemisten sie genannt haben. Auch von der hat Pauli geträumt. Und da Pauli schon mal bei Schlangen ist: Sie können nicht nur sich selbst in den Schwanz beißen, sondern zum Beispiel auch zu viert ein Quadrat bilden, wobei sie von Füchsen und Hunden gebissen werden, während sich im Mittelpunkt des Quadrats eine tierhafte Masse befindet, die von Priestern in Menschen verwandelt werden. Dieser höchst exotische Traum ist übrigens einer der ersten von Paulis Träumen, in denen ein Quadrat auftaucht. Jung ist fasziniert. Durch andere Träume Paulis spuken verschleierte oder bei Bedarf auch unverschleierte Frauen, geheimnisvoll sie alle, besonders wenn sie, wie in einem

Fall, auf einer Erdkugel stehen und die Sonne anbeten – ein bekanntes esoterisches Motiv der Antike. Irgendwann geht es um ein Perpetuum mobile, ein andermal um seltsam schwingende Wellen, und noch ein anderes Mal um Spektrallinien oder um seltsame rhythmische Muster. Paulis Vorrat an Traumbildern scheint unerschöpflich. Immer wieder taucht eine Figur auf, die Pauli als »die Chinesin« bezeichnet und die Jung als Bild für die unbewusste weibliche Seite interpretiert, die auch Männer haben. Natürlich auch Pauli …

Nach fünf Monaten Therapie geht Erna Rosenbaum zurück nach Berlin und Jung selbst übernimmt die Therapie. Jung ist besessen von seinen Archetypen – eine Vorliebe, bei der man ihm noch folgen könnte –, aber auch von Astrologie, Alchemie und den Lehren des Mittelalters über die Beschaffenheit der Welt und über Wege zu Weisheit und Seelenläuterung. Auch die Kabbala, die Sammlung mystischer Lehren des Judentums, fasziniert ihn. Jung macht Pauli mit Gershom Scholem bekannt, dem damals berühmtesten Kenner jüdischer Mystik. Und Scholem weist Pauli auf eine Verbindung der Kabbala und Paulis Schicksalszahl 137 hin. Das alte Hebräisch kennt keine gesonderten Zahlensymbole, sondern drückt Zahlen durch Buchstaben des Alphabets aus. Das Wort Kabbala wird im Hebräischen in vier Buchstaben geschrieben. Dabei steht der erste für 5, der zweite für 30, der dritte für 2 und der vierte für 100. Zählt man die vier Zahlen zusammen, landet man bei 137!

Für Pauli scheint diese Übereinstimmung eine regelrechte Erleuchtung darzustellen, eine Verbindung von Mystik und Physik. Für heutige kritische Zeitgenossen erscheint es dagegen skurril, dass der rationale Pauli eine solche Koinzidenz für mehr als einen Zufall nimmt. Es ist das Gleiche wie die angeblichen Verbindungen der Maße der Cheopspyramide mit dem Wert der Lichtgeschwindigkeit oder mit modernen historischen Daten: Wenn man lange genug sucht, findet man immer eine wie auch immer geartete Relation.

Wie dem auch sei: Pauli und Jung haben sich gefunden und werden regelrechte Freunde. 1952 erscheint ein gemeinsam verfasstes Buch mit dem Titel *Naturerklärung und Psyche*. Wissenschaftlich ist es befremdlich, aber für Pauli ist es die Fortschreibung seiner erfolgreichen Therapieerfahrung aus den 1930er-Jahren. Der Briefwechsel der beiden erstreckt sich von 1932 bis zu Paulis Tod und sollte postum sogar in Buchform erscheinen.

Nach allem Gesagten verwundert es fast nicht mehr, dass es nun auch der Pauli-Effekt mit seinen zerbrechenden Glaskolben und versagenden Geräten auf philosophische Höhen schafft. Jung beschäftigt sich schon lange mit einem Phänomen, das er Synchronizität nennt. Dabei geht es um das gleichzeitige Auftreten von Ereignissen, die scheinbar keine direkte Ursache-Wirkung-Beziehung haben, also um Dinge, die gleichzeitig passieren, ohne dass es einen klaren Grund dafür gibt. »Synchronizität als ein Prinzip akausaler Zusammenhänge« nennt er seine Idee. Dieses Prinzip, das den meisten von uns als abwegig erscheinen dürfte, wird von Pauli (und nicht nur von Pauli) durchaus als reale Möglichkeit anerkannt. Pauli selbst glaubt »irgendwie« an die Wirksamkeit seines Pauli-Effekts, und wenn man sich erinnert, dass sein Hamburger Kollege Stern ihm den Zutritt zu den Laboren verwehrt hat, ist er damit offenbar nicht allein.

Ein anderer Gedankenkomplex, den Pauli und Jung von allen Seiten durchforsten und beleuchten, ist die *Quaternität* und deren Verhältnis zur *Trinität*. In der griechischen Gedankenwelt spielte die Quaternität (Vierheit oder Vierfaltigkeit) eine wichtige Rolle. Aus vier Elementen besteht die Welt: Feuer, Wasser, Erde, Luft. Vier Himmelsrichtungen gibt es und vier Grundrechenarten. Für die Schüler des Pythagoras von Samos war die Vierheit »die Quelle und Wurzel der ewig strömenden Natur«. Auch im Mittelalter spielte die Vierheit eine fortdauernde Rolle, obgleich das Christentum ihr mit der Trinität, der Dreifaltigkeit von Vater, Sohn und Heiligem Geist, den Rang abgelaufen hatte. Versuche, die Quaternität durch Hinzufügen von Maria zu »retten«, schmetterte die katholische Kirche ab.

Pauli ist nicht gläubig, zumindest nicht im landläufigen Sinne. Aber dass den Zahlen Drei und Vier etwas Magisches anhaftet, etwas, das tief in unserem Unterbewusstsein immer mitschwingt, davon ist auch er überzeugt. Der Übergang von drei Quantenzahlen, die ein Atom beschreiben, auf deren vier (nämlich durch Hinzunahme seiner Spinquantenzahl) ist ihm 1924 auch aus solchen Gründen schwergefallen. Einmal bei der Vier angelangt, bleibt er ihr aber treu und freut sich in den 1950ern über die Entdeckung, dass die Information alles Lebenden mithilfe von vier Basen verschlüsselt ist. »Die alten Pythagoräer hätten, die Vierzahl verehrend, eine besondere Freude an der quaternären chemischen Struktur« der DNA, schreibt er in seiner Abhandlung »Physik und Erkenntnistheorie«.

Die Psychoanalyse hat eine der Fesseln von Paulis Depression gelockert. Die eigentliche Befreiung geht aber auf das Konto einer Frau. Im April 1934 heiratet Pauli zum zweiten Mal. Während seine erste Ehe den Beginn seiner Lebenskrise markiert, findet er mithilfe der zweiten Ehe wieder aus ihr heraus. Die Erwählte heißt Franca Bertram. Sie ist ein Jahr jünger als Wolfgang und, wie er, kein unbeschriebenes Blatt. Aufgewachsen ist sie in Österreich, Italien und Kairo. Der Erste Weltkrieg hat sie nach München gespült, wo sie eine betriebswirtschaftliche Ausbildung absolviert. Von dort aus geht sie in die Schweiz und wird (soweit man weiß) Sekretärin des Aktivisten der Sozialistischen Internationale Friedrich Adler, einem theoretischen Physiker und Freund von Einstein. 1916 hat Adler den österreichischen Ministerpräsidenten erschossen, wurde erst zum Tode verurteilt, aber von der österreichischen Republik begnadigt. Später ist Franca die Geliebte eines Züricher Schriftstellers. Ihren zukünftigen Ehemann Wolfgang Pauli lernt sie kennen, kurz nachdem diese Liaison in die Brüche gegangen ist. Wolfgang und Franca Pauli sollten bis zu Paulis Tod zusammenbleiben.

Exil, Nobelpreis und Entdeckung des Neutrinos

In den 1930er-Jahren nimmt Pauli sich mehrmals eine Auszeit von der Lehrtätigkeit an der ETH und fährt zu Forschungs- und Vortragszwecken in die USA. Dass er Österreicher ist, spielt dabei weder für seine Stellung an der ETH noch für die Auslandsreisen eine Rolle. Das sollte sich 1938 ändern, als Österreich an das Deutsche Reich »angeschlossen« wird. Pauli ist nun offiziell Deutscher. Zwar sind die Konsequenzen nicht so fatal wie für Lise Meitner, aber unbehaglich ist die Lage allemal. Immerhin gilt er nach deutschem Recht als »Dreivierteljude«. Pauli bemüht sich sofort um die Einbürgerung in die Schweiz, aber das Gesuch wird aus formalen Gründen abgelehnt. Er muss wohl oder übel einen deutschen Pass beantragen und erhält ihn auch. Nach Beginn des Zweiten Weltkriegs stellt Pauli einen neuerlichen Einbürgerungsantrag. Aber auch der wird abgewiesen, mit der skurrilen Begründung, dass Pauli »dem Erfordernis der Assimilation in der strengen Auslegung der geltenden Praxis« nicht genüge. Gerade dieser Satz kränkte Pauli ungemein. Negativ wird auch vermerkt, dass er beabsichtige, »wenn auch vielleicht nur für einige Zeit«, seine Tätigkeit nach Amerika zu verlegen. »Dadurch wird Ihre Verbundenheit mit unserem Lande eine weitere Lockerung erfahren«, schließt die polizeiliche Auskunft.

Die Blitzsiege Deutschlands verstärken die Bedrohungslage, sodass Pauli sich schließlich von der ETH beurlauben lässt und eine Gastprofessur in Princeton annimmt. Seit der Flucht vieler jüdischer Wissenschaftler aus Nazideutschland in die USA ist Princeton mit seiner Universität und dem Institute for Advanced Study zu einem der renommiertesten Treffpunkte der internationalen Forschung geworden. Unter den Perlen, mit denen sich Princeton schmücken kann, ist Albert Einstein die strahlendste. Zwar kann Pauli es an Bekanntheit nicht mit Einstein aufnehmen, aber er ist 20 Jahre jünger und immer noch produktiv bis zum Platzen. In Princeton führt er seine quantentheoretischen Arbeiten fort – im Schatten der Kriegsforschung, ohne in das

Manhattan-Projekt zum Bau der Atombombe eingebunden zu sein. Das Bombenprojekt hat stattdessen einige seiner ehemaligen Schüler absorbiert. Allen voran Robert Oppenheimer, den »Vater der Atombombe«, aber zum Beispiel auch Victor Weisskopf, den späteren Generaldirektor des europäischen Forschungszentrums CERN.

Im Mai 1945 ist der Weltkrieg in Europa beendet, im August auch in Asien. Und im November wird Pauli der Nobelpreis für Physik zugesprochen – für die Entdeckung des Ausschließungsprinzips. Große Begeisterung in Princeton! Auf einer Feier zu Ehren Paulis hält Einstein eine spontane Rede und bezeichnet ihn als seinen geistigen Nachfolger. Höhere Weihen kann man sich kaum vorstellen. Jetzt bequemt sich auch die ETH, die wegen seiner langen Abwesenheit schon sein Dienstverhältnis auflösen wollte, ihn in Ehren »zurückzunehmen«. Pauli kann nun in Ruhe zwischen Angeboten der Universität Princeton, der Columbia-Universität in New York und der ETH auswählen. Und obwohl er 1946 auch noch die US-Staatsbürgerschaft erhält, entscheidet er sich für die Schweiz. Zu guter Letzt, 1949, wird dort seinem nunmehr dritten Antrag auf die Staatsbürgerschaft stattgegeben.

Das Neutrino ist derweil immer noch ein Phantom. Ein theoretisch bestens abgesichertes Phantom, aber eben nicht viel mehr. 1956 ist es jedoch endlich so weit: Paulis mysteriöses Teilchen wird entdeckt. In den USA haben die Physiker Fred Reines und Clyde Cowan ein Nachweisgerät neben einem Kernreaktor aufgebaut. In dessen Innern spalten sich Urankerne nach Einfang eines Neutrons in zwei etwa halb so schwere Kerne auf. Die beiden Bruchstücke wandeln sich über eine ganze Kette von Beta-Zerfällen in immer leichtere Kerne um, bis sie schließlich in stabilen Isotopen enden. Und bei jedem der Beta-Zerfälle werden Neutrinos erzeugt (genauer: Anti-Elektron-Neutrinos), von denen in jeder Sekunde viele Billionen den Reaktor verlassen.

Von den Abermilliarden Neutrinos, die in jeder Sekunde durch ihren Detektor hindurchgeflogen sind, haben Reines und Cowan ein bis zwei pro Stunde nachweisen können. Über den von Peierls und Bethe untersuchten »inversen Beta-Zerfall« haben die geisterhaften Teilchen eine Reaktion in dem Nachweisgerät ausgelöst. »We are happy to inform you that we have definitely detected neutrinos from fission fragments by observing inverse beta decay of protons. Observed cross section agrees well with expected 6×10^{-44} cm^2«, telegrafieren die beiden an Pauli: »Wir freuen uns, Ihnen mitteilen zu können, dass wir durch Beobachtung des inversen Beta-Zerfalls von Protonen definitiv Neutrinos aus Spaltfragmenten nachgewiesen haben. Der beobachtete Wirkungsquerschnitt stimmt gut mit der erwarteten 6×10^{-44} cm^2 überein.« (Der Wirkungsquerschnitt ist ein Maß für die Reaktionsfreudigkeit.)

Und Pauli schreibt zurück, ganz im Stil eines in sich ruhenden Buddhas: »Everything comes to him who knows how to wait« – alles kommt zu dem, der zu warten versteht.

Das »närrische Kind von Paulis Lebenskrise« hat das Licht der Welt erblickt. Oder korrekter: Die Welt hat erstmals das »närrische Kind« direkt beobachten können!

Gott ist Linkshänder

Zu Beginn der 1950er-Jahre beschäftigt sich Pauli mit Symmetrien in den Gesetzen der Teilchenphysik. Tatsächlich ist das Streben nach Symmetrie eines der Grundmotive, die sein ganzes Leben durchziehen, in der Wissenschaft ebenso wie in seinen Träumen. In diesem Kontext formuliert er 1953 eines der grundlegendsten Theoreme der Physik, das sogenannte CPT-Theorem. Dieses Theorem postuliert, dass die Gesetze der Physik in Bezug auf die kombinierte Anwendung dreier Operationen unverändert (»invariant«) bleiben: das Vertauschen von Materie und Antimaterie – für geladene Teilchen entspricht das einem Ladungswechsel (C für »Charge«) –, die Spiegelung der Raumkoordinaten (P für »Parity«) und die Umkehr der Zeitrichtung (T für »Time«). Wenn man diese drei Operationen nacheinander anwendet, folgen physikalische Vorgänge genau den gleichen Gesetzen wie vor der Transformation. Pauli kann 1954 zeigen, dass das CPT-Theorem selbst unter den allgemeinsten denkbaren Voraussetzungen gilt.

So weit, so gut. Aber wie ist es um die Invarianz in Bezug auf einzelne der drei Operationen bestellt, zum Beispiel auf die Paritätsoperation? Gibt es Vorgänge, die anders verlaufen, wenn man die Koordinaten spiegelt? Unterscheidet die Natur zwischen links und rechts?

Mitte der 1950er-Jahre sehen die meisten Physiker keinen Grund zu dieser Annahme – mit Ausnahme von Tsung-Dao Lee und Chen-Ning Yang, zwei jungen chinesischstämmigen theoretischen Physikern aus den USA. Sie untersuchen einige Rätsel, die beim Zerfall von speziellen Teilchen der kosmischen Strahlung beobachtet wurden, und können sie nur erklären, indem sie die Links-rechts-Symmetrie (die »Paritätserhaltung«, wie es in der Sprache der Physik heißt) aufgeben. Der Effekt, bei dem diese Verletzung am klarsten nachzuweisen sein müsste, ist der Beta-Zerfall! Am 22. Juli 1956 reichen die beiden ihre berühmte Arbeit zur Publikation ein, mit verschiedenen Empfehlungen dazu, wie man die »Paritätsverletzung« explizit beobachten könne. »Eine relativ einfache Möglichkeit ist die Messung der Winkelverteilung der Elektronen, die beim Beta-Zerfall ausgerichteter Kerne emittiert werden«, schreiben sie.

»Ausgerichtet« oder »polarisiert« werden können Kerne, indem man sie in ein sehr starkes äußeres Magnetfeld bringt. Dabei klappen ihre Spinrichtungen in die Richtung des Feldes um. Das ist alles andere als einfach, denn um Kerne genügend stark polarisieren zu können, muss man sie auf weniger als ein Grad über dem absoluten Nullpunkt herunterkühlen. Bei höheren Temperaturen würden ihre thermischen Bewegungen die Ausrichtung zunichtemachen.

Es dauert kein halbes Jahr, und einer Kollegin von Lee und Yang gelingt das Kunststück. Chien-Shiung Wu, die im gleichen Gebäude wie Lee arbeitet, untersucht den Beta-Zerfall von Kobalt-60-Kernen. Und sie misst sehr klar, dass die Verteilung der Elektronen aus dem Beta-Zerfall asymmetrisch ist: In Richtung des Magnetfeldes treten mehr Elektronen aus als in entgegengesetzter Richtung. Das hätte bei einer Links-rechts-Symmetrie nicht der Fall sein können.

Gleich nachdem er von Frau Wus Plänen gehört hat, hat Pauli erklärt, er sei bereit, auf eine symmetrische Elektronenverteilung zu wetten. Als ihn die Nachricht mit dem Resultat des Experiments erreicht, schreibt er: »Der erste Schock ist nun vorüber, und ich beginne mich wieder zu sammeln … Nur gut, dass ich keine Wette eingegangen bin. Sie hätte zu einem schweren finanziellen Verlust geführt (was ich mir nicht leisten könnte).«

Die Paritätsverletzung wird nur bei solchen Prozessen beobachtet, die schon Fermi mit seiner Theorie beschrieben hat. Sie werden durch die sogenannte *schwache Kraft* vermittelt – eine der vier Grundkräfte der Natur. Jeder kennt die Gravitationskraft und die elektromagnetische Kraft, die unser Leben sichtbar bestimmen. Ihre Stärke fällt mit dem umgekehrten Quadrat der Entfernung ab, sie wirken also über große Distanzen. Die zwei anderen Kräfte wirken dagegen nur auf subatomarer Ebene. Das eine ist die *starke Kraft*, die unter anderem Protonen und Neutronen im Kerninnern zusammenhält. Das andere ist die *schwache Kraft*, die zum Beispiel für den Beta-Zerfall zuständig ist. Immer, wenn ein Neutrino involviert ist, wirkt die schwache Kraft, denn Neutrinos spüren weder die elektromagnetische noch die starke Kraft. Die Gravitationskraft, so groß ihre Reichweite auch sein mag, ist in Bezug auf einzelne Teilchen viel zu schwach, um eine Rolle zu spielen. Für alle Prozesse, die über die schwache Kraft vermittelt werden, ist also die Links-rechts-Symmetrie verletzt, für alle anderen nicht.

Lee und Yang stoßen bei ihren Untersuchungen auf eine zwingende Konsequenz der Links-rechts-Asymmetrie: Der Spin von Neutrinos kann prinzipiell nur in eine Richtung zeigen – entweder in Bewegungsrichtung oder entgegen der Bewegungsrichtung. Die Frage ist jetzt: Welche der beiden Möglichkeiten hat die Natur gewählt? Mit einem genialen Versuchsaufbau kann Maurice Goldhaber (auch er 1933 vor den Nazis in die USA emigriert) zeigen, dass der Spin von Neutrinos immer entgegen ihrer Bewegungsrichtung zeigt. Sie sind damit immer »linkshändig«: Ihr Spin ist so ausgerichtet, dass sie, relativ zu ihrer Bewegungsrichtung, entgegen dem Uhrzeigersinn rotieren – entsprechend einer Schraube mit Linksgewinde. Bei Anti-Neutrinos ist es umgekehrt.

»So ist es also sicher«, schreibt Pauli in einem Brief an C. G. Jung, »dass Gott doch ein schwacher Linkshänder ist!« Und als sich später zeigt, dass für Prozesse der starken Kraft die Spiegelsymmetrie exakt gilt, fügt er launig hinzu: »Ich bin weniger davon erschüttert, dass Gott die linke Hand bevorzugt, als davon, dass er als Linkshänder die Symmetrie zwischen rechts und links beibehält, wenn er sich stark gibt.«

Im Dezember 1957 wird Lee und Yang der Nobelpreis für Physik verliehen. Chien-Shiung Wu und Maurice Goldhaber gehen leer aus.

137

Am 5. Dezember 1958 erleidet Pauli während einer Vorlesung eine Schmerzattacke. Am 6. Dezember wird er ins Krankenhaus eingeliefert. Es ist Bauchspeicheldrüsenkrebs. Einige Tage später schiebt man ihn in ein anderes Zimmer auf dem Flur. Pauli sieht auf die Zimmernummer und weiß: Das wird sein Sterbezimmer sein. Es ist die 137. Am 15. Dezember 1958 stirbt er.

Wolfgang Pauli bleibt durch drei fundamentale Arbeiten auf immer im Gedächtnis: die Entdeckung des nach ihm benannten Ausschließungsprinzips, den Vorschlag für die Existenz des Neutrinos und schließlich die Formulierung des CPT-Theorems. Für alle drei Arbeiten hätte er den Nobelpreis verdient. Bekommen hat er ihn für das Ausschließungsprinzip.

Diese drei Arbeiten sind aber nur die Bergspitzen, die aus einem schier unübersehbaren Schaffen herausragen. Es gibt kaum einen Aspekt der »neuen Physik«, an dem Pauli nicht beteiligt war. Viele seiner Rechnungen veröffentlichte er nicht in Fachzeitschriften, sondern legte sie in einem seiner zahllosen Briefe an Kollegen dar. Der Ruhm, den viel zitierte Veröffentlichungen einbringen können, war ihm im Grunde egal.

Ein Revolutionär wie Einstein oder Heisenberg war Pauli nicht. Dagegen bescheinigen ihm etliche Zeitgenossen eine stärkere philosophische Tiefe und eine überlegene Beherrschung mathematischer Mittel und stellen ihn in dieser Hinsicht noch über Einstein. Vor allem aber war Pauli der kritische Geist, das lebendige »Gewissen der Physik«. Heisenberg behauptete, dass er keine Arbeit zur Veröffentlichung eingereicht habe, die er nicht vorher Pauli zum Gegenlesen vorgelegt habe. Paradoxerweise wurde Paulis letztes Lebensjahr von einer Auseinandersetzung mit Heisenberg überschattet. Die beiden arbeiteten an einem gemeinsamen Entwurf für eine umfassende Theorie der Elementarteilchen, die unter dem Stichwort *Weltformel* Schlagzeilen machen sollte. Pauli empfand Heisenbergs Rechnungen mehr und mehr als fehlgeleitet, und zum Schluss kündigte er seinem alten Freund die Zusammenarbeit auf. Zu Recht: Die Weltformel geisterte noch einige Jahre durch die Zeitungen, ehe sie sang- und klanglos in der Versenkung verschwand.

Als Mensch war Pauli häufig ebenso schroff und ätzend, wie er auf der anderen Seite anteilnehmend und gesellig sein konnte. Seine lakonischen Bemerkungen sind Legende, etwa die zu einer Arbeit, die er als völlig wirr empfand: »Its even not wrong!« (Das ist noch nicht mal falsch!) Die Empfehlungsschreiben, die er ausstellte, waren häufig eher versteckte Warnungen als Empfehlungen, etwa: »Ich habe gegen Herrn Soundso nichts einzuwenden.« Zu seinem Assistenten Victor Weisskopf, den er anstelle des etwa gleichaltrigen Hans Bethe eingestellt hatte, grummelte er anlässlich einer Berechnung, mit der er nicht zufrieden war: »Ich hätte doch Bethe nehmen sollen!« Man musste schon über das Können und das Selbstbewusstsein von Weisskopf verfügen, um dadurch nicht entmutigt zu werden. Und über einen jungen Physiker lästerte er: »So jung, und schon unbekannt?« Pauli konnte aber auch sich selbst gegenüber sarkastisch sein. Als reifer Mann sinnierte er über sich selbst: »Ja Wunderkind – das Wunder vergeht, aber das Kind bleibt ...«

Für viele heutige Leser schwer nachzuvollziehen bleiben Paulis Ausflüge in die Mystik und das Unterbewusstsein. Auch solche Fragen wie die nach Trinität und Quaternität lassen uns heute eher kalt, und dass gewissen Zahlen wie etwa der 137 eine nachgerade magische Bedeutung zugemessen wird, ebenso. Oder vielleicht doch nicht? Die Hamburger Joachim-Herz-Stiftung zeichnet jedes Jahr einen exzellenten internationalen Wissenschaftler oder eine Wissenschaftlerin aus der theoretischen Physik aus. Der Stiftung stehen das Deutsche Elektronen-Synchrotron DESY und dessen Wolfgang-Pauli-Zentrum sowie die Universität Hamburg zur Seite.

Das Preisgeld ist beträchtlich. Es beträgt genau 137 036 Euro …

2 DER BESESSENE: FRED REINES, ENTDECKER DES NEUTRINOS

Im Juni 1990 fand im Westeuropäischen Kernforschungszentrum CERN die 14. Konferenz zu Neutrinophysik und Astrophysik statt. Gut 300 Teilnehmer füllten den großen Konferenzsaal des CERN. Unter ihnen Fred Reines, der 1956 das Neutrino entdeckt hatte, zusammen mit seinem 1974 verstorbenen Kollegen Clyde Cowan.

Die Neutrinos, die Reines ins Netz gegangen waren, sind die neutralen Schwesterteilchen der Elektronen. Wenige Jahre nach Reines' Entdeckung hatte jedoch Bruno Pontecorvo, der Protagonist unseres nächsten Kapitels, vermutet, dass es eine weitere Sorte von Neutrinos geben müsse. Sie wären die neutralen Schwesterteilchen zum Myon, einer 1936 entdeckten schweren Version des Elektrons. Es müsste also nicht nur das Reines-Teilchen, das *Elektron*-Neutrino, geben, sondern auch ein *Myon*-Neutrino. Und tatsächlich gelang es 1962 drei US-Amerikanern, dieses Teilchen nachzuweisen. 1988 erhielten die drei dafür den Nobelpreis – den Preis, den das Nobelkomitee Reines immer noch versagt hatte. Einer der drei, Leon Lederman, saß auf der erwähnten Konferenz neben Reines, als ein Sprecher über ein drittes, bis dahin noch hypothetisches Neutrino referierte, das *Tau*-Neutrino. Halb sarkastisch, halb launig sagte der Vortragende, dass sich sicherlich viele Forscher auf den Nachweis dieses Neutrinos stürzen würden, denn offenbar vergebe das Nobelkomitee seinen Preis ja nur für *zusätzliche* Neutrinos (und nicht für das erste)!

Der Saal reagierte mit Gelächter. Ein Mann aber saß bewegungslos und blickte starr, wie gelähmt, vor sich hin: Fred Reines. So berichtet es zumindest sein langjähriger Mitarbeiter William Kropp, der schräg hinter ihm saß. Was mochte ihm in diesem Moment durch den Kopf gehen, nachdem er mehr als 30 Jahre vergeblich auf den Preis gewartet hatte? Und nachdem die Hoffnung, ihn doch noch zu bekommen, auf nahezu null gesunken war?

Einer der Konferenzteilnehmer war ich selbst. Es war meine erste große Konferenz im Westen, denn als DDR-Bürger war ich erst ab 1988 in den Genuss von Westreisen gekommen. Am Abend desselben Tages fanden sich die Konferenzteilnehmer zu einem Bankett zusammen. Nach dem eigentlichen Essen konnte man ins Freie treten. Das Wetter meinte es gut mit uns – ein warmer, schöner Sommerabend. Unter den fröhlich Schwatzenden und Diskutierenden mit ihren Weingläsern in der Hand stand – fast möchte man sagen »verloren« – Fred Reines. Trotz seiner 72 Jahre war er immer noch eine imposante Gestalt, groß, breitschultrig und mit einem leicht gewellten, grauen Haarkranz.

Ich hatte zwei Jahre zuvor meine Mitarbeit am Bau eines Neutrino-Unterwasserteleskops im Baikalsee begonnen (was das ist, wird noch zur Sprache kommen). Das Baikal-Projekt war durch die politisch bedingte Abspaltung von einem ähnlichen Projekt nahe Hawaii entstanden, zu dessen Initiatoren Reines gehörte. Was lag also näher, als ihn zu fragen, wie er die Zukunft des Feldes sähe? Ich fasste mir ein Herz und trat höflich an die lebende Legende heran. Reines, eben noch abwesend, stand mir über fünf oder zehn Minuten Rede und Antwort. Das Neutrino, sagte er, würde noch Generationen von Physikern und Astrophysikern Anlass zu grundlegenden Fragen bieten. Und was seine Rolle für die Astrophysik beträfe, so sei das wahrscheinlich das Teilgebiet mit den spektakulärsten Erfolgsaussichten. Ich »junger Mann« (so sagte er; ich war damals 42 Jahre alt) solle unbedingt dranbleiben, auch wenn der Erfolg auf sich warten lasse. Das Letztere sei nachgerade ein Markenzeichen der Neutrinophysik.

Ich bin tatsächlich drangeblieben. Über die ersten Erfolge des Baikal-Experiments konnte ich sechs Jahre später bei einem Besuch an der University of California berichten, wo Reines bis zu seiner Emeritierung gelehrt hatte und immer noch die Seminare besuchte. Inzwischen hatte er den Nobelpreis endlich doch bekommen. Ein Jahr zuvor. Tragischerweise blieben ihm danach nur gerade mal zwei Jahre zu leben …

»Ich will ein außerordentlicher Physiker werden«

Frederick Reines wird am 16. März 1918 in Paterson geboren, einer mittelgroßen Stadt in New Jersey, eine knappe Autostunde nördlich von New York City. Sein Vater, Israel Reines, war Anfang des Jahrhunderts aus einer kleinen Stadt im heutigen Polen eingewandert, nur einige Kilometer von der Grenze zu Weißrussland. Damals war dieser Landstrich noch Teil des riesigen russischen Zarenreichs.

Die Gebiete des heutigen Weißrusslands und Ostpolens waren ein paar Jahrhunderte zuvor Zuflucht und Heimstatt zahlreicher Juden geworden, die vor den antisemitischen Pogromen in Westeuropa geflohen waren. Tatsächlich bestand die Einwohnerschaft vieler der Dörfer und Kleinstädte in jenen Gebieten zu weit über der Hälfte aus Juden. In der zu Israel Reines' Geburtsort nächstgelegenen Stadt Bialystok gaben zu Beginn des 20. Jahrhunderts über 60 Prozent der Bevölkerung Jiddisch als ihre Muttersprache an. Einige jüdische Marktflecken hatten sich über die Jahrhunderte zu wirtschaftlich blühenden Handelsknotenpunkten entwickelt, aber viele dieser Schtetl waren bitterarm – Orte, wie sie der Schriftsteller Scholem Alejchem in seinem Roman *Tewje, der Milchmann* schildert.

Freds Vater Israel ist der Neffe von Isaak Jakob Reines, einem bekannten Rabbiner und Talmudgelehrten, Mitgründer des *Misrachi*, einer orthodoxen, zionistischen Bewegung. Noch heute erinnern Straßennamen in Jerusalem und Tel Aviv an ihn. Die Erinnerung an diesen berühmten Verwandten sollte für die Reines-Familie ein lebenslanger Quell von Familienstolz und Zugehörigkeit bleiben.

Gegen Ende des 19. Jahrhunderts sahen sich die Juden im Zarenreich zunehmender Diskriminierung ausgesetzt. Immer wieder kam es zu antijüdischen Ausschreitungen. Zwischen 1903 und 1907 rollte eine neuerliche Pogromwelle über die weißrussischen, ostpolnischen und ukrainischen Teile des Reichs und trieb viele junge Juden in die Emigration. Auch die Eltern von Fred, Israel Reines und seine spätere Frau Gussie, machten sich auf in das Land der Freiheit und der unbegrenzten Möglichkeiten, in die USA. Obwohl sie aus derselben kleinen Stadt nahe Bialystok stammten, lernten sie sich jedoch erst in New York kennen.

Israel Reines, ein handwerklicher Allrounder, ist Weber von Beruf. Nach dem Ende des Ersten Weltkriegs – Fred ist noch nicht mal ein Jahr alt – hat er eine Seidenspinnerei in Paterson gekauft. Drei Jahre später tauscht er sie jedoch gegen einen Lebensmittelladen in Hillburn ein. Das verschlafene Hillburn, gar nicht weit von Paterson entfernt, ist irgendetwas zwischen Dorf und Kleinstadt, genau das Richtige, um eine unbeschwerte Kindheit zu verbringen. Dort bleibt die Reines-Familie aber nur fünf Jahre. Als Fred acht Jahre alt ist, geht es wieder zurück nach Paterson, wo er seine prägenden Jugendjahre verbringt.

Fred ist das jüngste der vier Kinder von Israel und Gussie. Paula, die Älteste, sollte später Ärztin werden, die beiden Brüder William und David Rechtsanwälte. Alle drei haben sie einen beträchtlichen Einfluss auf Freds Erziehung und auf die Entwicklung seiner intellektuellen Interessen.

Zunächst geht es in Freds Leben aber nur am Rande um intellektuelle Interessen: Er wird begeistertes Mitglied der Pfadfinder! Dort erreicht der sportliche und organisationsbegabte Knabe nach einigen Jahren den Rang eines Eagle Scout (der höchste Pfadfinder-Rang, den nur vier Prozent aller Pfadfinder erreichen). In der Schule schlagen dann die Vorlieben der Geschwister durch. Tatsächlich liegt dem jungen Fred die Literatur zunächst näher als die naturwissenschaftlichen Fächer. Erst in der Mittel- und Oberstufe kehrt sich das um. Während dieser Zeit blüht sein wissenschaftliches Interesse auf, und er beginnt, einfache Radios (»Detektorempfänger«) zusammenzubasteln. Ein aufgeschlossener Lehrer erkennt Freds Potenzial und überlässt dem aufs Experimentieren versessenen Jungen einen Schlüssel zum Labor, sodass er basteln und messen kann, so viel er will. Und als die Schüler anlässlich eines Jahrbuchs gefragt werden, was ihr wichtigstes Lebensziel sei, antwortet Fred schon selbstbewusst: »Ein außerordentlicher Physiker zu sein.«

Freds ursprünglichem Interesse für Physik lag übrigens nach seinen eigenen Worten ein ähnliches »Erweckungserlebnis« zugrunde, wie es bei Lise Meitner die farbigen Schlieren auf einer Ölpfütze waren: »Es war in einem Moment der Langweile in der Religionsschule, als ich im Zwielicht aus dem Fenster schaute und mit einer Hand, die ein Teleskop simulieren sollte, etwas Seltsames an dem Licht bemerkte. Es war das Phänomen der Beugung. Damit begann meine Faszination für Licht!«, berichtet er später dazu.

Um ein »außerordentlicher Physiker« zu werden, muss man zunächst einmal willens und fähig sein, Dinge anders zu denken und anders anzupacken als andere. In seinem Buch *Chasing the Ghost* illustriert sein jüngerer Cousin Leonard A. Cole diese Eigenschaft anhand eines Fotos, das den neunjährigen Fred zusammen mit Spielkameraden vor einem Baum zeigt. Die anderen Jungen stehen brav lächelnd mit beiden Füßen auf dem Boden, aber Fred hängt kopfüber an dem Baum. Cole schreibt: »Sein Gesichtsausdruck zeigt eine völlige Unbeschwertheit. Neben der körperlichen Beweglichkeit deutet seine Pose auf eine Eigenschaft hin, die sich auch in späteren Jahren noch zeigen sollte. Er war ein Darsteller, der gerne auffiel und unbekümmert von der konventionellen Art zu handeln abwich.« Das Foto steht auch für eine andere Eigenschaft von Fred: seine Freude an Sport und sportlichem Wettbewerb. Dabei kommt ihm sein athletischer Körperbau ebenso zugute wie sein Leistungswille.

Jugend-Forscher und Sportskanone, das sind zwei von Freds Markenzeichen. Es gibt aber noch ein drittes: Er ist ein hervorragender und begeisterter Sänger! Schon als Schüler singt er im Schulchor. Später wird er mit einem tiefen Bariton glänzen.

Nach Abschluss der allgemeinbilden Schule bewirbt sich Fred zunächst am berühmten Massachusetts Institute of Technology (MIT) und wird auch angenommen. Dann läuft ihm aber ein Wissenschaftler des Stevens Institute of Technology über den Weg. Das Stevens Institute liegt in Hoboken/New Jersey, schräg gegenüber von Manhattan auf der anderen Seite des Hudson River. Dieses College ist zwar weit weniger berühmt als das MIT, aber der Stevens-Mann schwärmt so von seiner Lehranstalt, dass Fred seinen Plan ändert und sich dort für ein Ingenieurstudium einschreibt.

Am Stevens Institute widmet er sich allerdings nicht nur seinem Studium, sondern auch dem Theaterspielen und dem Singen. Als musizierender Physiker ist er durchaus nicht allein. Viele legendäre Physiker waren gleichzeitig großartige Musiker. Planck und Heisenberg spielten Klavier auf annähernd professionellem Niveau, auch Edward Teller, der Vater der Wasserstoffbombe, war ein glänzender Bach- und Beethoven-Interpret. Und Einstein gestand, dass der bei Weitem erfreulichste Teil seines Lebens das Geigenspiel sei. Aber niemand von ihnen hat öfter und mit größerer Freude vor großem Publikum gespielt als Fred Reines. Am Stevens Institute singt er zunächst im Chor, aber dann übernimmt er auch Solopartien in großen Stücken. Schließlich überredet ihn der Chorleiter, seine Technik von einem bekannten Gesangslehrer der Metropolitan Opera weiter ausformen zu lassen – was er auch mit großem Erfolg tut. Nach dem Abschluss des Colleges und vor dem Promotionsstudium an der Universität erwägt er sogar kurz, eine professionelle Gesangskarriere anzustreben. Aber die Physik ist dann doch stärker.

Beeindruckend ist das Solisten-Repertoire, auf das Fred Reines am Ende seines Lebens zurückblicken kann. Es umfasst Solopartien in Händels *Messias*, in Bachs Weihnachtsoratorium oder in Mendelssohns *Elias*. Er singt klassische Balladen wie Robert Schumanns *Die Grenadiere* oder berühmte Gospel-Songs wie *Stand Still Jordan*. Besonders angetan haben es ihm aber die Opern des englischen Librettisten W. S. Gilbert und des Komponisten Arthur Sullivan, die im spätviktorianischen England 14 Opern schufen. In der englischsprachigen Welt erfreuen sie sich auch heute noch einer gewissen Beliebtheit. Wann immer Fred Reines danach ist – ob er alleine ist oder ob man ihn in Gesellschaft darum bittet –, wird er später Arien aus Gilbert-and-Sullivan-Opern singen.

Als geborenen Darsteller fesselt ihn übrigens auch das Theaterspiel. Später – da arbeitet er schon längst am Manhattan-Projekt in Los Alamos – wird er die Hauptrolle in einer Laienaufführung des Theaterstücks *Inherit the Wind* (*Wer den Wind sät*) übernehmen. Das Theaterstück, ebenso wie der berühmte Film mit Spencer Tracy in der Hauptrolle, lehnt sich an den berühmten »Affenprozess« in einem Städtchen in Tennessee an. Dieser Prozess hatte 1925 ganz Amerika in Aufregung versetzt: Ein junger Lehrer bringt seinen Schülern die Evolutionstheorie nach Charles Darwin bei und wird daraufhin verhaftet. Seine Theorie widerspräche der biblischen Schöpfungsgeschichte, und die sei laut Gesetz die einzig richtige. Fred Reines übernimmt die Rolle des Verteidigers, die im Film Spencer Tracy spielt. Dieser Part entspricht völlig seiner eigenen Geisteshaltung. Wie der Verteidiger im Film hat auch er durchaus Respekt vor dem Glauben, aber höher als irgendeinen religiösen Glauben stellt er den Glauben an die Wissenschaft und an die Erkennbarkeit der Welt.

1940 heiratet Fred Sylvia Samuels, auch sie aus einer jüdischen Familie. Wissenschaftlich interessiert ist Sylvia nicht, aber mit ihrer Vorliebe für Kunst und Literatur harmoniert sie durchaus mit ihrem Fred, der ja als Schüler selbst mit dem Gedanken gespielt hat, ein literarisches Fach zu ergreifen. Die beiden werden zwei Kinder haben, Robert und Alisa.

Los Alamos

Im September 1941 nimmt Fred ein Promotionsstudium an der New York University auf. Drüben im alten Europa tobt schon seit zwei Jahren der große Krieg, aber die USA haben sich bisher heraushalten können. Drei Monate später ist die Welt jedoch eine andere. Am 7. Dezember haben die Japaner Pearl Harbor attackiert, und nun gelingt es Präsident Roosevelt, die bis dahin eher zurückhaltenden Amerikaner zum Kriegseintritt zu bewegen. Nicht nur gegen die Japaner, sondern auch – endlich! – gegen Nazideutschland.

Kurz darauf nimmt ein Unternehmen Fahrt auf, das alle Bemühungen der USA zur Entwicklung und zum Bau einer Atombombe bündelt: das legendäre Manhattan-Projekt.

Schon 1939 hatten Leo Szilard und Eugene Wigner, zwei exilierte ungarische Physiker, Albert Einstein überzeugen können, einen Brandbrief an Präsident Roosevelt zu unterzeichnen. Darin wiesen sie auf die beängstigende Möglichkeit hin, dass Deutschland eine Atombombe entwickeln könnte. Bald gelang es Lise Meitners Neffen Otto Frisch und Rudolf Peierls (der 1934 zusammen mit Hans Bethe auf die entmutigend geringe Reaktionswahrscheinlichkeit von Neutrinos hingewiesen hatte), die Gefahr genauer zu fassen. Sie fanden heraus, dass die Explosionskraft einer sehr kleinen Menge des Uranisotops ^{235}U der Explosionskraft von mehreren Tausend Tonnen TNT entspricht.

Nun war Eile geboten. In kürzester Zeit stampfen die USA riesige Forschungs- und Produktionsanlagen aus dem Boden, allen voran das hochgeheime Forschungszentrum Los Alamos in den Bergen von New Mexico.

Freds Promotionsarbeit von 1944 erscheint den Talentsuchern, die landauf, landab nach fähigen Mitarbeitern für das Projekt fahnden, interessant genug, um ihn für das inzwischen schon zweieinhalb Jahre existierende Manhattan-Projekt zu requirieren. Seine Dissertation mit dem Titel *Kernspaltung und das Tropfenmodell von Kernen* betrifft zwar nicht unmittelbar die Bombe, ist aber immerhin so wichtig, dass ihre Veröffentlichung bis nach dem Ende des Krieges zurückgehalten wird. Von nun an gilt fast alles, was Fred tut und lässt, als geheim. Seinen Verwandten, die ihn und Sylvia im Juni 1944 auf New Yorks Grand Central Station verabschieden, muss er das Ziel seiner Reise zwangsläufig verschweigen. Erst nach Abwurf der Atombomben über Hiroshima und Nagasaki erfährt die Familie, dass sein Ziel Los Alamos war und dass dort die Atombombe entwickelt wurde.

Obwohl Reines sicherlich über die Arbeitsbedingungen in Los Alamos informiert worden ist, hat er sich wohl kaum vorstellen können, welche geballte Intelligenz ihn dort erwarten würde. Es ist, wie er später in seiner Nobelpreisrede beschreibt, »vielleicht die größte Ansammlung wissenschaftlicher Talente, die die Welt je gesehen hat«. Viele der Wissenschaftler sind jüdische Flüchtlinge oder in irgendeiner anderen Art Opfer der Nazis. Einigen ist die Flucht nach Amerika gerade noch gelungen, ehe Hitlers Armeen ihre Länder überrollt haben. Niels Bohr, Enrico Fermi und der gebürtige Österreicher Isidor Rabi waren schon bei Reines' Ankunft Nobelpreisträger; der Ungar Eugene Wigner, der Deutsche Hans Bethe und der Italiener Emilio Segrè sollten den Preis später erhalten. Und natürlich gibt es auch einige zukünftige amerikanische Nobelpreisträger wie etwa Edwin McMillan, Richard Feynman oder Louis Alvarez. Über allen steht in Los Alamos als unangefochtene wissenschaftliche Autorität Robert Oppenheimer, der seinerseits jedoch den Nobelpreis nie bekommen sollte.

Fred wird einer kleinen Gruppe um den theoretischen Physiker Richard Feynman zugewiesen. Feynman, genauso alt wie Reines, ist damals außerhalb seiner engeren Fachkreise kaum jemandem bekannt. Das sollte sich nach Kriegsende allerdings ändern. Die *Encyclopedia Britannica* wird ihn später als den »brillantesten, einflussreichsten und innovativsten theoretischen Physiker der Nachkriegsära« bezeichnen. Der Chef aller Theoretiker in Los Alamos ist Hans Bethe.

Feynman und seine Gruppe untersuchen die unterschiedlichsten Aspekte der Bombe. Wie hängt die Wucht der Explosion von der Menge an Uran-235 ab? Wie groß sind die unterschiedlichsten Auswirkungen der Explosion wie etwa radioaktive Strahlung, Hitze und Druckwelle? Und wie hängen alle diese Effekte von der Distanz zum Explosionszentrum ab? Am 16. Juli 1945 werden die Rechnungen von Feynman und seinen Leuten auf ebenso grandiose wie schreckliche Weise bestätigt: durch die Explosion der auf den Code-Namen *Trinity* getauften Test-Bombe. Robert Oppenheimer sollte später über die Momente nach der Explosion schreiben: »Einige von uns lachten, einige weinten, die meisten schwiegen.« Ein melodramatisches Bild, das allerdings in augenfälligem Gegensatz zu den Erinnerungen der meisten anderen steht, die sich an spontanen Jubel und begeistertes Händeschütteln erinnern. Fred Reines gehört auf jeden Fall zu denjenigen, bei denen Jubel und Erleichterung über den Lohn der jahrelangen Mühen überwiegen. Vielleicht, so die Hoffnung, braucht man nun die Bombe nur noch zur Abschreckung? Deutschland als potenzieller Entwickler einer eigenen Atombombe ist besiegt, und dass man die Bombe in Japan einsetzen müsse, erscheint vielen der Forscher zweifelhaft. Warum nicht ihre Wirkung auf irgendeiner unbewohnten Insel demonstrieren und die Japaner damit zur Kapitulation bringen?

Wir wissen, welche Option die Politiker und Militärs gewählt haben: Am 6. August explodiert die Uranbombe *Little Boy* über Hiroshima und am 9. August die Plutoniumbombe *Fat Man* über Nagasaki. An den Tagen des Bombenabwurfs und in den darauffolgenden Monaten sterben fast eine Viertelmillion Menschen. Nun dürfte auch bei vielen derjenigen, die sich beim *Trinity*-Test erleichtert die Hände geschüttelt haben, der Jubel einem Gefühl der Beklommenheit weichen.

Wie dem auch sei: Der Krieg ist vorüber. Die Physiker strömen zurück an ihre Universitäten. Langsam leert sich Los Alamos. Nur wenige behalten ihre Vollzeit-Anstellung in Los Alamos bei, unter ihnen Fred Reines. Dabei ist es nicht nur die Arbeit, die ihn in Los Alamos hält, sondern auch persönliche enge Freundschaften, die er und Sylvia zu anderen Dagebliebenen geknüpft hatten. Robert, ihr erstes Kind, wird 1945 in Los Alamos geboren und seine Schwester Alisa drei Jahre später am gleichen Ort.

Inzwischen ist er selbst schon längst zum Gruppenleiter aufgestiegen. Er gilt als die unangefochtene Autorität, wenn es um die Effekte der gewaltigen Druckwelle nach der Explosion geht. An vielen Bombentests nach dem Krieg nimmt er selbst teil und analysiert und interpretiert die Daten, die von den Messstationen aufgezeichnet worden sind. Schließlich wird er sogar Programmdirektor von *Operation Greenhouse*, einer Reihe von Tests auf dem Eniwetok-Atoll in der Südsee. *Operation Greenhouse* soll klären, wie man mit »normalen« Atombomben die Explosion einer Wasserstoffbombe zünden kann.

Zugegeben: Alle diese Aufgaben klingen martialisch. Aber gleichzeitig engagiert sich Reines für die friedliche Anwendung der Kernenergie und für den Stopp der Kernwaffentests in der Atmosphäre. 1950 erscheint sein Artikel zur friedlichen Nutzung der Kernenergie im bekannten *Bulletin of Atomic Scientists*, dem Journal, das sich schon frühzeitig für die internationale Kontrolle von Kernwaffen einsetzt. Später, 1958, wird er einer der amerikanischen Delegierten bei der *Atoms for Peace*-Konferenz in Genf sein.

Eine Bombenidee

Schon 1952 hat Reines aber eigentlich die Nase voll von der Kriegsforschung. Immer noch in Los Alamos angestellt, nimmt er eine Auszeit, um darüber nachzudenken, was er mit seinem weiteren Leben anfangen will. Bombentests – war es das, was er sich vorgestellt hat, als er damals aufschrieb, er wolle ein »außerordentlicher Physiker« werden? Zwar hat er sich auch in Los Alamos häufig auf die kniffligsten Probleme gestürzt, aber knifflig heißt nicht fundamental. Jetzt sucht er nach einer grundlegenden Aufgabe, die es wert ist, ihr sein weiteres Leben zu widmen – worthy of a life's work, wie er selbst später schreiben würde.

Monatelang sitzt er in seinem Arbeitszimmer, blättert in Journalen oder starrt auf ein leeres Blatt Papier. Und langsam, aber sicher nimmt *eine* Aufgabe immer mehr Gestalt an. Sie ist fundamental. Sie ist knifflig, vielleicht sogar unmöglich. Es geht um den direkten Nachweis eines Teilchens. Ein Nachweis, von dem Hans Bethe und Rudolf Peierls schon 1934 zeigen konnten, dass er nach menschlichem Ermessen nicht möglich ist.

Es geht um den Nachweis des Neutrinos.

Vielleicht wäre Fred Reines niemals auf diesen Gedanken gekommen, wenn nicht die jahrelangen Arbeiten am Bombenprojekt hinter ihm gelegen hätten. Außer den radioaktiven Spaltprodukten, der verheerenden Druckwelle und dem Feuersturm wird bei Bombenexplosionen nämlich noch ein Produkt freigesetzt, dessen äußerliche Wirkung man normalerweise getrost vernachlässigen kann, und zwar Neutrinos. Sie stammen nicht direkt aus den Spaltungsreaktionen, sondern werden bei den nachfolgenden Beta-Zerfällen der Spaltprodukte erzeugt. Rund 10^{28} Uran-235-Kerne* enthält eine Bombe, und die Kette von Beta-Zerfällen bei jedem einzelnen Spaltprozess führt zu etwa zehn Neutrinos pro Spaltprozess. Bethe und Peierls haben damals berechnet, dass ein einzelnes Neutrino *im Mittel* durch 10^{21} cm Wasser laufen müsste, ehe es reagiert. Von den gut 10^{29} Neutrinos, die bei einer Bombenexplosion freigesetzt werden, dürften also einige Hundert oder Tausend in einem Wassertank reagieren, je nachdem, wie groß der Tank ist und wie nahe an der Bombe er platziert werden kann. Die Frage ist nur: Wie identifiziert man diese Reaktionen?

»Keine Ahnung«, antwortet Fermi, den Fred Reines um Rat fragt. Dass die Bombe eine vielversprechende Neutrinoquelle ist, findet er ebenfalls, aber wie man die Reaktionen nachweisen könnte, dazu fällt auch ihm so schnell nichts ein.

Reines legt das Neutrinoprojekt zunächst beiseite. Aber dann trifft er bei einem ungeplanten Aufenthalt auf dem Flughafen in Kansas City seinen Los-Alamos-Mitstreiter Clyde Cowan. Während ihr Flugzeug repariert wird, überredet Reines seinen Kollegen, beim Neutrinoprojekt mitzumachen. Er legt damit die Grundlage für eine jahrelange, äußerst fruchtbare Zusammenarbeit.

Was die beiden austüfteln, ist Folgendes: Das Neutrino soll über den im ersten Kapitel erwähnten inversen Beta-Zerfall nachgewiesen werden. Dabei wird das Neutrino von einem Proton eingefangen, das sich daraufhin unter Aussendung eines Positrons in ein Neutron umwandelt. Das Positron trifft unmittelbar darauf auf irgendein Hüllenelektron der Atome in der Nachbarschaft der Neutrinoreaktion, wobei beide (Positron und Elektron) miteinander in zwei hochenergetische Photonen »zerstrahlen«. Die hochenergetischen Photonen (Gamma-

* Zehn Milliarden mal eine Milliarde mal eine Milliarde.

Strahlen genannt) ionisieren die Atome, die sie streifen, und erzeugen so eine große Anzahl geladener Teilchen.

Die nächste Frage ist, wie man die geladenen Teilchen am besten nachweisen kann. Da spielt den beiden ein Effekt in die Hände, von dem bis vor Kurzem noch niemand etwas wusste. Zwei Jahre zuvor hatte man organische Flüssigkeiten entdeckt, die beim Durchgang geladener Teilchen Lichtblitze aussenden. *Szintillatoren* nennt man solche Substanzen. Das also ist die Idee: Reines und Cowan werden die Lichtblitze aus der Neutrinoreaktion in einem Szintillator nachweisen. Zum Nachweis dienen *Photomultiplier* – eine Art umgekehrte Glühlampe, bei der nicht elektrischer Strom in Licht, sondern ein Lichtsignal in einen elektrischen Stromimpuls umgewandelt wird.

Reines und Cowan beschließen, einen Tank mit einer flüssigen Szintillatorsubstanz zu füllen, die von mehreren Photomultipliern überwacht wird. Den Tank wollen sie 40 Meter entfernt von dem Turm, auf dem die Bombe montiert ist, in einem vertikalen Schacht installieren. Der Schacht, so ihre Idee, soll luftleer gepumpt werden. In dem Moment, wenn die Bombe explodiert, wird die Halterung des Tanks, der sich oben im Schacht befindet, gelöst, und der Tank fällt im freien Fall durch das Vakuum hinab. Nach dem Durchgang der Stoßwelle (die der Tank nicht spürt, da er im Vakuum hinabfällt) landet das Gerät auf einer weichen Unterlage. Während des freien Falls und in den Sekunden danach registriert es die Lichtsignale, die durch die Neutrinoreaktionen in der Szintillatorflüssigkeit erzeugt worden sind.

Reines erinnert sich später: »Die Vorstellung, eine derart empfindliche Apparatur in der unmittelbaren Nähe der gewaltigsten von Menschen erzeugten Explosion arbeiten zu lassen, erschien etwas bizarr, aber wir hatten viel mit Bomben gearbeitet und waren überzeugt, ein entsprechendes System entwickeln zu können.« Einen passenden Namen für ihren tonnenschweren Detektor haben sie auch: *Il Monstro.*

Nach vielen Vorversuchen und Tests ist der Bau von *Il Monstro* in vollem Gange, und auch der Schacht wird schon gebohrt. Da überredet ein anderer Los-Alamos-Kollege die beiden, eine Idee nochmals ins Auge zu fassen, die sie selbst schon ein Jahr zuvor beiläufig erwogen haben: die Nutzung eines Kernreaktors anstelle einer Bombe. Der Vorteil: Ein Experiment an einem Reaktor kann umgebaut, verbessert, beliebig häufig wiederholt werden. Der Nachteil: Um an einem Reaktor die gleiche Menge von Neutrinos zu registrieren, die eine Bombe innerhalb von Bruchteilen einer Sekunde freisetzt, muss man den Detektor über Wochen oder Monate betreiben. Das macht es schwieriger, aus den ständig eintreffenden Signalen von Wechselwirkungen der kosmischen Strahlung oder von anderen Störquellen die seltenen Neutrinosignale herauszupicken. Aber Cowan und Reines haben eine Idee. Sie werden nicht nur das Signal aus der Positron-Elektron-Zerstrahlung nachweisen, sondern auch ein Signal, das durch das Neutron hervorgerufen wird.

Dazu müssen sie der Szintillatorflüssigkeit eine kleine Menge Cadmium zusetzen. Das Neutron, das bei der Neutrinoreaktion erzeugt wird, trudelt noch einige Mikrosekunden durch die Szintillatorflüssigkeit. Es stößt mit einem Kern nach dem anderen zusammen und wird dabei schrittweise abgebremst, so weit, dass es schließlich durch den Cadmiumkern eingefangen werden kann. Der Cadmiumkern wird dadurch in einen höheren Energiezustand versetzt, aus dem er sich aber gleich darauf wieder in seinen Grundzustand verabschiedet. Dabei sendet er drei Gamma-Strahlen aus, die ebenso wie die Gamma-Strahlen aus der Positron-Elektron-Zerstrahlung zu einem Lichtblitz führen, nur eben mit einer Verzögerung von etwa fünf Mikrosekunden. Die Wahrscheinlichkeit zweier solcher Lichtblitze ist um einige Größenordnungen geringer als das Auftreten eines einzelnen Lichtblitzes – außer die Ursache ist eine Neutrinoreaktion.

Hanford: Erste Hinweise auf Neutrinos?

Der Reaktor, den Cowan und Reines sich für ihr Experiment aussuchen, gehört zum Hanford-Nuklearkomplex im Staat Washington, ganz im Nordwesten der USA. Ein Hanford-Reaktor hatte das Plutonium für die erste Atombombe geliefert, und auch nach Kriegsende wird in Hanford Plutonium gebrütet. Jetzt bauen Cowan und Reines dort ihr Nachweisgerät auf, unterstützt durch eine Handvoll Ingenieure und Techniker.

Der Detektor hätte mit ebenso großem Recht *Il Monstro* heißen können wie der Detektor für das Bombenexperiment. Niemand hatte zuvor mehr als 30 Liter Szintillatorflüssigkeit für kernphysikalische Versuche verwendet. Cowans und Reines' Detektor, eine Metalltonne mit gut 70 Zentimeter Durchmesser und 70 Zentimeter Höhe, fasst 300 Liter Flüssigkeit, also zehnmal so viel wie der größte bis dahin jemals realisierte Szintillationsdetektor! Die Wände der Tonne sind mit 90 Photomultipliern gespickt, jeder mit 5 Zentimeter Durchmesser. Aber die beiden nennen ihr Gerät nicht *Il Monstro*. Sie nennen es *Herr Auge* – auf Deutsch! Und das ganze Projekt wird *Poltergeist* getauft – auch auf Deutsch. Das Neutrino ist eben immer noch nicht knallharte Realität, sondern ein flüchtiges Nichts. Ihr Team besteht inzwischen aus acht Physikern, Ingenieuren und Technikern.

Am Abend bevor Cowan und Reines mit ihren Messungen beginnen, schreibt Reines einen aufschlussreichen Brief an seine Mutter Gussie (der Vater Israel ist drei Jahre zuvor verstorben).

Liebe Mama,
wie Du am Briefkopf erkennen kannst, befinde ich mich im Bundesstaat Washington. Seit etwa einem Jahr haben ein Freund von mir, Clyde Cowan, und ich an einer verrückten Idee gearbeitet. Wir wollen ein »Neutrino« genanntes Teilchen aufspüren, das zwar eine wichtige Rolle in der Natur der Dinge spielt, aber aufgrund theoretischer Überlegungen derartige Eigenschaften hat, dass sein direkter Nachweis von

vielen führenden Wissenschaftlern als »absolut unmöglich« bezeichnet wurde. Wenn es nachgewiesen werden könnte, wäre das eine große Entdeckung – wenn es sich herausstellen würde, dass es nicht vorhanden ist, eine noch größere. In jedem Fall ist es die Art von Arbeit, für die man Nobelpreise vergibt.

…

Wenn unser Neutrinoexperiment wie geplant funktioniert, wird man sich noch lange an den Namen Reines erinnern. Unsere Gruppe hier hat 7 Tage die Woche, 15 Stunden am Tag gearbeitet; so groß das Interesse, so groß die Begeisterung. Als Du und Papa damals so hart in der Washingtoner Molkerei gearbeitet habt, wusstet Ihr nicht, dass Ihr eines Tages die Belohnung bekommen würdet, die jetzt so nah scheint. Wir dürfen nicht zu optimistisch sein, aber mein Gott! – es sieht gut aus.

…

Ich habe noch nie in meinem Leben so hart gearbeitet, aber irgendetwas sagt mir, dass es das Äußerste wert ist, was ich geben kann, und noch ein bisschen mehr.

Ich hoffe, es geht Dir gut, Mama, und Du kannst mir verzeihen, dass ich so lange nicht geschrieben habe. Viele Grüße an alle.

In Liebe, Dein Sohn Fred

Am nächsten Tag beginnt das Experiment. In jeder Sekunde durchqueren Abermilliarden Neutrinos *Herrn Auge*, fast alle ohne die geringste Spur zu hinterlassen. Fast alle, aber nicht alle! Berechnungen haben ergeben, dass eine durch Neutrinoreaktionen ausgelöste »verzögerte Koinzidenz« (zwei aufeinanderfolgende Lichtblitze mit einem maximalen zeitlichen Abstand von 9 Mikrosekunden) ein- bis zweimal pro zehn Minuten auftreten müsste. Welch ein Schreck jedoch, als der Detektor etwa fünf Koinzidenzen pro Minute registriert, und zwar egal, ob der Reaktor angeschaltet ist oder nicht! Mit einer so hohen Rate von Störsignalen hat niemand gerechnet. Über Monate hinweg ordnen Reines und seine Leute die Blöcke aus Paraffin und Blei um, mit denen die kosmische Strahlung abgeschirmt werden soll. Kein Effekt! Sie modifizieren die Elektronik – auch kein Effekt. Immer noch ertönt der charakteristische Doppel-Klick etwa fünfmal pro Minute. Es ist klar: Sie brauchen einen im Vergleich zu *Herrn Auge* radikal verbesserten Detektor. Sie brauchen eine radikal verbesserte Abschirmung. Und sie brauchen einen leistungsstärkeren Reaktor!

Einen winzigen Hinweis auf Neutrinosignale glauben Cowan und Reines aber doch gesehen zu haben, genauer: einen leichten Unterschied der Signalraten bei angeschaltetem und abgeschaltetem Reaktor. Und auch den nur unter einer ganz besonderen Bedingung. Bei abgeschaltetem Reaktor läuft nämlich ein elektrisch betriebener Hebearm über dem Reaktor auf und ab und tauscht die verbrauchten Brennstäbe aus. Dabei, so die Vermutung, könnte er elektrische Störsignale erzeugen, die zu Falschsignalen in *Herrn Auge* führen. Und tatsächlich, als Reines genau verfolgt, wann der Hebearm sich bewegt und wann er steht, und nur die »Standperioden« auswertet, liegt die Rate der Signale bei abgeschaltetem Reaktor um eine Winzigkeit unter der bei angeschaltetem Reaktor.* Leider passt der Unterschied immer noch nicht recht zu der Rate, die man aus Neutrinosignalen erwartet. Cowan wird sich später erinnern: »Wir spürten, dass wir die Neutrinos sozusagen an den Rockschößen gepackt hatten, aber unser Befund hätte vor Gericht keinen Bestand gehabt.«

Fatalerweise verkaufen die beiden ihren Befund dann doch als »Fast-Entdeckung«. Schon im September 1953 schreibt die *New York Times* »Atom-Team sieht Geister-Neutrinos: die Wissenschaftler glauben, dass sie etwas gesehen haben, wovon die Wissenschaft behauptet, es müsse existieren«, andere Zeitungen ziehen nach. Schließlich

* Interessanterweise taucht das Detail mit dem abgeschalteten Hebearm in der ursprünglichen Veröffentlichung nicht auf. Reines wird es erst 1982 in einem Rückblick erwähnen. Auch der erwartete Neutrinofluss (also die Anzahl der Neutrinos pro Quadratzentimeter pro Sekunde am Ort des Detektors) wird verschwiegen, weil man daraus auf die Leistung des Reaktors hätte schließen können – und die unterlag der Geheimhaltung.

schicken die beiden einen Artikel an den *Physical Review* und setzen allein schon mit dem Titel noch einmal einen drauf: »Nachweis des freien Neutrinos«! In der Einleitung schreiben sie: »Es wurde ein Experiment zum Nachweis des freien Neutrinos durchgeführt. Es erscheint wahrscheinlich, dass dieses Ziel erreicht wurde, obwohl weitere Arbeiten zur Bestätigung unterwegs sind.« In Wahrheit haben sie bestenfalls die Andeutung eines Signals gefunden, vielleicht noch nicht einmal das …

Savannah River: der Nachweis des Neutrinos

Reines und Cowan kehren nach Los Alamos zurück und beginnen ohne Verzug, ein empfindlicheres und natürlich auch wesentlich kostspieligeres Experiment zu entwerfen. Zum Glück hat der Direktor von Los Alamos auch Feuer gefangen und unterstützt sie – obwohl diese Art von Forschung nicht zu den Kernaufgaben des Zentrums gehört.

Als erstes Ziel nehmen die beiden sich den Entwurf eines Detektors vor, mit dem man wesentlich besser zwischen Störsignalen und den gesuchten Signalen aus einer Neutrinoreaktion unterscheiden kann. Ihr neues Gerät ist nicht einfach eine einzige Tonne mit Szintillatorflüssigkeit, wie es *Herr Auge* noch war. Es erinnert eher an ein Club-Sandwich: drei Schichten Toastbrot, wobei zwischen den zwei äußeren und der mittleren Toastbrotschicht jeweils eine Schicht Fleisch angeordnet ist. Die beiden »Fleischschichten« bestehen bei Cowan und Reines aus Tanks, die mit Wasser gefüllt sind, die »Toastbrotschichten« aus Tanks, die Szintillatorflüssigkeit enthalten. Von oben nach unten gezählt: Szintillatortank, Wassertank, Szintillatortank, Wassertank, Szintillatortank. Zweieinhalb Meter ist das Ungetüm hoch, und es wiegt zehn Tonnen. Der neue Detektor enthält insgesamt 14-mal so viel Szintillatorflüssigkeit wie *Herr Auge*. 100 Photomultiplier pro Tank registrieren die Lichtblitze in dem Szintillator.

Und das ist die Idee: Gesucht wird nach Neutrinoreaktionen, die in einem der beiden Wassertanks stattfinden und in den beiden benachbarten Szintillatortanks – und nur in denen! – Lichtsignale auslösen, das zweite maximal neun Mikrosekunden nach dem ersten. Mit dieser Bedingung, da sind sich die beiden sicher, können sie Signale, die nicht aus Neutrinoreaktionen stammen, radikal unterdrücken.

Ein so inniges persönliches Verhältnis wie zu *Herrn Auge* entwickeln Cowan und Reines zu dem neuen Detektor offenbar nicht: Er bekommt keinen Namen. Bau und Test des Geräts ziehen sich bis zum Herbst 1955 hin. In der Zwischenzeit ist auch ein anderer, weit leistungsstärkerer Reaktor gefunden. Er befindet sich auf dem Savannah-River-Gelände des nationalen Kernwaffenprogramms in South Carolina und kann einen Neutrinofluss liefern, der den jedes anderen Reaktors in den USA in den Schatten stellt. Der Reaktor liegt in der Mitte eines riesigen, hermetisch abgeschirmten Geländes mit einer Fläche, die etwa der von Berlin entspricht.

Im November 1955 beladen die Forscher fünf riesige Lastwagen mit ihrer Apparatur: die erwähnten fünf Tanks, Extrabehälter zum Transport der Szintillatorflüssigkeit, Kisten mit den erschütterungsfrei gelagerten Photomultipliern, Kabel und eine Unmenge elektronischer Geräte. 2500 Kilometer Fahrt liegen vor ihnen. Diesmal fahren sie nicht allein, sondern nehmen ihre Frauen und Kinder mit auf den Weg. Fred hat zwei Kinder, Clyde drei. Der Konvoi bewegt sich quälend langsam voran, denn auf keinen Fall möchte man, dass etwas von der empfindlichen Ausrüstung zu Bruch geht. Ein paarmal muss man kehrtmachen, weil sich Straßenüberführungen als zu niedrig für zwei der Lastwagen erweisen. Das Wetter ist fürchterlich. Fürchterlich kalt. Das ist nicht gut für die Szintillatorflüssigkeit, die Cowan und Reines zwar vorsorglich dick verpackt haben, aber nun zusätzlich mit Heizaggregaten auf einer erträglichen Temperatur halten müssen. An die Reservierung von Motels ist unter diesen unplanbaren Bedingungen nicht zu denken. Mehrmals schlagen die Motel-Inhaber die Hände über dem Kopf zusammen, als plötzlich zwei Familien mit insgesamt neun Köpfen und zusätzlich einem Dutzend weiterer Personen vor ihren Türen auftauchen und nicht nur Übernachtung für die Menschen begehren, sondern auch einen Parkplatz für fünf riesige Trucks.

Aber irgendwann sind sie da. Irgendwann haben sie ihre Lastwagen durch die peniblen Kontrollen am äußeren Schutzzaun des Geländes und bald darauf durch die nochmaligen Kontrollen am Eingang zur inneren Zone gebracht und können ihr monströses Gerät aufbauen.

Der Savannah-River-Reaktor hat trotz seiner gewaltigen Leistung einen relativ kompakten, kleinen Kern, dadurch kann man ein Messgerät sehr dicht an der Brennzone aufbauen. Der Detektor wird zwölf Meter unter der Oberfläche installiert. Die dicke Erdschicht und mehrere Betonschichten über dem Gerät absorbieren den weitaus größten Teil kosmischer Teilchen. Zusätzlich stapelt die Reines-Truppe Unmengen von Blei- und Paraffinblöcken auf, die Gamma-Strahlen (Blei) und Neutronen (Paraffin) sehr effektiv absorbieren. 300 Kabel, die von draußen in die Kaverne unter den Reaktor geführt werden, versorgen die Photomultiplier mit Hochspannung. 300 weitere Kabel leiten die Signale, die von den Photomultipliern registriert wurden, nach draußen in den Steuerraum, der mit Hochspannungsversorgungen, Signalverarbeitungsblöcken, Oszilloskopen und anderer Elektronik vollgepfropft ist.

Und dann kann es losgehen. Reines drückt den Startknopf, und – nichts! Keine einzige verzögerte Koinzidenz, kein einziger Doppelklick. Sollte das Neutrino am Ende doch kein reales Teilchen sein, wie damals viele Physiker noch annehmen? Oder sollte es so kurzlebig sein, dass es zerfällt, bevor es den Detektor erreicht hat? Ein Albtraum – der sich aber zum Glück bald auflöst. Reines und Cowan drehen an Dutzenden von Knöpfen und regeln ihre Elektronik aufs Penibelste ein. Und nun endlich sehen sie die ersehnten Signale.

Fast ein Jahr verbringen Reines und seine Truppe im Steuerraum, zeichnen Daten bei angeschaltetem und bei ausgeschaltetem Reaktor auf und führen unzählige Tests durch, um zu verstehen, wie der Detektor auf alle denkbaren Signale – seien es Neutrinoreaktionen oder

Störsignale – reagiert. Und dann schält es sich klarer und klarer heraus: Sie haben das Neutrino entdeckt! In den 1371 Stunden, während derer sie tatsächlich Daten aufgezeichnet und nicht nur Eichmessungen vorgenommen haben, haben sie drei Reaktionen pro Stunde aufgezeichnet. Bestenfalls ein Fünftel davon kann von Störsignalen herrühren, also von Signalen, die nichts mit Neutrinos zu tun haben.

Am 14. Juni 1956 senden Cowan und Reines das im ersten Kapitel erwähnte Telegramm an Wolfgang Pauli, in dem sie im zweiten Satz mitteilen: »Der beobachtete Wirkungsquerschnitt stimmt gut mit den erwarteten 6×10^{-44} cm^2 überein.« (Der Wirkungsquerschnitt, zur Erinnerung sei es noch einmal erwähnt, ist ein Maß für die Häufigkeit, mit der ein Teilchen mit einem anderen reagiert. 6×10^{-44} cm^2 ist ein unglaublich kleiner Wert, mehr als 20 Größenordnungen unter dem für »normale« Elementarteilchen.) Und Pauli antwortet mit den oben schon erwähnten Worten: »Alles kommt zu dem, der zu warten versteht.«

Die Freude über die Übereinstimmung mit dem erwarteten Wert erweist sich allerdings als etwas verfrüht. Im selben Jahr, in dem Reines und Cowan ihre Entdeckung verkünden, reichen nämlich Tsung-Dao Lee und Chen-Ning Yang ihre im ersten Kapitel erwähnte berühmte Arbeit zur Paritätsverletzung ein. Eine Folgerung aus der Paritätsverletzung ist, dass der erwartete Wert für den Wirkungsquerschnitt doppelt so hoch sein muss, wie er ohne Paritätsverletzung wäre. Und das heißt: doppelt so hoch wie der von Cowan und Reines gerade publizierte Wert.

Als Reines und Cowan im Jahr 1959 die Ergebnisse ihrer allerneuesten Messungen veröffentlichen, runzeln viele Skeptiker die Stirn. *Wieder* stimmt ihr Ergebnis mit dem Wert überein, den die Theorie vorhersagt, diesmal aber mit dem neuen, doppelt so hohen Wert. Reines hat dafür eine einleuchtende Erklärung: Er hat offenbar 1956 die Empfindlichkeit seines Detektors um etwa das Zweifache überschätzt. Das kann man ihm nicht vorwerfen: Zu neu sind das ganze Gebiet und die Nachweistechniken, zu gering die gemessenen Effekte, als dass man sich nicht um einen Faktor Zwei irren könnte. Um jedoch nunmehr auf die gleiche Anzahl von registrierten Neutrinoreaktionen zu kommen, muss Reines jetzt zwangsläufig die Reaktionswahrscheinlichkeit der Neutrinos doppelt so hoch ansetzen, wie sie sich 1956 aus den Rechnungen ergeben hat. Also so hoch, wie sie nach der Entdeckung der Paritätsverletzung sein muss.

Für viele Beobachter riecht das Ganze nach Schummelei. Unberechtigterweise, denn kaum jemand ist bei der Versuchsdurchführung penibler als Reines und Cowan. Aber das etwas voreilig als »Nachweis« verkündete Hanford-Resultat von 1953 und nun der Unterschied zwischen zweiter und erster Messung in Savannah River: Das dürften die beiden Punkte sein, die einer schnellen Nobelpreisverleihung im Weg standen.

Clyde Cowan hat Los Alamos schon 1957 verlassen und eine Professur in Washington, D. C., angenommen. Ein Jahr später wechselt er an die ebenfalls in Washington gelegene Katholische Universität, und dort forscht und lehrt er bis zu seinem Tod im Jahr 1974. Herausragende wissenschaftliche Ergebnisse erzielt er nach seiner Trennung von Reines nicht mehr, ganz anders als dieser, der von Spitzenergebnis zu Spitzenergebnis eilt. In den Jahren vorher aber war er ein kongenialer Partner und Freund für Fred gewesen. Als Clyde stirbt, schreibt Fred einen »Brief an einen entschwundenen Freund« in sein persönliches Tagebuch. Darin heißt es unter anderem: »Wir waren so ein gutes Team, wir beide – wir lebten für ein paar kurze Jahre im Kopf des anderen, teilten unser Staunen über das unerforschte Universum, blickten auf die unbekannten Meere mit einem kindlichen Glauben an die Erkennbarkeit von allem. Wir kamen von verschiedenen Polen zu unserer intellektuellen Partnerschaft, zu unserem gemeinsamen Ansturm auf das Unbekannte, zu unserem leidenschaftlichen Streben – gekrönt von dem unbezahlbaren Preis, etwas Neues zu finden. … Niemand konnte besser als Du die Aufregung und die Freude an etwas Neuem verstehen. … Ich habe mich einsam gefühlt, als Du gingst, Kameradschaft macht die Reise um so viel reicher. … Ach wärest Du doch hiergeblieben!«

Man kann diesen Brief nicht ohne Rührung lesen.

Am Case Institute of Technology: Physik auf und unter der Erde

Zwei Jahre nachdem Cowan seine Position in Los Alamos aufgegeben hat, wechselt auch Reines an eine Universität. In seinem Fall ist es das Case Institute of Technology in Cleveland/Ohio, dessen Name für immer mit einem berühmten Experiment verbunden ist. Albert Michelson und Edward Morley haben 1887 am Case Institute zeigen können, dass die Lichtgeschwindigkeit konstant ist, unabhängig davon, ob sich der Beobachter in Bezug auf die Lichtquelle bewegt oder nicht. 1907 wurde den beiden dafür der Nobelpreis für Physik verliehen. Das Michelson-Morley-Experiment ist einer der wesentlichen experimentellen Befunde, die Einsteins spezieller Relativitätstheorie zugrunde liegen. Der Allgemeinheit ist Cleveland wohl eher durch das Cleveland Orchestra bekannt. Auch davon wird noch die Rede sein.

Schnell hat Fred Reines eine Gruppe von etwa einem Dutzend Mitgliedern zusammengestellt, Universitätsmitarbeitern und Doktoranden, mit denen er Neutrinoforschung betreiben will. Einer seiner Doktoranden ist der 2021 verstorbene William »Bill« Kropp, dem ich einige der in diesem Kapitel geschilderten Details verdanke.

Seine ehemalige Position in Los Alamos sicherte Fred Reines auch in den folgenden Jahrzehnten Zugang zu dem Reaktor in Savannah River. Auch weiterhin sollte er also nach Atlanta fliegen, von dort aus nach Augusta, der drittgrößten Stadt in Georgia, wo damals wie heute eines der vier berühmtesten Golfturniere der Welt stattfindet. Nach Golf dürfte ihm allerdings nicht der Sinn gestanden haben. Er wird sich in sein Auto gesetzt und die halbe Stunde zum Savannah-River-Komplex gefahren sein, sich dort den peniblen Kontrollprozeduren am äußeren Zaun unterworfen haben, ehe er durch ausgedehnte Pinienwälder bis zur inneren Umzäunung gelangt. Dort kennt man ihn inzwischen als »großes Tier«, sodass er fast ohne Kontrolle durchgelassen wird.

Savannah River ist aber nur einer von zwei Standorten, an denen Reines experimentiert. Der andere ist eine Salzmine der Morton Salt

Company, knapp 50 Kilometer nordwestlich von Cleveland am Eriesee gelegen. Der Schacht am Eingang der Mine reicht bis in etwa 600 Meter Tiefe. Von da aus gehen die Stollen, in denen das Salz abgebaut wird, horizontal ab – bis weit unter den See. Ein so tief gelegener Ort bietet gute Voraussetzungen für Experimente, bei denen die zwölf Meter Abschirmung gegen kosmische Strahlung wie in Savannah River nicht mehr ausreichen.

Bald nachdem Reines in Cleveland angekommen ist, sucht er sich ein paar Doktoranden zusammen und fährt mit ihnen in die Mine hinab. Dort messen sie den Fluss kosmischer Strahlen, die selbst in diese Tiefe noch durchdringen, und überzeugen sich von der geringen Radioaktivität, die von dem umgebenden Salz ausgeht. Der Ort scheint ideal. Hier führen Reines und seine Truppe in den Folgejahren die unterschiedlichsten Experimente durch. Sie suchen nach radioaktiven Zerfällen, die so selten sind, dass man sie auf der Erdoberfläche unter dem ständigen Bombardement durch kosmische Strahlung nie nachweisen könnte. Sie untersuchen die Eigenschaften der kosmischen Strahlung, die es bis in diese Tiefe geschafft hat. Sie starten erste Versuche zum Nachweis von Neutrinos aus der Sonne – ein Nachweis, der jedoch nicht Reines, sondern ein paar Jahre später seinem Kollegen Ray Davis gelingen wird. Sie entwickeln verschiedene neue Nachweistechniken und testen sie unter den störungsfreien Bedingungen in der tiefen Mine. Und schließlich nimmt Reines mit einem Experiment sogar etwas vorweg, das erst viele Jahre später aktuell werden sollte: Er untersucht die Frage, ob Protonen stabil sind oder (wie die meisten anderen Teilchen des zu jener Zeit schon unübersehbar angeschwollenen Teilchenzoos) zerfallen – und sei es mit einer mittleren Lebensdauer, die weit oberhalb des Alters des Universums liegt. Der Protonzerfall ist in der Tat eine der zentralen Vorhersagen der sogenannten Großen Vereinheitlichten Theorien der Teilchenphysik – englisch »Grand Unified Theories (GUTs)«. Aber die entstanden erst in den 1970er-Jahren, lange nachdem Reines sein Experiment durchgeführt hatte! Das ist typisch für ihn: Er stellt auch Fragen, die andere noch nicht gestellt haben, ob sie nun durch Theorien nahegelegt werden oder nicht. Und darum: Warum sollte das Proton unbedingt stabil sein? Reines kann keine Protonzerfälle nachweisen. (Und selbst heute ist das gigantischen Experimenten mit der hunderttausendfachen Detektorempfindlichkeit von Reines' Detektor noch nicht gelungen. Ich werde diese Experimente im letzten Kapitel beschreiben.) Aber er stellt die damals schärfste untere Grenze für die Lebensdauer des Protons auf!

Man kann sich kaum vorstellen, dass dieser besessene Forscher neben der Wissenschaft dann doch noch Zeit für etwas anderes findet: für seine geliebte Musik. Und auch das auf professionellem Niveau. Das Cleveland Orchestra war seit Mitte der 1940er-Jahre unter seinem Leiter George Szell von einem respektablen Provinzorchester zu einem Klangkörper mit Weltrang aufgestiegen. Zu Szells Innovationen zählte der Aufbau eines professionell ausgebildeten Laienchors. Wer Mitglied in diesem Chor wurde, musste sich darauf gefasst machen, 250 bis 300 Stunden im Jahr für Proben und Auftritte freizuschaufeln. Trotzdem bewirbt sich Fred, und er wird tatsächlich schon nach dem ersten Vorsingen im Jahr 1959 aufgenommen. Für die nächsten drei Jahre singt er im Chor, dann lassen ihm die wissenschaftlichen Verpflichtungen keine Zeit mehr. »Leider drücken mich meine allzu endlichen Tage und Nächte so sehr, dass ich den Chor verlassen muss. Vielleicht, wenn es dem Schicksal und Ihnen gefällt, kann ich zu einem späteren Zeitpunkt um eine Rückkehr bitten«, schreibt er an den Chorleiter. Zu einer solchen Rückkehr wird es jedoch nicht mehr kommen, denn 1970 verlässt Reines Cleveland und folgt einem Ruf an die University of California in Irvine nahe Los Angeles. Und dazwischen liegt ein neues wissenschaftliches Abenteuer, das sein ganzes Augenmerk erfordert.

In der Goldmine: Die Entdeckung von Neutrinos aus der Erdatmosphäre

Die Erde ist einem steten Regen kosmischer Teilchen ausgesetzt. Ununterbrochen prallen Kernteilchen auf die Erdatmosphäre und lösen bei ihren Reaktionen mit Luftmolekülen ganze Lawinen sekundärer Teilchen aus. Die Maximalenergien der primären Teilchen sind, wie wir heute wissen, 10 Millionen Mal so groß wie die Energien, auf die Protonen in irdischen Teilchenbeschleunigern gebracht werden können.

1932 entdeckt der Amerikaner Carl Anderson in den Lawinen der Sekundärteilchen das Antiteilchen des Elektrons, das Positron – das erste bekannte Antiteilchen überhaupt. 1936 geht Anderson und seinem Kollegen Neddermeyer bei der Untersuchung kosmischer Strahlen ein weiteres Teilchen ins Netz: das Myon, das nächstschwerere Geschwisterteilchen des Elektrons. In den Folgejahren entwickeln sich die kosmischen Teilchenschauer zu einer regelrechten Fundgrube für die Kernphysiker. Jahr für Jahr werden neue Teilchen entdeckt, bis Mitte der 1950er-Jahre die Experimente an Teilchenbeschleunigern der kosmischen Strahlung den Rang ablaufen und mit großem Abstand die meisten Erkenntnisse der Teilchenphysik liefern.

Schon früh konnten die Physiker erahnen, dass unter den sekundären Schauerteilchen auch Neutrinos sein müssen. Sie sind unvermeidliche Produkte beim Zerfall von sogenannten Pionen (1946 entdeckt), bei denen das eben erwähnte Myon und ein Neutrino entstehen. Diese *atmosphärischen Neutrinos* hatte bis dahin niemand nachweisen können. Kein Wunder – ihr Fluss (d.h. die Anzahl pro Quadratzentimeter und Sekunde) musste allen Berechnungen zufolge um 13 Größenordnungen unter dem Fluss von Neutrinos nahe einem Kernreaktor liegen. Zwar hilft es, dass die Reaktionswahrscheinlichkeit von Neutrinos mit der Energie zunimmt und für atmosphärische Neutrinos einige Tausend Mal höher ist als für Reaktor-Neutrinos. Trotzdem aber ist ein Nachweis an der Erdoberfläche völlig ausgeschlossen. Viel zu groß sind die Störsignale aus der geladenen kosmischen Strahlung, die den Detektor »überschwemmt« und Neutrinoreaktionen vortäuschen kann. Man muss sehr tief unter die Erde gehen, vielleicht zwei oder drei Kilometer, überlegt Reines. Und man muss einen Detektor bauen, dessen Größe die des Savannah-River-Detektors in den Schatten stellt, um auch nur ein einziges Neutrino einzufangen.

Da trifft es sich gut, dass Fred Reines Anfang 1963 die Doktorarbeit eines indischen Physikers in die Hände fällt. Die Arbeit legt nahe, dass in der Kolar Gold Field Mine in Indien, in einer Tiefe von 2300 Metern, der Fluss aus Myonen aus der kosmischen Strahlung auf ein nicht mehr messbares Niveau gesunken ist. Mit einem Detektor von einigen Quadratmetern Fläche haben die Inder kein einziges Signal innerhalb von einem halben Jahr registriert. Fred Reines ist wie elektrisiert. *Im Prinzip* könnte es also klappen! Wieder eine ganz große Aufgabe, wieder etwas, das seinen Entdeckerhunger weckt. Es vergehen wenige Wochen, und Fred ist in Indien und inspiziert den Schacht der Goldmine. Aber die Inder wollen ein eigenes Experiment auf die Beine stellen, zusammen mit Engländern und Japanern. Eine weitere Gruppe brauchen sie nicht. Also hetzt Reines weiter in die Sowjetunion, die für ihr breit angelegtes Neutrinoprogramm bekannt ist. Die Russen, die ihrerseits fast alle wichtigen Rechnungen zum erwarteten Fluss atmosphärischer Neutrinos gemacht hatten, haben jedoch keinen genügend tiefen Schacht. Schließlich landet er in Südafrika und spürt dort die wirklich tiefste Goldmine der Welt auf: die East Rand Proprietary Mine nahe Johannesburg. Sie ist sagenhafte 3,2 Kilometer tief. Mit Friedel Sellschop, einem Professor an der Universität Witwatersrand, findet er sogar einen kompetenten Vertreter vor Ort. Das »Case-Wits-Experiment« kann beginnen!

Die Grundidee des Experiments ist die folgende: Nachzuweisen sind Myonen, die bei Reaktionen von Neutrinos im umliegenden Gestein entstehen. In diesem Falle geht es nicht um Elektron-Neutrinos (genauer: Anti-Elektron-Neutrinos), wie sie an Kernreaktoren erzeugt werden, sondern um den Nachweis von Myon-Neutrinos, wie sie beim Zerfall von Pionen in der Erdatmosphäre entstehen. Die Myonen können je nach Energie einige Meter bis zu Hunderten von Metern an Gestein durchdringen, ehe sie völlig abgebremst sind. Um auch den letzten Rest von Myonen auszuschalten, die es von weit oben aus der Atmosphäre bis hier unten geschafft haben, soll das Nachweisgerät nur solche Myonen akzeptieren, die seitlich in den Detektor dringen und nicht von oben. (»Von unten« wäre natürlich auch gegangen, da Neutrinos ohne Weiteres durch den ganzen Erdball laufen. Aber das hätte einen anderen Aufbau und eine weit kompliziertere Elektronik erfordert, als sie Reines zur Verfügung stand.)

Reines und sein kongenialer Ingenieur Gus Hruschka entwerfen schließlich eine Anlage, die damals als der weltweit größte Teilchendetektor gelten darf: zwei 55 Meter lange Wände aus gestapelten Tanks, die sich in einem Abstand von etwa zwei Metern gegenüberstehen. 55 Meter – das ist so lang wie zwei ICE-Waggons! Und das in 3,2 Kilometer Tiefe. Jede Wand ist knapp zwei Meter hoch. Die Tanks sind mit Flüssigszintillator gefüllt. Mit diesem Riesenapparat wollen die Forscher nach Myonen fahnden, die in beiden Wänden jeweils ein Signal ausgelöst haben, wie man das von seitlich eindringenden Myonen erwarten würde.

Wenn schon der Transport des Neutrinodetektors von Los Alamos nach Savannah River eine Reise mit Hindernissen war: Die Überführung der Ausrüstung nach Südafrika setzt noch einen drauf. Nervenaufreibende Zollprozeduren, fehlgeleitete, verlorene oder schlicht gestohlene Gepäckkisten, Streiks von Transportarbeitern – die ganze Palette von Problemen für Expeditionsunternehmen. Das alles ist aber nichts im Vergleich zu den technischen Schwierigkeiten vor Ort. Alles, was tief unten in der Mine stattfindet, stellt das Bedienpersonal und die Forscher vor enorme Probleme. Die Tanks sind zu groß, um in dem Personenaufzug Platz zu finden, der Menschen bis in etwa drei Kilometer Tiefe befördert. So muss man sie unter dem Aufzug aufhängen und beim Herabfahren höllisch aufpassen, dass kein Tank beschädigt wird. Unten erwarten einen Temperaturen von fast 60 Grad Celsius, die nur durch aufwendige Lüftungsanlagen auf etwa 33 Grad gesenkt werden können, zumindest an den Stellen, wo sich Menschen aufhalten. Der Luftdruck in drei Kilometer Tiefe lastet auf Ohren und Lungen der Menschen, und die Luftfeuchtigkeit von fast 100 Prozent macht die Sache nicht besser. Die überwiegend schwarzen Minenarbeiter müssen den ganzen Tag in dieser Hölle arbeiten, die Wissenschaftler dagegen können sich in ihren kleinen Experimentierraum flüchten, in dem – weniger wegen der Menschen, sondern wegen der Elektronik – moderatere Temperaturen und eine annehmbare Luftfeuchtigkeit herrschen. Bevor sie aber zu ihrer Anlage gelangen, müssen sie noch drei separate Strecken in nahezu horizontalen Stollen zurücklegen, die den goldhaltigen Schichten folgen. Der Weg vom Einstieg in den Schacht bis zum Experimentierraum zieht sich über fast zwei Stunden hin. Der Transport der empfindlichen Gerätschaften durch die Stollen ist ein Albtraum. Gelegentlich erschüttert ein Felssturz die Höhle. Jedes Jahr kommen zehn bis zwanzig Minenarbeiter bei solchen Ereignissen um, und auch Reines' Leute sind nicht hundertprozentig gegen dergleichen geschützt.

Fred Reines hat das Experiment entworfen und war beim Aufbau dabei. Den Betrieb der Anlage und die Auswertung vor Ort muss er aber seinen jüngeren Mitarbeitern überlassen: dem schon erwähnten Bill Kropp, der kurz zuvor promoviert hat, und drei Doktoranden, die einer nach dem anderen eintrafen; einer von ihnen Henry Sobel, dem ich auch viele persönliche Eindrücke verdanke.

Wer Schichtbetrieb hat, steht morgens um 5 Uhr auf, kommt gegen 7 Uhr in der Mine an, tauscht weißes Hemd und Schlips (man ist in den 1960ern!) gegen Arbeitskleidung und schafft es schließlich, um 10 Uhr im Experimentierraum zu sein. Dort arbeitet man bis Mitternacht. Und weil um diese Zeit die Wägelchen, in denen man sich in den horizontalen Stollen fortbewegt, manchmal schon außer Betrieb sind, muss man sich mit einem Platz auf einer Lore begnügen, mit der Gestein transportiert wird. Nur wichtig, dass man dabei den Kopf einzieht, um nicht mit dem Helm gegen die niedrige Decke zu stoßen.

Die schwarzen Minenarbeiter, die die Aufzüge und Loren bedienen, helfen den seltsamen Individuen, die es auf irgendetwas Unbegreifliches abgesehen haben, gerne. »Goggafangers« nennen sie sie: Käferfänger. Die meisten fügen sich noch ohne Aufbegehren in ihre empörend miserable Lage. Erst zweieinhalb Jahrzehnte später sollte das menschenverachtende Apartheidsystem gestürzt werden. Doch auch in den 1960er-Jahren ruft die Apartheid schon weltweite Abscheu hervor. Fred Reines kommt in Erklärungsschwierigkeiten, warum er ausgerechnet in einem solchen Staat seine Versuche durchführt. »Tiny Neutrino Gives U.N. a King Sized Headache« – das winzige Neutrino bereitet den Vereinten Nationen gewaltige Kopfschmerzen, schreibt die *Washington Post* 1963, nachdem Vertreter afrikanischer Staaten den Fall in der UNO zur Sprache gebracht haben. Dass Gerüchte aufgetaucht sind, die USA führten in Südafrika verbotene Kernwaffenversuche durch, machte die Sache nicht besser. Aber irgendwie gelingt es den Verantwortlichen in Washington, die Wellen zu glätten, sodass das Case-Wits-Experiment weiterlaufen kann.

Die Signale von Reines' Anlage werden auf zwei Oszillografen wiedergegeben und von dort abfotografiert. An der Oberfläche werden die Filme entwickelt. Jeden Tag melden die jungen Wissenschaftler aus Südafrika die neuesten Ergebnisse an Fred Reines in Cleveland. Über Telex oder Telefon; Telefax oder gar Internet gibt es damals noch nicht. Reines ist aufgrund seiner Lehrverpflichtungen und seiner Stellung als Dekan der Physikfakultät in Cleveland unabkömmlich. Nur zwei- bis dreimal pro Jahr kann er sich freimachen und für ein paar Tage nach Südafrika eilen.

Auf irgendein Teilchen springt der Detektor alle zehn Minuten an. Auf das erste Neutrino müssen Reines' Leute allerdings viele Wochen warten. Dann ist es so weit. Am 23. Februar 1965 zeichnet ihre Apparatur die ersten Signale auf, die genau die Bedingungen für ein horizontal einfallendes, einzelnes Myon erfüllen: Sie haben das erste natürlich entstandene Neutrino entdeckt! In den nächsten elf Monaten sollen neun weitere »Ereignisse« (so nennen die Physiker Teilchenreaktionen) folgen, und mit einem radikal verbesserten Detektor sollte sich diese Zahl über die Jahre auf 132 erhöhen.

Fred Reines ist in Hochstimmung. Noch eine grundlegende Entdeckung! Zwar nicht so fundamental wie die erste am Savannah-River-

Detektor, aber trotzdem eine, mit der er sich ein weiteres Mal in den Geschichtsbüchern der Teilchenphysik verewigt hat. Einen Haken hat die Sache aber doch noch. »*Ein* Neutrino ist *kein* Neutrino«, das könnte sich jeder vorsichtige Experimentator denken. Wie leicht kann eben doch einmal, ein einziges Mal, der Zufall eine Rolle spielen und zwei gänzlich unabhängige Signale, eines in jeder Wand, gleichzeitig auftreten und so ein horizontales Myon vortäuschen lassen. Trotzdem wartet Reines nicht ab und berichtet von seiner Entdeckung. Das kommt allerdings auch seinen Konkurrenten in der indischen Kolar Gold Field Mine zu Ohren, und sie beeilen sich nun, ihre Ergebnisse so schnell wie möglich zu veröffentlichen. *Ihr* erstes Neutrinoereignis haben sie allerdings erst zwei Monate nach Reines entdeckt, am 20. April 1965.

Am 12. Juni reichen die KGF-Leute ihre Ergebnisse zur Veröffentlichung ein, am 26. Juni die Reines-Gruppe, zwei Wochen später. Formal besehen können sich darum die KGF-Physiker als Entdecker betrachten. Und tatsächlich werden sie zeitlebens darauf bestehen, die Ersten gewesen zu sein. Sir Arnold Wolfendale zum Beispiel, Teilnehmer des KGF-Experiments, 1995 für seine Verdienste geadelt und später *Astronomer Royal*, wurde höchst grundsätzlich, als ich mich mit ihm zu Beginn der 2000er-Jahre über diese Frage unterhielt. Immerhin überreichte er mir nach unserer Unterhaltung den reich illustrierten Sonderdruck einer seiner Arbeiten und fügte sogar noch eine persönliche Widmung hinzu. Ganz verdorben mit ihm hatte ich es mir also wohl doch nicht, trotz meiner Präferenzen für Reines.

Nach Kalifornien

Im Jahr nach seiner Entdeckung wechselt Fred Reines von Cleveland nach Irvine, einer Universitätsstadt etwa 60 Kilometer südlich von Los Angeles. Die Stadt ist eigentlich noch im Entstehen begriffen. Sie wird von einer privaten Company regelrecht aus dem Boden gestampft, und mit ihr zusammen ihr Juwel, die University of California Irvine – kurz

UCI. Wer das Meer liebt, hat es nur zehn Kilometer bis zur Pazifikküste, und wer die Verbindung von Natur und Kultur schätzt, braucht nur eine halbe Stunde bis Laguna Beach, um dort unter Palmen zu promenieren und danach ein Theater, ein Museum oder eines der sündhaft teuren Restaurants zu besuchen.

Es dürften aber weder der Ozean noch die nahe gelegenen kulturellen und lukullischen Verlockungen gewesen sein, die Fred Reines nach Irvine ziehen. Vielmehr sind es die üppig finanzierte Universität und deren Angebot, eine gut 20 Personen starke Forschergruppe aufbauen zu können. Reines wird der Gründungsdekan der naturwissenschaftlichen Fakultät und koordiniert den Aufbau von deren Fachbereichen für Physik, Chemie und Mathematik. Viel Zeit für eigene Experimente bleibt unter diesen Umständen natürlich nicht, zumindest nicht dafür, selbst Hand anzulegen. Fachlich wichtig sind jedoch die vielversprechenden Neuzugänge in seiner Gruppe, die er durch seinen inzwischen enormen Bekanntheitsgrad nach Irvine zieht. Viele von ihnen sollten in der Zukunft herausgehobene Rollen spielen und von Fred mit Stolz als seine Schüler bezeichnet werden. Ein wirklich enger Betreuer ist er jedoch zu diesem Zeitpunkt schon längst nicht mehr, er kann es angesichts seiner enormen administrativen Verpflichtungen nicht sein. Aber es kommt immer noch vor, sogar häufig, dass er eine halbe Stunde in einer Gruppenversammlung sitzt und plötzlich mit einem »Habt ihr eigentlich schon mal daran gedacht?« dem Gespräch eine fruchtbare Wendung gibt.

Zwei Jahre nach Reines' Ankunft in Irvine beginnt es in den USA zu brodeln. Im April 1968 wird der schwarze Bürgerrechtler Martin Luther King ermordet, drei Monate darauf der demokratische Präsidentschaftskandidat Robert Kennedy, beide Hoffnungsträger eines neuen Amerika. An den Universitäten herrscht Aufruhr. Die Studenten protestieren gegen den Vietnamkrieg und fordern grundlegende Änderungen im Hochschulsystem. Besonders in Kalifornien eskalieren die Proteste, namentlich an der »anderen« University of California, nämlich der UCB in Berkeley, einer Stadt an der San Francisco Bay. An der UCI kommt es zum Glück nicht zu gewalttätigen Auseinandersetzungen, dafür gerät allerdings ein anderes Thema wieder in den Blickpunkt: die Tatsache, dass ein Dekan der UCI sich mit dem verhassten Apartheidsystem in Südafrika eingelassen hat!

Im Januar 1968 erscheint in der Universitätszeitung ein kritischer Artikel zu Reines' Südafrika-Experiment, und einen Monat später schließen sich sogar fünf Philosophieprofessoren in einem »Offenen Brief an den Dekan Frederick Reines« den Studenten an. »Wir sind uns darüber im Klaren, dass ein solch einmaliger Standort gewisse Vorteile für wissenschaftliche Untersuchungen mit sich bringen kann. Wir weisen Sie jedoch darauf hin, dass auch der Wissenschaft Grenzen gesetzt sind, und fordern Sie auf, uns als Kollegen, die Ihre unfreiwilligen Komplizen sind, zu erklären, inwieweit Sie uns gezwungen haben, die Angelegenheiten eines Staates, dessen Politik wir abstoßend finden, zu unterstützen oder zu dulden.« Das ist schweres Geschütz, und Fred Reines muss sein ganzes Geschick aufbieten, um den Konflikt beizulegen. Oder besser gesagt, ihn unter den Teppich zu kehren. Er darf in seiner Entgegnung nicht direkt sagen, dass er die Rassenpolitik des Apartheidstaates vehement ablehnt (was er natürlich tut), denn dann würde ihm die südafrikanische Regierung sein Experiment zusperren. Also schreibt er in seiner Antwort: »Unsere Anwesenheit in Südafrika, die aus wissenschaftlichen Gründen unumgänglich ist, stellt weder eine Duldung noch eine Verurteilung der Regierungspolitik dar, was immer unsere persönlichen Ansichten sind. Ich danke Ihnen dafür, dass Sie diese Frage aufgeworfen und damit unser Bewusstsein und unsere Sorge um unser moralisches Ansehen in der Welt gezeigt haben.«

Das ist Politikersprache auf professionellem Vernebelungsniveau. Ob sie die Empfänger befriedigt hat, ist nicht bekannt. Vermutlich nicht. So oder so wird aber die Finanzierung für das Südafrika-Experiment schrittweise heruntergefahren, und Anfang der 1970er-Jahre wird es gänzlich eingestellt. Die Ernte ist mittlerweile schon längst eingefahren, und wirklich neue Erkenntnisse sind kaum zu erwarten.

Die Experimente am Savannah-River-Reaktor gehen derweil unvermindert weiter. Eine von Fred Reines' Leidenschaften ist der Test von physikalischen Erhaltungssätzen. Kein Erhaltungssatz ist vor Reines' experimentellem Eifer sicher. Er sucht nach dem Protonzerfall (der den Erhaltungssatz für die sogenannte *Baryonzahl* verletzen würde), er sucht nach der Verletzung des Erhaltungssatzes für die elektrische Ladung – um nur die beiden am leichtesten zu verstehenden Tests zu erwähnen. Er prüft, ob Neutrinos eventuell mit ihren Antiteilchen identisch sind. Für die Wahrscheinlichkeit all dieser exotischen Prozesse kann er Obergrenzen angeben, meistens schärfere als irgendjemand sonst auf der Welt. Andere Neutrinoreaktionen, die er sich vornimmt, sind zwar extrem selten, aber im Einklang mit geltenden Vorstellungen. Zusammen mit seinen Mitarbeitern Henry Sobel und Henry Gurr – sie führen vor Ort die Experimente durch – kann er die Häufigkeit von einigen dieser Prozesse genauestens bestimmen.

1973 tritt ein gänzlich anderes Projekt in Reines' Blickfeld. Ein Projekt, dessen Wurzeln bis zum Beginn der 1960er zurückreichen. Sein Name: DUMAND – für *Deep Underwater Muon And Neutrino Detector*. Jetzt also von tiefen Höhlen in tiefes Wasser!

Unter Wasser: Woher kommt die kosmische Strahlung?

Die »atmosphärischen« Neutrinos, die Reines und seine KGF-Konkurrenten 1965 nachgewiesen haben, werden durch die Teilchen der kosmischen Strahlung erzeugt. Dieser geheimnisvolle Teilchenregen besteht zum größten Teil aus Wasserstoffkernen (also Protonen), aber auch aus schwereren Kernen, von Heliumkernen bis hoch zu Eisenkernen. Bei ihren Reaktionen mit Luftmolekülen lösen die »primären« Kerne riesige Lawinen sekundärer Teilchen aus. Je nach Energie des Primärkerns beträgt deren Anzahl Tausende, Millionen oder gar Milliarden Teilchen.

Während die meisten der Schauerteilchen schnell selbst wieder gegen ein Luftmolekül stoßen oder wegen ihrer Kurzlebigkeit sofort wieder zerfallen, schafft es ein Großteil der Myonen, den Erdboden zu erreichen. Auf der Erde sind es etwa 200 Myonen pro Quadratmeter und

Sekunde. Sehr wenige hochenergetische Myonen schaffen es sogar bis in die unterirdischen Gefilde, in denen Physiker ihre Geräte aufbauen, um möglichst störungsfrei arbeiten zu können.

Wie ich oben schon erwähnt habe, wissen wir heute, dass sich das Spektrum der kosmischen Strahlung bis oberhalb von 10^{20} eV erstreckt, zehn Millionen Mal so groß wie diejenigen Energien, auf die Protonen in irdischen Teilchenbeschleunigern gebracht werden können. Die energetischsten kosmischen Teilchen tragen damit so viel Energie wie ein Tennisball, der von einem Profispieler beim Aufschlag über das Netz gedroschen wird – aber fokussiert auf einen einzigen Atomkern! Die Frage ist: Wie macht die Natur das? Wie funktionieren die kosmischen Höllenmaschinen, die Teilchen auf so schwindelerregende Energien beschleunigen?

Woher kommt die kosmische Strahlung?

Auf den ersten Blick möchte man meinen, dass es doch ausreichen müsste, die Einfallsrichtung des kosmischen Teilchens zu messen; des Teilchens selbst, wenn man von einem Satelliten aus misst, des Luftschauers, wenn man vom Erdboden her misst. Dann wüsste man, woher das Teilchen kommt und ob die Richtung mit der eines bekannten Himmelsobjekts übereinstimmt. Aber leider ist es nicht so einfach.

Atomkerne sind nämlich elektrisch geladen. Deswegen werden sie von kosmischen Magnetfeldern abgelenkt. Die Kerne mäandern darum auf nicht genau zu berechnenden Bahnen durch die kosmischen Weiten. Sie verlieren auf ihrer taumelnden Reise durch die Magnetfelder zwar keine Energie, aber ihre Richtung ist völlig verwischt – je geringer ihre Energie, umso stärker. Und das heißt, dass sie uns ihre Ursprungsrichtung nicht verraten.

Einen Ausweg gibt es jedoch. In den meisten Quellen der geladenen kosmischen Strahlen müssen nämlich auch Gamma-Strahlen und Neutrinos erzeugt werden. Die sind beide elektrisch neutral und bewegen sich darum auf gerader Bahn durch das Weltall. Leider haben aber auch sie Nachteile, jedes einen anderen. Hochenergetische Gamma-Strahlen werden häufig noch an ihrem Entstehungsort gestreut und abgebremst.

Auch auf ihrem Weg durch den Kosmos können sich ihnen Staubwolken in den Weg stellen und einen Großteil dieser kosmischen Boten absorbieren und auf niedrigere Energien herunterbrechen. Bei extrem hohen Energien dagegen werden sie von der allgegenwärtigen Radiostrahlung, die aus dem Urknall übrig geblieben ist und den ganzen Kosmos erfüllt, verschluckt.

Das sind die Nachteile von Gamma-Strahlen. Und die von Neutrinos liegen auf der Hand: Sie sind unendlich schwer zu registrieren! Wenn man sie aber allen Schwierigkeiten zum Trotz gemessen hat, dann verraten sie einem nicht nur ihre Ursprungsrichtung. Weil sie auf ihrem Weg durch den Kosmos im Allgemeinen mit nichts zusammenstoßen und damit auch keine Energie verlieren, verraten sie einem auch ihre ursprüngliche Energie!

Gegen Ende der 1950er-Jahre – das Neutrino war gerade erst entdeckt – beginnen die ersten Physiker, vom Neutrino als kosmischem Boten zu träumen. Die Vordenker sitzen in den USA und der UdSSR, und einer von ihnen ist Fred Reines.

»Neutrinos«, erklärt er auf einer Konferenz im Jahr 1960, »bewegen sich im Wesentlichen ohne jede Änderung ihrer Richtung und ihrer Energie von ihrem Ursprungsort zu uns ... und tragen damit eine einzigartige Information mit sich. Kosmische Neutrinos zum Beispiel können uns aus anderen Galaxien erreichen, während geladene kosmische Teilchen, die hier ankommen, durch galaktische Magnetfelder vermutlich in unserer eigenen Galaxie gefangen sind.* Unsere übliche Informationsquelle, das Photon, kann durch Staub absorbiert werden.« So weit, so gut. »Aber«, fügt er hinzu, »gegenwärtig existiert keine allgemein akzeptierte Theorie für den Ursprung und die Ausbreitung von

* *»... und darum nicht aus anderen Galaxien stammen«.* Hier irrte Reines. Die höchstenergetischen kosmischen Teilchen sind vermutlich sämtlich extragalaktischen Ursprungs. Die niederenergetischen werden, wie er richtig bemerkt, durch die galaktischen Magnetfelder wie in einem Käfig eingeschlossen. Die aus weitesten Fernen in ihrer eigenen Galaxie, die aus nahen Quellen in unserer Milchstraße.

kosmischen Strahlen, sodass man auch den Neutrinofluss nicht halbwegs vernünftig vorhersagen kann.«

Die Vermutungen über die Stärke des Neutrinoflusses gehen in der Tat um viele Größenordnungen auseinander. Ein anderer Teilnehmer der Konferenz, der US-Amerikaner Kenneth Greisen, schätzt ab, dass man mit einem Drei-Kilotonnen-Detektor die Signale von Neutrinos nachweisen könnte, die in den Jahrhunderten nach einer Supernova-Explosion in dem sich langsam verflüchtigenden Pulverdampf der Explosion erzeugt worden sind. Drei Kilotonnen – das entspricht einem Würfel mit rund 14 Meter Seitenlänge, der mit irgendeiner Flüssigkeit, Szintillator oder Wasser gefüllt ist. Die Höhle, in der solch ein Tank stehen würde, müsste gewaltig sein.

Weder Greisen noch Reines ahnen zu diesem Zeitpunkt, dass gut 20 Jahre später in der Morton Salt Mine nahe Cleveland ein Neun-Kilotonnen-Detektor in Betrieb gehen würde und dass einer der beiden offiziellen Leiter des Experiments Fred Reines sein würde.

Bevor sich Reines aber dem Neun-Kilotonnen-Experiment widmet, fängt er Feuer für ein »Eine-Million-Kilotonnen-Experiment«. Eine Million Kilotonnen, das ist eine Gigatonne oder, anders ausgedrückt, ein Wasservolumen von einem Kubikkilometer. Das Projekt beruht auf einer Idee, die ein dritter Teilnehmer der besagten Konferenz äußert. Sein Name ist Moisei Alexandrowitsch Markov, berühmter russischer Teilchenphysiker und Kosmologe, Briefpartner von Pauli (auf Deutsch) und Initiator des ersten sowjetischen Untergrundlaboratoriums im Kaukasus. Markov, 1908 geboren, könnte man fast ein Universalgenie nennen. Er brillierte auf vielen Physikfeldern und schrieb auch philosophische Essays. Ich habe ihn nur einmal reden hören, 1987 auf einer Konferenz in Moskau, ein Jahr vor seinem Tod. Knapp 20 Jahre danach hatte ich die Ehre, den nach ihm benannten Markov-Preis verliehen zu bekommen, zusammen mit meinem russischen Freund und Kollegen Grigori Domogatsky. Der Preis war uns wegen unserer Rolle für das Neutrinoteleskop im Baikalsee zugesprochen worden, über das ich später noch einige Worte verlieren werde.

Markov schlägt einen riesigen Detektor vor, so riesig, dass man ihn nicht in einer Höhle, sondern nur in einem offenen Gewässer installieren kann. Um geladene Teilchen aus einer Neutrinoreaktion nachweisen zu können, will er den sogenannten Cherenkov-Effekt ausnutzen. Sein Landsmann Pawel Cherenkov hatte dieses Phänomen 1934 entdeckt, noch als Doktorand an der Moskauer Universität. Er sollte später dafür den Nobelpreis erhalten, zusammen mit Ilja Frank und Igor Tamm, die die theoretische Erklärung des Effekts geliefert hatten.

Cherenkov hatte bemerkt, dass geladene Teilchen, die sich in einem Medium schneller bewegen, als sich das Licht in diesem Medium ausbreitet, ein bläuliches Licht aussenden – das *Cherenkov-Licht*. Dass nichts schneller als mit Lichtgeschwindigkeit im Vakuum fliegen kann, ist allgemein bekannt. In Medien wird das Licht aber verlangsamt, je höher der Brechungsindex des Mediums ist, umso stärker. In Wasser beispielsweise breitet sich Licht nur mit drei Viertel seiner Geschwindigkeit im Vakuum aus. Andere Teilchen können dagegen, auch in Wasser, beliebig dicht an die Vakuumlichtgeschwindigkeit herankommen. Das Faszinierende ist, dass die geladenen Teilchen das Cherenkov-Licht in einem Kegel hinter sich herziehen, ähnlich wie ein Boot eine kegelförmige Wasserwelle hinter sich herzieht. Oder ähnlich wie ein Düsenjäger bei Überschallgeschwindigkeit einen Schallkegel.

Ein riesiger Detektor in offenem Gewässer könnte laut Markov wie folgt aussehen: Man gehe in große Tiefe (um sowohl die kosmische Strahlung als auch das Sonnenlicht abzuschirmen) und hänge dort in großen Abständen Photomultiplier auf – natürlich in druckfesten Behältern, damit die empfindlichen Glasfenster der Photomultiplier nicht dem enormen Wasserdruck ausgesetzt sind. Als offene Gewässer können in diesem Zusammenhang nur Meere gelten; Seen sind im Allgemeinen nicht tief genug.* Wenn ein geladenes Teilchen durch diese Anordnung fliegt, zieht es den besagten Lichtkegel hinter sich her. Aus

* Markov hatte zu diesem Zeitpunkt noch nicht den tiefsten See der Welt im Auge, den Baikalsee. An seiner tiefsten Stelle ist er 1642 Meter tief!

den Ankunftszeiten des Lichts an den verschiedenen Photomultipliern kann man die Bewegungsrichtung des Teilchens berechnen. Die Energie des Teilchens kann man dagegen aus der Gesamtmenge des registrierten Lichts abschätzen.

Markovs Idee gerät zunächst in Vergessenheit. Aber dann taucht Anfang der 1970er-Jahre ein Problem mit den Myonen auf, die die Physiker tief unten in ihren Schächten messen. Die Einfallsrichtung der Myonen scheint sich nicht ganz so zu verhalten, wie man es berechnet hat. Ganz schlüssig sind die Rechnungen jedoch nicht, denn erstens ist die Erdoberfläche über den Schächten häufig bergig und schwer in die Rechnungen einzubeziehen, und zweitens kennt man die Dichteverteilung des Gesteins, das die Myonen durchlaufen, nicht genau. Was liegt da näher, als statt Gestein ein tiefes Meer zum Experimentieren zu benutzen? Die Oberfläche des Meeres ist eine ebene Fläche und die Dichte des Wassers in jeder Richtung die gleiche. Und warum dann nicht endlich Markovs Idee in die Tat umsetzen, ein gutes Jahrzehnt nachdem er sie vorgeschlagen hat?

1973 treffen sich einige Physiker auf der International Cosmic Ray Conference in Denver/USA und erörtern die Idee. Einer von ihnen ist Fred Reines, ein anderer John Learned, ein vor Ideen sprühender junger Mann von der University of Wisconsin. Dazu kommen der US-Amerikaner Maurice Shapiro, der Russe Georgi Zatsepin und der Japaner Fusa Miyake. Sie holen Markovs Idee aus der Versenkung, und auf Fred Reines' Vorschlag hin einigen sie sich auch gleich auf den Namen, den ihr Kind tragen soll: DUMAND, das oben schon erklärte Akronym für *Deep Underwater Myon And Neutrino Detector.*

1975 trifft man sich zum ersten DUMAND-Workshop an der Washington State University, bei dem Fred Reines, John Learned und ein Physiker namens Arthur Roberts zu Projekt-Koordinatoren gewählt werden. 1976 ist es schon entschieden, dass DUMAND im Pazifik vor Hawaii errichtet werden soll, und dort findet auch der zweite DUMAND-Workshop statt, ein Arbeitstreffen, bei dem die Ideen – theoretische wie experimentelle – nur so purzeln. Es geht schon nicht mehr um die Myonen mit ihrer inzwischen schon längst verstandenen Winkelverteilung, sondern um die Jagd nach extraterrestrischen Neutrinos höchster Energie.

Nochmals zwei Jahre später gibt es einen ersten Entwurf für DUMAND: fast 23 000 Photomultiplier, die – über ein Volumen von 1,2 km^3 verteilt – an 1200 langen Trossen in Tiefen von bis zu vier Kilometern aufgehängt werden sollen. Die Ozeanografen schlagen die Hände über dem Kopf zusammen: Die Kosten von DUMAND würden jene des bisher teuersten nicht militärischen Ozeanprojekts um mehr als das Hundertfache übertreffen! Mit Fred Reines hat DUMAND zwar einen äußerst prominenten Fürsprecher, aber dieses Unternehmen überschreitet selbst seine bisherigen Projekte um fast zwei Größenordnungen. Außerdem ist er inzwischen 60 Jahre alt und könnte schon altersmäßig ein solches Vorhaben nicht bis zu seiner Fertigstellung begleiten.

Abgesehen von den inhärenten Schwierigkeiten kommt Ende 1979 noch ein einschneidendes äußeres Problem hinzu: der Einmarsch der Sowjets in Afghanistan. Gleich Anfang 1980 teilt die Regierung Reagan den amerikanischen DUMAND-Teilnehmern mit, dass sie sich zwar als völlig frei in der Wahl ihrer internationalen Partner betrachten dürften, dass aber, falls die Russen dabei seien, es sich »vermutlich« herausstellen würde, dass keine Mittel zur Verfügung stünden. Eine Zerschlagung der Russlandverbindung, die nicht einer gewissen Eleganz entbehrt …

Und so wird also abgerüstet. Im Jahr 1980 auf 6600 Photomultiplier, zwei Jahre später auf 756 Photomultiplier und 1988 schließlich auf 216 Photomultiplier, die an neun Trossen hängen sollen. Das scheint realistisch. John Learned und seine Mitstreiter haben inzwischen eine Vielzahl von Tests und Probemessungen von einem Forschungsschiff aus durchgeführt. Davon beeindruckt, verspricht die zuständige Regierungsorganisation DOE (Department of Energy) im Jahr 1990, die Acht-Trossen-Variante zu finanzieren, reduziert das Geld aber kurz darauf nochmals. Zu guter Letzt springen nur drei Trossen heraus. TRIAD heißt diese Minimalvariante. Sie ist eigentlich kaum mehr als eine Testanordnung, um das Funktionsprinzip zu demonstrieren.

Im Frühjahr 1993 verlegen die DUMAND-Enthusiasten das Kabel, über das die Daten vom TRIAD ans Ufer geschickt werden sollen. Erfolg! Aber als ein paar Monate später die erste Trosse hinabgelassen wird, macht ein Kurzschluss den Physikern einen Strich durch die Rechnung. Die Photomultiplier an der Trosse liefern nur für einige Sekunden Daten, dann ist Schluss. Und nun verliert auch das DOE die Geduld. Nach einigen Geplänkeln sperrt es im Frühjahr 1995 die Finanzierung und erklärt das DUMAND-Projekt für beendet.

Der erste visionäre Ansatz für ein Neutrinoteleskop unter Wasser ist damit begraben, nicht aber die Fülle von Ideen, die DUMAND im Verlauf der Jahre hervorgebracht hatte. 15 Jahre später geht ein Kubikkilometer-Neutrinoteleskop im Tiefeneis des Südpols in seiner endgültigen Ausbaugröße in Betrieb. Zu diesem Zeitpunkt bin ich mit meiner Gruppe, nachdem wir anfangs sehr eng mit unseren russischen Kollegen im Baikalsee zusammengearbeitet haben, schon längst bei diesem *IceCube* genannten Projekt gelandet. 1988 bin ich mit meinen Mitstreitern in die Neutrinoastronomie eingestiegen, 2010 wurde IceCube fertiggestellt. Und 2013 haben wir die ersten extragalaktischen Neutrinos entdeckt – ein Vierteljahrhundert nach unserem Einstieg in das Feld. Wir sind »drangeblieben«, wie es mir Fred Reines 1991 empfohlen hatte. Mehr dazu im Epilog.

Noch bevor DUMAND an seinen eigenen Kinderkrankheiten langsam und kläglich dahinstirbt, ist ein anderes Projekt, das Fred Reines als Mitinitiator angeschoben hat, höchst erfolgreich: Das Irvine-Michigan-Brookhaven-Experiment (IMB). Aufgebaut ist es in Freds guter alter Morton Salt Mine nahe Cleveland. Es ist der Neuntausend-Tonnen-Detektor, den ich oben erwähnt habe. Der IMB-Detektor ist eigentlich gebaut worden, um nach dem Zerfall des Protons zu suchen und damit eine Vorhersage der Großen Vereinheitlichten Theorien der Teilchenphysik zu überprüfen. Diese Theorien führen alle Kräfte des Universums mit Ausnahme der Schwerkraft auf eine einzige Urkraft zurück – einer der verlockendsten Ansätze der Physik. IMB findet zwar keine Protonenzerfälle, aber zusammen mit seinem japanischen Gegenstück, dem *Kamiokande*-Detektor, stellt es die schärfste Untergrenze für die mittlere Lebensdauer des Protons auf: 10^{33} Jahre. Das ist 10^{23} Mal so viel wie das Alter des Universums! Ein Rekordergebnis. Es schließt die einfachsten Versionen der Vereinheitlichten Theorien aus.

Fortschritt durch Falsifikation – auch Nullresultate und Nicht-Entdeckungen können einen Erkenntnisgewinn darstellen. Wirklich Furore macht IMB aber 1987, als das Gerät acht Neutrinos von einer Supernova-Explosion in einer Satellitengalaxie unserer Milchstraße registriert. Mehr zu der spannenden Geschichte dieser Jahrhundert-Entdeckung im Kapitel mit dem letzten der sieben Porträts.

Der Nobelpreis und die letzten Jahre

Seit den 1940er-Jahren hat Fred Reines ein Leben auf der Überholspur geführt. Es ist kein Wunder, dass es neben den Hochphasen auch Phasen der Niedergeschlagenheit gibt. In diesen Zeiten ist ihm seine Frau Sylvia eine ausgleichende und tröstende Begleiterin. »Sie war die Schnur seines Drachens«, beschreibt Tochter Alisa die Rolle der Mutter: »Sie: mit beiden Beinen auf der Erde, er: da oben, mit dem Kopf hinaus ins Universum.« In den 1980er-Jahren nimmt die Häufigkeit der Tiefphasen zu. Freds Schüler sind inzwischen selbst zu den treibenden Kräften geworden, die nächste und übernächste Generation. Kein Wunder, dass manchmal ein Gefühl der Verlorenheit und des Überflüssigseins von Fred Reines Besitz ergreift.

Und dann ist da der Nobelpreis. Der Preis, den er mit allergrößtem Recht verdient hat und den ihm das Nobelpreiskomitee noch immer vorenthält, warum auch immer. Der verweigerte Preis verstärkt das Gefühl der Verlassenheit. Die anfangs des Kapitels geschilderte Szene auf der Neutrino-Konferenz im CERN spricht Bände. Zum Zeitpunkt dieser Konferenz, 1990, kann Reines übrigens schon nicht mehr als aktiver Teilnehmer von IMB und DUMAND gezählt werden. Zwar geht er noch häufig in sein Institut an der Universität in Irvine, unterhält sich mit Kollegen und besucht Seminare. Aber seine geistigen Kräfte lassen rapide nach.

»Ich weiß, dass viele Leute den Nobelpreis verdient und ihn doch nicht bekommen haben«, sagt er einem Mitglied seiner ehemaligen Gruppe. »Vielleicht haben ihn auch einige bekommen, die ihn nicht verdient haben. Ich kann daran nichts ändern. Aber es ist klar: Da ich ihn bis jetzt nicht bekommen habe, werde ich ihn auch nicht mehr bekommen.« Er sagt es nicht traurig, aber mit tiefer Resignation.

Im Oktober 1995 liegt Reines im Krankenhaus. Seine Lebenskraft sinkt spürbar. Da aber, am 10. Oktober, klingelt mitten in der Nacht das Telefon in der Reines-Wohnung. Sylvia nimmt den Hörer ab. Es ist der Anruf aus Stockholm.

Viele Kollegen eilen ins Krankenhaus, um Fred Reines zum Nobelpreis zu gratulieren. Sie finden einen Patienten vor, dessen Lebensgeister wieder etwas zu erwachen scheinen. Nun gilt es, ihn innerhalb von zwei Monaten wieder so weit aufzurichten, dass er nach Stockholm reisen kann. Die Ärzte wenden alles an, was die moderne Medizin und Psychiatrie zu bieten haben. Und tatsächlich: Am 8. Dezember trifft die Reines-Familie in Stockholm ein, und Reines steht eine Woche voller Interviews, Empfängen und Panel-Diskussionen durch. Gelegentlich blitzt sogar sein trockener Humor wieder auf. Seine Nobelpreisrede hat er allerdings nur mithilfe seines Mitarbeiters LeRoy Price verfassen können, und verlesen wird sie von seinem treuen Mitkämpfer Bill Kropp. Sichtbar gebrechlich und gestützt durch einen Physiker, mit dem er den Physiknobelpreis des Jahres 1995 teilt, nimmt er die Medaille aus der Hand des schwedischen Königs entgegen.

Ein Jahr danach hielt ich meinen zu Beginn dieses Kapitels erwähnten Vortrag an der Universität Irvine. Kurz vor Beginn des Seminars betrat Fred Reines den Vortragsraum. Gestützt auf einen jüngeren Kollegen, begrüßte er mich freundlich und setzte sich ganz hinten auf einen Stuhl. Irgendwann kam ich mit meinem Vortrag zu dem Punkt, wo ich die ersten zwei Neutrino-Ereignisse präsentierte, die wir mit unserem damals noch rudimentären Neutrinoteleskop im Baikalsee identifiziert hatten. »Ich bin glücklich, dem Mann, der die ersten Neutrinos unter der Erde registriert hat, heute die ersten zwei Neutrinos zeigen zu dürfen, die unter Wasser registriert worden sind«, sagte ich … und blickte in zwei leere Augen.

Fred Reines war in seiner eigenen Welt, fortgeschweift in das Universum da oben, in das er nach den Worten seiner Tochter Alisa zeitlebens den Kopf hinausgesteckt hatte.

1998 verschlechtert sich Freds Gesundheitszustand rapide, und er wird endgültig bettlägerig. Am 26. August schließt er für immer die Augen. »Dr. Frederick Reines' schöner Bariton hätte ihn zur Oper bringen können, statt dass er jene großartige Karriere in der Neutrinophysik durchlief, die im Nobelpreis gipfelte. Er starb am Mittwochabend«, schreibt die *New York Times*.

3 DREIMAL KEIN NOBELPREIS: BRUNO PONTECORVO

Dem repräsentativen Eingang zum Laboratorium für Kernprobleme im Wissenschaftsstädtchen Dubna sah man Mitte der 1970er-Jahre nicht mehr an, dass das Institut glanzvolle Zeiten erlebt hatte. Bis zum Jahr 1956 hatte Dubna zu jenen auf keiner Landkarte verzeichneten Ortschaften gehört, in denen während der 1940er-Jahre im Rahmen des sowjetischen Atombombenprogramms streng geheime Forschungsinstitute angesiedelt worden waren. Erst 1956 wurde die Stadt geöffnet und das Dubnaer Vereinigte Institut für Kernforschung (VIK) gegründet, zu dem auch das Laboratorium für Kernprobleme gehörte. Das Institut war als östliches Gegenstück zum 1954 gegründeten CERN gedacht. Die Sowjetunion brachte eine Reihe leistungsfähiger Beschleuniger und andere Großgeräte sowie eine Vielzahl hoch qualifizierter Wissenschaftler in das VIK ein. Darum waren die ersten 15 Jahre des Instituts wirklich eine Glanzzeit. 1974, als ich einen viereinhalbjährigen Arbeitsaufenthalt in Dubna begann, war das VIK aber schon auf dem absteigenden Ast. So wie die ganze Sowjetunion.

Zum Hochparterre des in Zarengelb gestrichenen Laborgebäudes führte eine Freitreppe, deren Betonstufen zu bröckeln begannen und von deren Balustraden die Farbe blätterte. Tausende Male bin ich in den viereinhalb Jahren diese Treppe hinauf- und hinabgeeilt. Und manchmal kam mir das berühmteste Mitglied des Instituts entgegen, auch er meistens in eiligem Schritt und zwei Stufen auf einmal nehmend. Ich grüßte ihn freundlich und ehrfürchtig, er mich freundlich und beiläufig. Tatsächlich bestand für Bruno Pontecorvo auch kein Anlass, eine über das Beiläufige hinausgehende Kenntnis von mir zu nehmen. Er – der berühmte Wissenschaftler, Anfang 60 und lebende Legende der Neutrinophysik, ich – ein gerade promovierter Jungforscher aus der DDR, der auf einem gänzlich anderen Gebiet arbeitete. Ich konnte damals noch nicht ahnen, dass Pontecorvos Arbeiten später zu den Grundlagen meiner eigenen wissenschaftlichen Arbeit gehören würden.

Nur einmal sprach mich Pontecorvo an. Nicht auf der besagten Treppe, sondern auf der Straße zum Institut. Ich pflegte damals den zehnminütigen Weg von der Wohnung, in der ich mit Frau und Tochter lebte, mit dem Rad zu fahren. Dabei legte ich meinen Ehrgeiz darein, die ganze Strecke freihändig zu bewältigen. Eines Tages, ich hatte gerade elegant eine enge Kurve ohne Zuhilfenahme der Hände genommen, überholte mich Pontecorvo auf seinem sportlichen Mini-Rad (auch er fuhr freihändig) und forderte mich auf, anzuhalten: »Stopp, junger Mann!« Ich bremste. »Sie können freihändig fahren. Gut! Aber können Sie auch rückwärtsfahren?« »Rückwärts, wie?«, war meine Reaktion. Daraufhin setzte sich Pontecorvo rückwärts auf den Lenker seines Fahrrads und fuhr vor mir her, gerade als sei er ein Zirkusartist und nicht ein – aus meiner damaligen Sicht – alter Mann. Dann stieg er ab und entließ mich mit einem fröhlichen »Versuchen Sie's auch mal! Ein bisschen üben muss man schon …«.

Ich blickte ihm verdutzt nach. Immerhin hatte mich eben nicht nur ein Physikgenie im Kunstradeln unterrichtet, sondern – möglicherweise – auch »the second deadliest spy in history«, der zweitgefährlichste Spion der Geschichte. So zumindest hatte ihn der US-Kongress gut 20 Jahre vorher eingestuft …

Die Pontecorvos

Bruno Pontecorvo wird am 22. August 1913 in Pisa geboren. Er ist das vierte der acht Kinder von Massimo Pontecorvo und seiner Frau Maria.

Großvater Pellegrino Pontecorvo hatte 1841 das Licht der Welt erblickt, im restlos überfüllten Getto von Rom. Erst nach Gründung des Königreichs Italien im Jahr 1861 durften die Juden ihre engen Wohnbezirke verlassen. Nachdem 1870 die italienische Vereinigungsbewegung mit der Eroberung Roms ihr endgültiges Ziel erreicht hatte, fielen schließlich auch die Mauern des römischen Gettos.

1881 zog Pellegrino, der sich als Kaufmann eine solide finanzielle Basis geschaffen hatte, nach Pisa. Dort kaufte der Vierzigjährige eine Baumwollfabrik auf und führte bald darauf als Erster in Italien die »Spinning Jenny« ein, eine in England entwickelte Spinnmaschine. Seine florierenden Textilfabriken legten den Grundstein für den Wohlstand der Pontecorvos. Pellegrino war ein sozial verantwortungsvoller Unternehmer, und als er 1918 stirbt, erweisen ihm nicht nur Fabrikanten und Kaufleute die letzte Ehre, sondern auch seine Arbeiter, die in großer Anzahl zu seiner Beerdigung strömen. Tatsächlich durfte Pellegrino Pontecorvo sich *Cavaliere del Lavoro* (Ritter der Arbeit) nennen. Dieser Titel wird, damals wie auch heute noch, Bürgern verliehen, die sich in Industrie, Handwerk und ähnlichen Bereichen verdient gemacht haben, insbesondere in sozialer Hinsicht. Zu Pellegrinos Verdiensten dürfte sicherlich auch seine Rolle bei der Rettung vieler Juden gezählt worden sein, denen er 1880 geholfen hatte, russischen Pogromen zu entkommen.

Brunos Vater Massimo steht ganz in der Tradition von Pellegrino – beruflich wie auch in Hinblick auf seine sozialen und ethischen Prinzipien. Nachdem Anfang der 1920er-Jahre Mussolinis Schlägerbanden zur Macht gekommen sind, deckt er einige seiner antifaschistisch engagierten Arbeiter. Brunos Schwester Anna sollte sich später erinnern, wie einer der Arbeiter, sobald ihm Massimo auf der Straße begegnete, auf diesen zustürzte und seinen Beschützer umarmte, »als sehe er den auferstandenen Jesus«. Kein Wunder bei diesem familiären Hintergrund, dass die Pontecorvo-Kinder später allesamt ausgesprochen links eingestellt sind.

Massimo besitzt drei Textilfabriken mit mehr als 1000 Angestellten – ein äußerst erfolgreicher Unternehmer. Obwohl er streng jüdisch erzogen worden ist, spielt Religion in seiner eigenen Familie keine besonders große Rolle. Insbesondere nach dem Tod von Großvater Pellegrino verlieren religiöse Riten und Feiertage immer mehr an Gewicht. Das mag auch daran liegen, dass Brunos Mutter Maria einer protestantischen Familie entstammt, mit einem ähnlich kulturellen und intellektuellen Zuschnitt wie Wolfgang Paulis Mutter Bertha (deren Familie allerdings katholisch und nicht protestantisch war). Marias Vater hat in Mailand ein Krankenhaus gegründet und ist ein hoch angesehenes Mitglied der Mailänder Gesellschaft.

Bruno ist mit seiner naturwissenschaftlichen Begabung keine Ausnahme unter seinen Geschwistern. Der älteste Bruder Guido sollte in England, wohin er als Jude 1938 flüchten würde, ein bekannter Genetiker und Mitglied der Royal Society werden. Die Eltern haben ihn immer für das begabteste ihrer Kinder gehalten, nicht etwa Bruno. Von dem sagen sie, er sei zwar der sanfteste, aber auch der minderbegabteste ihrer Söhne. Mit dem sanften Charakter haben sie durchaus recht. Verbindlichkeit, Offenheit und Freundlichkeit sollten ein Leben lang zu Brunos Markenzeichen gehören. Und tatsächlich dürfte er in dieser Beziehung auch unter seinen Geschwistern hervorgestochen haben. Die französische Gouvernante der Pontecorvos stöhnt einmal, dass sich für sie das Fegefeuer erübrigen würde, sie hätte es schon als Aufseherin der Pontecorvo-Kinder durchschritten – »Bruno ausgenommen, der war der Himmel«.

Ein anderer Bruder wird Radar-Experte und sollte im Zweiten Weltkrieg in der US Army dienen. Brunos Schwester Giuliana wird eine bekannte Journalistin und später prominente Kommunistin. Das in Europa bekannteste der sieben Pontecorvo-Kinder dürfte jedoch Gilberto Pontecorvo sein. Nachdem er zunächst Chemie studiert hat, arbeitet er als Journalist in Paris und wird dann Regisseur. Nach einigen Dokumentarfilmen und dem Spielfilm *Das Leben ist ohne Gnade* (mit Yves Montand in der Hauptrolle) schreibt er 1966 mit dem Kriegsdrama *Schlacht um Algier* Filmgeschichte. Von 1992 bis 1996 ist der bekennende Marxist Leiter der Filmfestspiele von Venedig.

Zurück in die Zeit von Brunos Kindheit. Zwei Jahre nach seiner Geburt entschließt sich Italien, an der Seite von Frankreich, Großbritannien und Russland in den Ersten Weltkrieg einzutreten. Zwar gehört es damit am Ende des Krieges zu den Siegernationen, allerdings fällt der Gebietszuwachs des Landes weit hinter die Erwartungen der Italiener zurück. Ihre Abgesandten kehren mit fast leeren Händen von den Friedensverhandlungen in Versailles zurück. Statt als Sieger fühlt man sich nun als Verlierer. Das Land ist gegenüber den USA hoch verschuldet, innenpolitisch torkelt es vor sich hin, die Arbeitslosigkeit nimmt bedrohliche Ausmaße an. In solchen Situationen haben Populisten und Heilsversprecher gute Karten. In Italien sind es die Faschisten mit ihrem Anführer, dem »Duce« Benito Mussolini.

Mit mehreren 10 000 Anhängern, die sich vor den Toren Roms zusammengerottet haben, setzt Mussolini 1922 Regierung und König unter Druck und wird zum Regierungschef ernannt. Kommunisten und Faschisten haben sich schon vor Mussolinis Machtergreifung erbitterte Straßenschlachten geliefert. Besonders Mussolinis berüchtigte Schwarzhemden-Truppen haben sich dabei hervorgetan, sozialistische und kommunistische Büros zu überfallen und ihre linken Gegner zusammenzuschlagen. Nun können sie es regierungsamtlich tun. Bald werden antifaschistische Zeitungen und alle Parteien – mit Ausnahme der faschistischen Partei – verboten. In der zweiten Hälfte der 1920er-Jahre hat sich das Land schrittweise in einen totalitären Staat verwandelt. Immerhin nicht ganz so schnell wie Hitlerdeutschland, das dafür weniger als ein Jahr benötigen sollte.

Anders als in Hitlerdeutschland sind jedoch die Juden in Italien keinen diskriminierenden Maßnahmen ausgesetzt. Zwar gewinnen im Verlauf der Jahre antisemitische Strömungen an Einfluss, aber bis 1938 sind die italienischen Juden den übrigen Italienern formal gleichgestellt. Ihr Verhältnis zum faschistischen Regime ist eher durch Loyalität und Vaterlandstreue bestimmt als durch Angst vor Benachteiligung – ausgenommen natürlich, sie sind nicht nur Juden, sondern *linke* Juden. Und das sind eigentlich alle aus der jungen Pontecorvo-Generation.

Die meisten aus der Pontecorvo-Familie exponieren sich aber nicht politisch, mit einer Ausnahme: Brunos Cousin Emilio Sereni, Sohn von Massimo Pontecorvos Schwester. 1927 wird der 20-jährige Sereni Mitglied der verbotenen Kommunistischen Partei, und zwei Jahre später gründet er, zusammen mit einem Mitverschwörer, eine Untergrundorganisation. Damit befindet er sich ganz in der Tradition seiner Schwiegereltern Lev und Xenia Zilberberg, zwei russischen Revolutionären. Lev war schon 1907 hingerichtet worden, aber Xenia gelang die Flucht nach Italien, zusammen mit der kleinen Tochter Xenitschka, Serenis späterer Frau.

1930 wird Sereni verhaftet und zu 15 Jahren Gefängnis verurteilt. Doch schon 1935 kommt er aufgrund einer Amnestie frei. Er setzt sich sofort nach Paris ab, wo er zu einem wichtigen Funktionär der Französischen Kommunistischen Partei aufsteigen sollte. Im Nachkriegsitalien bekleidet er mehrere Ministerposten. Sereni wird in Bruno Pontecorvos Leben noch eine entscheidende Rolle spielen.

Was macht Bruno Pontecorvo derweil? Zumindest nichts Politisches. Er interessiert sich weit eher für Sport, in erster Linie für Tennis. Bruno sieht fantastisch aus, und wenn man ihn mit dem Tennisschläger unterm Arm zum Court schlendern sieht, einen weißen Pullover lässig über die Schultern geworfen, schaut man ihm unwillkürlich nach. Eigentlich müsste er an jedem Finger eine Verehrerin haben. Schade, dass er bei aller Extrovertiertheit dazu neigt, leicht verlegen zu werden und zu erröten – das mag die amourösen Affären in Grenzen gehalten haben. Wie dem auch sei: Bruno schafft es in die dritte Kategorie der italienischen Tennismeisterschaft und dann sogar in die zweite. Um in die erste zu kommen, müsste er letztlich aber wohl mehr trainieren, als ihm lieb ist.

Mit Begeisterung Tennis spielen sollte Bruno aber sein Leben lang. Und nicht nur spielen. Wo immer er jemanden trifft, der etwas von Tennis versteht, nagelt er ihn fest und kann sich endlos über seinen Lieblingssport unterhalten. Später, in der Sowjetunion, wird er sogar gelegentlich in die baltischen Staaten reisen, nur weil man dort westliche Fernsehsender empfangen kann. Sie übertragen die Wimbledon-Wettkämpfe.

1929 schreibt sich Bruno als Student an der Universität Pisa ein. Nicht in Physik, sondern in einem ingenieurtechnischen Fach. Er hat zwar gute Noten, wirklich glücklich ist er mit seiner Wahl jedoch nicht. Nach zwei Jahren schmeißt er darum das Ingenieursstudium hin und entscheidet sich für die Physik. Und wo wird in Italien die beste Physik gemacht?

In Rom. Dort ist 1925 ein blutjunger Professor auf einen Lehrstuhl für Physik berufen worden. Sein Name: Enrico Fermi. Ebenjener Fermi, der 1933 Paulis hypothetisches Teilchen auf den Namen *Neutrino* taufen wird. Fermi hat gleich nach seiner Berufung ein modernes Laboratorium in der Via Panisperna eingerichtet. Schnell hat er eine Gruppe begabter Jungphysiker um sich geschart, die bald unter dem Namen »I ragazzi di Via Panisperna« (»Die Via-Panisperna-Jungs«) bekannt werden würden. Und Bruno Pontecorvo sollte einer von ihnen sein.

Bei Fermi

Nach einer kurzen inoffiziellen Prüfung akzeptiert Fermi Pontecorvo als Studenten des Promotionsstudiengangs Mathematik/Physik. Schon zwei Jahre darauf, im Alter von nur 20 Jahren, promoviert der mit einer experimentellen Studie zu Elektronenmikroskopen. Gleich darauf widmet er sich, jetzt schon als Mitglied der Fermi-Gruppe, einem Thema der Spektroskopie. Ein Jahr später kann er die Ergebnisse in einem renommierten Wissenschaftsjournal veröffentlichen – seine erste Publikation. Da ist er 21 Jahre alt.

Inzwischen ist in der Fermi-Gruppe ein regelrechtes Forschungsfieber ausgebrochen, bei dem es jedoch nicht um die Atom*hülle* (wie in Pontecorvos Arbeit zur Spektroskopie), sondern um den Atom*kern* geht. Ausgelöst worden ist das Fieber durch die Entdeckung der künstlichen Radioaktivität durch Irène und Frédéric Joliot-Curie.

Das Pariser Forscherpaar hat Aluminiumfolien mit Alpha-Teilchen bestrahlt und entdeckt, dass dabei Phosphor erzeugt worden ist. Und zwar radioaktiver Phosphor! Die beiden hatten also *künstlich* Radioaktivität erzeugt. Nun brauchen sie nicht mehr als ein Wochenende, um das Kunststück auch mit anderen Elementen zu wiederholen. Am 15. Januar 1934 veröffentlichen sie ihre Ergebnisse, und schon im nächsten Jahr wird ihnen der Nobelpreis für die Entdeckung der »induzierten«, d. h. künstlichen Radioaktivität verliehen. Marie Curie erlebt die Ehrung ihrer Tochter nicht mehr: Ein Jahr zuvor ist sie an den Folgen der Strahlenkrankheit verstorben.

Weltweit bombardieren jetzt Forscher die verschiedensten Elemente mit Alpha-Teilchen, um neue, womöglich radioaktive Elemente zu erzeugen. Die Schwierigkeit dabei habe ich schon im ersten Kapitel erwähnt: Alpha-Teilchen sind positiv geladen, Kerne aber auch – je schwerer sie sind, umso stärker positiv. Da sich gleiche Ladungen abstoßen, ist es mit den damals verfügbaren Methoden nahezu unmöglich, Alpha-Teilchen in schwere Kerne zu »injizieren«. Nur bei leichten Kernen klappt es. Fermi aber hat die geniale Idee, es mit Neutronen zu versuchen. Die sind elektrisch neutral, und darum ist es egal, wie groß die elektrische Ladung des Kerns ist.

Um Stoffe mit Neutronen zu bestrahlen, muss man aber zunächst über eine starke Neutronenquelle verfügen. Die stellt Fermi mit einer ausgeklügelten Methode selbst her. Und schon im März 1934, keine drei Monate nach der Veröffentlichung der Joliot-Curies, erreicht er sein Ziel. Er hat mithilfe von Neutronen künstliche Radioaktivität in Aluminium induziert. Nun nimmt er sich auch schwerere Elemente vor, bei denen die Pariser Gruppe wegen der positiven Ladung von Alpha-Teilchen gescheitert war. Fermi und seine Leute starten einen Generalangriff und feuern Neutronen auf annährend alle damals bekannten Elemente des Periodensystems. Für jedes Element schreiben sie, zunächst einmal noch ganz grob, die Stärke der induzierten Radioaktivität auf: stark, mittel, schwach, null. »Sie« – das sind Fermi selbst, sein fast gleichaltriger Kollege Franco Rasetti, die etwas jüngeren Physiker Edoardo Amaldi und Emilio Segrè sowie ein junger Chemiker namens Oscar D'Agostino. 60 Elemente testen sie in einem regelrechten Parforce-Ritt, und 40 davon zeigen Anzeichen induzierter Radioaktivität.

Nun halten sie einen Moment inne. Die Technik der Neutronenbestrahlung beherrschen sie mittlerweile perfekt, auch haben sie mit Silber ein Standard-Element gefunden, an dessen radioaktiver Intensität sie alle anderen Messungen eichen. Jetzt brauchen sie jemanden, der alle Messungen wiederholt, diesmal sorgfältiger, mit genauen Radioaktivitätswerten in Einheiten ihrer »Silber-Skala«. Dieser jemand ist Pontecorvo.

Zusammen mit Edoardo Amaldi misst Pontecorvo nun penibel Element für Element – und ist verwirrt. Ein Ergebnis, das er heute erhält, lässt sich morgen nicht reproduzieren. Mal ist der neue Wert etwas höher als der alte, mal ist es umgekehrt. Pontecorvo überprüft gewissenhaft die Experimentbedingungen: Sie haben sich von dem einen auf den anderen Tag nicht um das Geringste verändert. Oder doch? Irgendwann erscheint es ihm, als wenn das genaue Resultat davon abhängt, ob das Experiment auf einem Holztisch oder auf einer Marmorplatte aufgebaut ist. Ein verrückter Befund!

Fermi wird herbeigerufen. Und der greift, eher intuitiv als gezielt, nach einem kleinen Stück Paraffin, das irgendwo herumliegt, und legt es neben die Quelle. Oh Wunder: Die Aktivität der neutronenbestrahlten Substanz steigt merklich an. Jetzt ist Fermi elektrisiert. Er wechselt die Bleiabschirmung, die die Forscher gegen die Strahlung schützen soll, vollständig gegen Paraffin aus. Der Effekt verschlägt den dreien die Sprache. Er ist nicht nur merklich, er ist gewaltig.

Der geniale Fermi findet schnell eine Erklärung. Paraffin enthält viel Wasserstoff. Ein Wasserstoffkern, d.h. ein Proton, hat annähernd die gleiche Masse wie ein Neutron. Das ist entscheidend, denn bei Stößen gleich schwerer Objekte kann mehr Bewegungsenergie vom Projektil auf den gestoßenen Körper abgegeben werden, als wenn dieser wesentlich schwerer ist als das Projektil. Das ist bei Kernreaktionen nicht anders als bei Billardkugeln. Stößt eine Kugel auf eine andere, kann sie im Extremfall alle Energie abgeben und zur Ruhe kommen; stößt sie dagegen auf die Wand des Billardtisches, so prallt sie ab, ohne viel Bewegungsenergie zu verlieren.

Im Paraffin werden also aus *schnellen* Neutronen über mehrere Stöße hinweg sehr effektiv *langsame* Neutronen gemacht. Langsame Neutronen aber, das ist der Clou, können sich viel länger in der Nähe eines Kerns aufhalten als schnelle. Darum haben sie auch mehr Zeit, eine Reaktion auszulösen. In unserem Fall die Reaktion, mit der die künstliche Radioaktivität erzeugt wird.

Diese Entdeckung ist mehr als eine Entdeckung. Sie ist ein Durchbruch. Kein heutiger konventioneller Kernreaktor würde ohne eine Substanz funktionieren, die Neutronen langsam macht und damit eine Kettenreaktion ermöglicht. Eine solche Substanz nennt man *Moderator*. Typische Moderatoren sind Graphit (also Kohlenstoff), Wasser oder schweres Wasser – jeder mit seinen besonderen Vor- und Nachteilen.

Fermi und seine Leute sind begeistert und machen sich schon daran, eine Veröffentlichung zu schreiben, als ihr Direktor Corbino sie bremst. »Seid ihr verrückt!«, ruft er ihnen zu und schlägt die Hände über dem Kopf zusammen. Der alte Hase lebt nicht wie seine jungen Mitarbeiter im Elfenbeinturm der Grundlagenforschung. Er erkennt sofort, dass die Entdeckung industrielle Anwendungen verspricht und dass gleichzeitig mit einer Veröffentlichung ein Patent angemeldet werden muss. Und so geschieht es auch. Auf der Veröffentlichung stehen fünf Namen: die *Via-Panisperna-Jungs* Fermi, Amaldi, Pontecorvo, Rasetti und Segrè. Die Patentinhaber sind ebenfalls diese fünf, zusammen mit einem Chemiker und einem Physiker, der bei der Herstellung der Neutronenquellen beteiligt war.

Pontecorvo kann nun auf eine grundlegende Entdeckung verweisen, an der er beteiligt war. Zudem ist er inzwischen zu einem Meister im Experimentieren mit Neutronen geworden. Zeit, mit diesem Pfund zu wuchern! Er bewirbt sich auf ein Stipendium für einen Forschungsaufenthalt bei den Joliot-Curies in Paris – und gewinnt. Der nun auch in Italien aufziehende regierungsamtliche Antisemitismus mag mit zu seiner Entscheidung beigetragen haben.

Paris: Pontecorvo wird politisch

Das Paris, in das Pontecorvo im Frühjahr 1936 kommt, ist nicht mehr die Stadt der 1920er-Jahre, die Hemingway in seinem Buch *Paris, ein Fest fürs Leben* so hymnisch beschreibt. Der Glanz und die Prosperität, die die französische Hauptstadt nach dem gewonnenen Ersten Weltkrieg auszeichneten, sind im Schwinden begriffen. Das Land ächzt unter den Folgen der Weltwirtschaftskrise. 1934 hat es einen rechtsradikalen Aufstandsversuch gegeben, und die Sympathien der rechten Parteien für den italienischen Faschismus sind beängstigend. Jenseits des Rheins wird Hitlerdeutschland immer bedrohlicher.

Unter diesen Bedingungen schließen sich Sozialisten und Kommunisten im Januar 1936 zur *Front Populaire* (Volksfront) zusammen. Das wiederum ist nur möglich, weil Stalin ein Jahr zuvor sein Verdikt gegen jegliche Zusammenarbeit zwischen Kommunisten und Sozialdemokraten aufgehoben hat. Von heute auf morgen sind die Sozialdemokraten nun nicht mehr »Sozialfaschisten«, sondern Verbündete im Kampf gegen Hitler. Die Volksfront gewinnt die Wahlen, und ihr Kandidat Léon Blum wird der erste sozialistische Premierminister Frankreichs. Aber noch vor Blums bevorstehender Regierungsübernahme im Juni eskalieren die Ereignisse. Im Februar fordern Demonstrationen gegen die alte Regierung 17 Tote und Tausende Verletzte. Die Lage spitzt sich weiter zu, Massenstreiks legen zeitweilig das ganze Land lahm. Die Zustände könnten kaum chaotischer sein, als Blum sein Amt endlich antritt.

Besonders Paris birst vor politischer Energie und öffentlichen Debatten – ganz anders als Rom, wo Mussolinis totalitäres Regime jede öffentliche Auseinandersetzung unmöglich gemacht hat. Das Rom, in dem Pontecorvo fünf Jahre gelebt hat. Auch in Fermis Gruppe ist die Politik konsequent ausgespart worden. Denn ganz abgesehen von möglichen staatlichen Repressionen scheute man sich, die Hand zu beißen, die einen füttert. Und das war, auf unterster Ebene, der hoch respektierte Institutsdirektor Corbino.

Wie in ganz Paris, so herrscht auch im Radiuminstitut der Joliot-Curies eine politisch aufgeladene Atmosphäre, in diesem Fall besonders geprägt durch Irène und Frédéric selbst. Beide sind Mitglieder der Sozialistischen Partei, stehen aber den Kommunisten sehr nahe. Als Pontecorvo anreist, weilt Frédéric gerade auf einer Konferenz in Moskau. Nach der Konferenz hängt er noch einen Monat dran und trifft eine Reihe einflussreicher Politiker und Wissenschaftler. Blind gegenüber den Schattenseiten des brutalen Systems (gerade beginnen die berüchtigten Schauprozesse gegen Stalins innerparteiliche Gegner), sieht er nur das augenscheinlich Positive. Er fühlt sich in seinen kommunistischen Anschauungen bestärkt und beflügelt. Kaum dass er zurückgekehrt ist, kommt die Regierung Blum an die Macht. Blum beruft Irène als Unter-Staatssekretärin für Forschung.

Bei den Joliot-Curies lernt Pontecorvo, dass Wissenschaft etwas sein kann, womit man nicht nur seinen eigenen Wissensdrang befriedigt und darüber hinaus vielleicht noch eine kommerzielle Anwendung im Auge hat, sondern dass sie gleichzeitig Dienst für den gesellschaftlichen Fortschritt sein und dem Wohl der Menschheit dienen sollte. Schon Irènes Eltern, Marie und Pierre Curie, hatten sich die Herstellung von hochreinem Radium nicht patentieren lassen, weil »Radium ein Element ist, das allen Menschen gehört und nicht der Bereicherung einzelner Personen dienen soll«. Die beiden genannten Motive – die intellektuelle Befriedigung und der soziale Fortschritt – sollten von nun an auch für Pontecorvo die Grundlagen seines beruflichen Selbstverständnisses bleiben.

Neben den Joliot-Curies hat aber jemand anderes einen noch viel größeren Einfluss auf Pontecorvos politisches Weltbild. Es ist sein Cousin Emilio Sereni. Er ist 1935 im Rahmen einer Amnestie freigekommen und hat sich, zusammen mit Frau und Tochter, sofort nach Frankreich abgesetzt. Dort beginnt er für die Italienische Kommunistische Partei zu arbeiten. Der umtriebige und polyglotte Sereni (er spricht neben Italienisch auch Französisch, Deutsch, Englisch, Russisch, Hebräisch, Japanisch und »selbstverständlich« auch Latein und Griechisch) fühlt sich in Paris sofort zu Hause und hat einen schier unübersehbaren Kreis von Freunden und Bekannten, viele von ihnen Kommunisten wie er. Natürlich ist die Arbeit seiner Partei, die ja in das faschistische Italien hineinwirken soll, zum großen Teil Untergrundarbeit. Sereni ist für kulturelle Belange zuständig und fungiert unter anderem – das nun allerdings ganz offiziell – als Herausgeber zweier kommunistischer Zeitschriften. Unter dem Einfluss von Sereni wird Pontecorvo zum Kommunisten. Zum *gläubigen* Kommunisten.

Als Pontecorvo in Paris ankommt, ist es noch nicht einmal ein Jahr her, dass die Joliot-Curies den Nobelpreis für Chemie erhalten haben, für die Entdeckung der künstlichen Radioaktivität. Das Radiuminstitut, das Irène von ihrer Mutter Marie übernommen hat, ist zu diesem Zeitpunkt die europäische Spitzenadresse auf dem Gebiet der Kernforschung, zusammen mit dem Institut von Ernest Rutherford in Cambridge, gefolgt von der Hahn-Meitner-Gruppe in Berlin, Fermis *Panisperna-Jungs* in Rom und der Forschungsgruppe von Igor Kurtschatow (dem späteren »Vater der sowjetischen Atombombe«) in Moskau.

Kurtschatow hat sich ein gutes Jahr zuvor einem Phänomen zugewandt, das unter dem Namen Kernisomerie bekannt werden sollte: Atomkerne, die zwar die gleiche Anzahl von Protonen und Neutronen besitzen, sich aber in unterschiedlichen Energiezuständen befinden und darum zu Zerfällen mit unterschiedlichen Zerfallszeiten führen. Das Phänomen war schon 1917 von Frederick Soddy, einem Assistenten Rutherfords, vorhergesagt worden. Vier Jahre später identifizierte Otto Hahn die beiden ersten isomeren Kerne, als er die Zerfallsreihe von Uran untersuchte. Dieser Befund, der nur ein einziges Element betraf, blieb aber für zwei Jahrzehnte liegen, ohne dass jemand ihm besondere Aufmerksamkeit gewidmet hätte. Gleich nachdem die Joliot-Curies die künstliche Radioaktivität entdeckt haben und die Fermi-Gruppe gezeigt hat, wie effektiv Untersuchungen mit langsamen Neutronen sind, ändert sich das aber. Igor Kurtschatow kann nach Beschuss mit langsamen Neutronen die ersten künstlich erzeugten Isomere beobachten, und nicht nur einige wenige, sondern ein gutes Dutzend. Ein weiteres

Jahr später, 1936, präsentiert Carl Friedrich von Weizsäcker eine Hypothese zur Erklärung des Phänomens, und Pontecorvo sollte es sein, der 1937 und 1938 mit einer ausgeklügelten Methode den entscheidenden Beitrag zur Bestätigung der Hypothese liefert. Niemand hat das bisher geschafft.

Schon mit diesen ersten Arbeiten zu Kernisomerie kann Pontecorvo Frédéric Joliot-Curie von sich überzeugen, und nicht nur den, sondern auch die Kommission, die über die Vergabe eines Stipendiums entscheidet, mit dem er ein weiteres Jahr in Paris verbringen kann. Auch Fermi, für den Pontecorvo bis dahin irgendwo zwischen fantastischem Tennisspieler und vielversprechendem Jungphysiker rangiert hat, sendet ihm anerkennende Glückwünsche.

Inzwischen ist Joliot-Curie auf eine Professur am Collège de France berufen worden und kann ein großzügig ausgestattetes Laboratorium für Kernphysik einrichten, mit zwei topmodernen Geräten zur Teilchenbeschleunigung, einem Van-de-Graaff-Generator und einem Zyklotron. Zusammen mit André Lazard, einem Assistenten Joliot-Curies, führt Pontecorvo an dem Van-de-Graaff-Generator erste Versuche durch. Sie führen zur Entdeckung von Röntgenstrahlung, die bei gewissen Isomer-Übergängen emittiert wird. Joliot-Curie gratuliert ihm stürmisch.

Pontecorvo ist angekommen. Er ist nicht mehr nur das begabte jüngste Mitglied der *Panisperna-Jungs* und Experte im Umgang mit langsamen Neutronen, sondern jemand, der eigenständige Beiträge zur Klärung eines hochaktuellen Problems geliefert hat. Von nun an kennt man seinen Namen in der Welt der Kernforschung.

Marianne

Zurück ins Jahr 1936. Am Abend des 12. November schlendert Pontecorvo in den Tanzklub *La Bohème* im Pariser Viertel Montparnasse. Es ist nicht das erste Mal, dass er dort ist. Aber heute Abend lernt er eine blonde skandinavische Schönheit kennen und verliebt sich sofort in sie. Marianne, so ihr Name, stammt aus Schweden, ist 19 Jahre alt – also fünf Jahre jünger als Bruno – und verdient sich als Au-pair-Mädchen ihren Unterhalt. Auf Bruno übt nicht nur ihre Schönheit einen Reiz aus, sondern auch ihr sanftes, zurückhaltendes Temperament und die Aura einer gewissen Schutzbedürftigkeit. Das genaue Gegenteil von ihm, dem extrovertierten, charismatischen Südländer.

Bruno und Marianne werden ein Paar. Im Januar 1938 zieht Marianne zu ihm, am 30. Juli wird ihr erster Sohn geboren. Sie nennen ihn Gil. Was eigentlich ein Grund zur Freude hätte sein können, stürzt Marianne jedoch in eine postnatale Depression. Nicht nur, dass sie jetzt plötzlich Mutter ist, nein, sie ist auch unverheiratet, und in sechs Wochen würde sie Frankreich verlassen müssen. Ihr Visum ist abgelaufen. Erstaunlicherweise kann sich Pontecorvo nicht zu einer Heirat entschließen, obwohl sie als seine angetraute Frau in Frankreich bleiben könnte. So fährt Marianne ohne Gil, den sie aus Frankreich zwar heraus- aber nicht wieder hineinbringen könnte, nach Schweden. Pontecorvo begleitet sie, indes der sechs Wochen alte Gil in einer stationären Kinderkrippe zurückbleibt. Er kehrt, nachdem er ein paar Tage bei Mariannes Eltern verbracht und sich äußerst unwillkommen gefühlt hat, nach Paris zurück. Marianne sollte ihm erst ein Jahr später folgen, im September 1939.

Inzwischen hat sich ihre Depression weiter ausgewachsen. Pontecorvo, geborenes Frohgemüt, hat Schwierigkeiten, das zu begreifen. »Aber was ich unbedingt wissen möchte – was ist es für eine Krankheit, an der Du leidest?«, schreibt er ihr. »Warum kommst Du denn nicht gleich nach Paris? … Ich will Dich nicht überreden, aber wir haben so viele Dinge zu regeln, für den Kleinen und für uns!« Er selbst kann nicht zu ihr; Schweden hat ihm ein neuerliches Visum verweigert.

Währenddessen dreht sich das Rad der Geschichte mit atemberaubender Geschwindigkeit. Am 23. August 1939 haben der deutsche und der sowjetische Außenminister den berüchtigten Hitler-Stalin-Nichtangriffspakt unterzeichnet, der fatalerweise beiden Partnern erlaubt, *andere* Staaten zu überfallen. Was auch geschieht. Am 1. September marschieren deutsche Truppen von Westen in Polen ein, am 17. September sowjetische von Osten.

Was die meisten Linken in Ratlosigkeit, wenn nicht gar Verzweiflung stürzt, hat bei anderen genau den umgekehrten Effekt. Die *L'Humanité*, Zeitung der französischen Kommunisten, berichtet zufrieden, dass die deutschen Faschisten mit diesem Schachzug gezwungen worden seien, ein Abkommen mit genau dem Land zu schließen, das sie immer als ihren Erzfeind bezeichnet haben. Die UdSSR als Friedenstifter, der Hitler regelrecht in diesen Pakt hineingezwungen hat, ein Triumph der Politik des weisen Führers Stalin!

Pontecorvo ist inzwischen zu einem gläubigen Adepten Moskaus geworden. Kurz nachdem der fatale Vertrag unterzeichnet worden ist, tritt er in die Französische Kommunistische Partei ein – »um sein Vertrauen in Russland zu beweisen«, wie es zwölf Jahre später sein Bruder Guido dem englischen Geheimdienst berichten wird.

Marianne ist im September 1939 nach Paris zurückgekehrt. Im Januar 1940 heiraten die beiden endlich. Vier Monate später, am 10. Mai 1940, beginnen die Deutschen ihre Generaloffensive gegen Frankreich. Schon fünf Wochen später können sie ihre Siegesparade in Paris abhalten. Da sind Bruno und Marianne bereits auf der Flucht.

Kernspaltung und Flucht nach Amerika

Anderthalb Jahre zuvor hatten Hahn und Straßmann die Kernspaltung entdeckt. Irène Joliot-Curie war damals vor Ärger außer sich gewesen. Sie hatte im Jahr zuvor Andeutungen desselben Effekts beobachtet, war sich aber ihrer Sache nicht sicher genug, um sie öffentlich zu machen. Nun aber stürzten sich die Joliot-Curies mit voller Kraft auf die Kernspaltung. Schon im Januar konnte Frédéric bekannt geben, dass in einem Spaltungsakt weitere Neutronen freigesetzt werden, die im Prinzip weitere Spaltprozesse auslösen können. Das aber bedeutete, dass eine Kettenreaktion möglich ist. Eine Sensation. Ganz gegen die Familientradition meldet Joliot-Curie drei Patente an, das eine davon geheim. Es bezieht sich auf eine Anwendung von Uran als Sprengstoff.

Joliot-Curie und seine Mitarbeiter haben für ihre ersten Versuche gewöhnliches Wasser als Moderator benutzt. Schnell wird ihnen aber klar, dass schweres Wasser als Moderator weit effektiver ist. Bei schwerem Wasser besteht der Kern der beiden Wasserstoffatome nicht nur aus einem Proton, sondern aus einem Proton plus einem Neutron. Es absorbiert weniger Neutronen als Wasser, bremst sie aber ähnlich effektiv ab. Der einzige europäische Produzent von schwerem Wasser sitzt jedoch in Norwegen. Joliot-Curie kann die französische Regierung überzeugen, in einer geheimen Aktion 160 Liter schweres Wasser von Norwegen nach Frankreich zu schaffen, um es – so das Argument den Norwegern gegenüber – vor dem möglichen Zugriff der Deutschen zu sichern. Nun kann man in Paris Experimente mit schwerem Wasser in Angriff nehmen. Aber bevor es damit losgeht, marschieren die Deutschen in Frankreich ein. In einer abenteuerlichen Aktion schaffen es zwei Mitarbeiter von Joliot-Curie, das schwere Wasser nach England zu bringen. Einem dritten Mitarbeiter verweigern die Briten die Einreise. Es ist Pontecorvo.

Pontecorvo ist klar, dass er so schnell wie möglich fliehen muss. Als Jude ist er unmittelbar gefährdet. Marianne mit dem kleinen Gil hat er schon wenige Tage nach dem deutschen Einmarsch hinab nach Toulouse geschickt, in den unbesetzten Süden Frankreichs. Nun hilft er beim Verpacken der Laboreinrichtung, die nach Süden transportiert werden soll, um sie vor den Deutschen in Sicherheit zu bringen. Am Ende schwingen er und einige Freunde sich auf Fahrräder und schlängeln sich durch die Menschenmassen, die alle Straßen nach Süden verstopfen.

Im Vergleich zu den meisten Emigranten hat Pontecorvo ein Ass im Ärmel. Sein alter Kollege Emilio Segrè, mittlerweile in den USA, hat ihn einer Firma für Ölerkundung in Oklahoma empfohlen. Dort braucht man einen Experten für Neutronenphysik. Die Amerikaner wollen versuchen, durch Radioaktivitätsmessungen in Bohrlöchern Öllagerstätten ausfindig zu machen. Pontecorvo ist ihr Mann! Und das ist der entscheidende Trumpf in seiner Hand: Mit einem Arbeitsangebot einer amerikanischen Firma in der Tasche ist es weit einfacher, ein US-Visum zu erhalten, als wenn man einer der Tausenden Emigranten ist, die verzweifelt nach einem Ausweg aus Europa suchen. Einfach ist der Weg nach Lissabon, von wo aus die Dampfer nach Amerika ablegen, trotzdem nicht. Man braucht ein Ausreisevisum aus Frankreich, man braucht eine Durchreisegenehmigung für Spanien, und man braucht ein Einreisevisum für Portugal, man braucht schließlich auch das Einreisevisum für die USA. Pontecorvo reist von Toulouse nach Perpignan nahe der spanischen Grenze, von Perpignan nach Marseille und von dort wieder nach Toulouse. Dann hat er alles beisammen, die Reise kann beginnen. Ende Juli erreichen die Pontecorvos Lissabon. Noch bevor sie nach Amerika in See stechen, hat Marianne allerdings eine Fehlgeburt und ist kaum zu einer Weiterreise in der Lage. Aber nun sind sie bis hierher gekommen und wollen auf keinen Fall kurz vor dem Ziel aufgeben. Sie schiffen sich trotz Mariannes Zustand ein. Am 9. August lassen sie die portugiesische Küste hinter sich und treffen zehn Tage später in New York ein.

Oklahoma: auf Ölsuche

Die Firma, deren Einladung Pontecorvo zu seinem USA-Visum verholfen hat, heißt *Well Surveys* (»Bohrlocherkundungen«) und ist von zwei Immigranten gegründet worden, einem Polen und einem Russen. Die beiden haben ein Gerät gebaut, mit dessen Hilfe man die Gamma-Strahlung messen kann, die vom umgebenden Gestein ausgesendet wird. Schiefergestein, das häufig Ölvorkommen umschließt, enthält die radioaktiven Elemente Uran und Thorium, im Gegensatz zu Sandstein und Lehm. Die Sonde der beiden Tüftler konnte in der Tat ölhaltiges Schiefergestein besser lokalisieren als andere Methoden, und das wiederum beeindruckte die *Standard Oil Company*, einen der großen Player im Ölgeschäft. *Standard Oil* pumpt Geld in die kleine Firma.

Die beiden Inhaber haben natürlich von der künstlichen Radioaktivität gehört, für deren Entdeckung die Joliot-Curies den Nobelpreis erhalten haben, und auch von der Entdeckung der Fermi-Gruppe, dass Neutronen sich besonders gut eignen, künstliche Radioaktivität zu erzeugen. Bei genügend starker Neutronenbestrahlung, so ihre Überlegung, könnten gewisse Gesteine weit stärkere Gamma-Strahlung aussenden als jene, die von natürlicher Radioaktivität ausgeht. Was ihnen fehlt, um aus dieser vagen Idee etwas zu machen, ist ein Experte für den Umgang mit Neutronen, und da gibt es weltweit kaum einen geeigneteren als Pontecorvo.

Well Surveys sitzt in Tulsa/Oklahoma, damals so etwas wie die Ölhauptstadt der USA. Pontecorvo zieht nach Tulsa, stürzt sich ohne Zögern in die Arbeit und entwickelt binnen anderthalb Jahren mehrere geniale Methoden. Eine davon ist auch heute noch ein Standardverfahren der Bohrlocherkundung. Leider achtet er nicht auf eine Patentierung, die statt seiner die Firma übernimmt – andernfalls wäre er später Millionär geworden.

Es würde zu weit führen, Pontecorvos Verfahren im Detail zu erklären, zumal sie nichts mit Neutrinos zu tun haben. Genug zu sagen, dass seine Methoden weit besser zwischen Schiefer, Lehm und Sandstein unterscheiden können als sämtliche konkurrierende Verfahren. Die Unterstützung bei seinem Einreisevisum in die USA hat sich für *Well Surveys* mehr als ausgezahlt.

Im Herbst 1941 muss Pontecorvo auf einmal feststellen, dass gewisse radioaktive Isotope vom Markt verschwunden sind. Noch kann er über den Grund nur spekulieren, denn vom Manhattan-Projekt, dem geheimen Bombenprogramm der USA, hat er keine Ahnung. Nachdem die USA im Dezember in den Weltkrieg eingetreten sind, entsteht für ihn zunächst aber ein völlig anderes, gravierenderes Problem. Er ist nun ein »feindlicher Ausländer«, und das bringt eine Reihe von Restriktionen und heiklen Situationen mit sich. Einmal zum Beispiel wird er wegen einer kleinen Verkehrsübertretung von der Polizei gestoppt. Als er mit seinem ausländischen Dialekt Verdacht erregt und sich darüber hinaus noch so ungeschickt verhält, dass die Polizisten ihn fast über den Haufen geschossen hätten, gilt er amtlicherseits als jemand, den man genauer unter die Lupe nehmen muss. In seiner Abwesenheit tauchen Ermittler in seiner Wohnung auf und erschrecken Marianne mit einer Hausdurchsuchung – wobei den Augen der Gesetzeshüter eine Reihe kommunistischer Schriften im Bücherschrank nicht entgeht. Marianne, danach befragt, antwortet unschuldig, sie wisse gar nicht, was das sei – »Kommunismus«. Aber es hilft alles nichts: Von nun an ist Pontecorvo ein Verdachtsfall.

Auch Fermi, der ein Jahr später in Chicago den ersten Kernreaktor der Welt in Betrieb nehmen sollte, ist »feindlicher Ausländer«, anfangs mit ähnlichen Reisebeschränkungen wie Pontecorvo. Kaum vorstellbar für einen Mann von solcher Wichtigkeit für das Manhattan-Projekt! Als Pontecorvo ihn im April 1942 besucht, quetscht Fermi alles aus ihm heraus, was er zu seinen neueren Erkenntnissen zum Umgang mit Neutronen zu sagen hat. Spätestens an dieser Stelle muss Pontecorvo geahnt haben, dass etwas im Schwange ist. Auch dass etliche führende Physiker wie vom Erdboden verschluckt und über ihre Universitätsadressen nicht mehr zu erreichen sind, kann ihm nicht verborgen geblieben sein.

Für *Well Surveys* hat Pontecorvo alles geliefert, was man erwarten konnte. Nun hält er nach etwas Neuem Ausschau. Und genau in diesem Moment bekommt er ein Angebot, an einem Projekt für einen Kernreaktor in Kanada mitzuarbeiten. Chef des Unternehmens ist Hans von Halban, einer der beiden Mitarbeiter der Joliot-Curies, die zwei Jahre zuvor deren schweres Wasser nach England gebracht haben. Auch Großbritannien hat ein Nuklearprogramm, das allerdings wegen der drohenden Invasion durch Deutschland nach Kanada ausgelagert worden ist. Es trägt den Decknamen *Tube Alloy* (»Rohrlegierung«) und wird dem Manhattan-Projekt angegliedert. Ein entsprechendes Abkommen sieht vor, dass beide Länder die Kernwaffentechnologie gemeinsam nutzen würden. Allerdings lassen die misstrauischen Amerikaner ihre englischen Partner über mehr und mehr Einzelheiten des Manhattan-Projekts im Unklaren. Besonders nachdem Fermi seinen Reaktor zum Laufen gebracht hat, begrenzen sie den Informationsfluss radikal.

Selbstredend wissen auch innerhalb von *Tube Alloy* die Mitarbeiter des einen Teilprojekts im Allgemeinen nicht, was in anderen Teilprojekten vor sich geht. Pontecorvo hat darum auch keinen Zugriff auf zentrale kriegswichtige Informationen. Der englisch-kanadische Reaktor ist nämlich eine Anlage, die auf die friedliche Nutzung nach Kriegsende ausgerichtet ist. Anders als bei Fermis Reaktor, bei dem der Moderator aus Graphit besteht, wird hier schweres Wasser benutzt. Schwerwasserreaktoren können mit natürlichem Uran betrieben werden und erfordern darum keine aufwendigen Anreicherungsanlagen, über die damals nur die USA verfügen. Schwerwasserreaktoren können auch viel kompakter gebaut werden als Reaktoren, in denen normales Wasser oder Graphit als Moderator verwendet werden. Dafür ist schweres Wasser sehr teuer.

Der kanadische NRX-Reaktor (NRX für »National Research X-metal« – X-metal war die Code-Bezeichnung für Uran) sollte nach dem Krieg für einige Jahre der leistungsstärkste Reaktor der Welt werden und so viel Plutonium brüten, dass Kanada es in großem Maßstab in die USA exportieren kann. Noch ist es aber nicht so weit. Noch arbeitet man am Entwurf eines kleinen Demonstrationsreaktors, um alles Nötige für den Bau eines großen Reaktors zu lernen. Und dazu kann Pontecorvo, der Neutronenexperte, erheblich beitragen.

1943 beginnt er in Kanada zu arbeiten, zuerst in Montreal, dann im Chalk River Laboratorium, 120 Kilometer nordwestlich von Ottawa, wohin die Nuklearforschung wegen möglicher Gefahren für die Bevölkerung 1944 ausgelagert wird – keine unbegründete Entscheidung, denn tatsächlich sollte sich am 12. Dezember 1952 ein schwerwiegender Unfall im Reaktor ereignen. Inzwischen hat Pontecorvo auch Zugang zu Fermis Reaktor in Chicago und darf dort etliche Messungen vornehmen, die für den Bau des kanadischen Reaktors entscheidend sind. Kein Wunder, dass es sich dabei wieder um das Verhalten von Neutronen handelt. Fermis Reaktor ist – neben allem anderen, was ihn sonst noch auszeichnet – die stärkste damals vorhandene Neutronenquelle der Welt.

Einer von Pontecorvos Begleitern auf den Reisen nach Chicago ist übrigens ein Kollege namens Alan Nunn May, der Hans von Halban als Chef der Physikabteilung abgelöst hat. Nunn May wird später als Spion für die Sowjetunion enttarnt werden. Ob Pontecorvo ebenfalls Informationen an die Sowjets geliefert hat, ist völlig offen. Aber wie dem auch immer sei: Seine Nähe zu Nunn May sollte später, nachdem dieser dingfest gemacht geworden ist, auch auf ihn selbst einen Schatten werfen.

Die Untersuchung, wie sich verschiedene Materialien unter Neutronenbeschuss verhalten, ist nur eine Seite von Pontecorvos Tätigkeit. Die andere ist die Suche nach Uranlagerstätten. Dabei geht es nicht um Messungen in Bohrlöchern, sondern um Erkundungsmessungen an der Erdoberfläche. Zusammen mit seinen alten Kollegen aus Tulsa testet Pontecorvo unterschiedliche Methoden. Ende 1944 präsentiert er die Ergebnisse vor einer hochrangigen Kommission in New York. Seine Ergebnisse beeindrucken die Kommissionsmitglieder. Pontecorvos geniale Verbindung von Geologie und Kernphysik sollte kurz darauf für das

Manhattan-Projekt übernommen werden. Und auch in der UdSSR wird man sich sehr genau für diesen Aspekt von Pontecorvos Tätigkeit interessieren.

Neutrinos, zum Ersten

Bei Kriegsende braucht sich Pontecorvo über Stellenangebote keine Sorgen zu machen. Sein Ruf hat sich auch weit über den engeren Kreis der *Tube Alloy*-Mannschaft hinaus verbreitet, und er erhält attraktive Angebote verschiedener amerikanischer und europäischer Universitäten. Er entscheidet sich jedoch, in Chalk River zu bleiben. Nun, wo er schon so viel für den NRX getan hat, will er auch dabei sein, wenn der Reaktor in Betrieb geht. Schließlich möchte er die ausgeklügelten Neutronenmonitore, die er entwickelt hat, selbst überwachen. Und tatsächlich ist er – abgesehen von der eigentlichen Bedienmannschaft – einer von nur vier Physikern, die bei der Inbetriebnahme im Kontrollraum sein dürfen.

Vielleicht spielen auch die Geburt eines zweiten Sohnes und die Befindlichkeit von Marianne eine Rolle für den Entschluss, nicht gleich wieder woandershin zu wechseln. Tito Niels haben er und Marianne ihren Sohn getauft, und der Name legt nahe, dass es weniger Marianne als vielmehr Bruno war, der den Namen ausgesucht hat: Niels nach Niels Bohr und Tito nach dem kommunistischen Führer der jugoslawischen Befreiungsbewegung.

1945 hat Pontecorvo fast zwei Jahre am Bau eines Kernreaktors mitgearbeitet, und zwangsläufig ist er dabei auch wieder mit Fermis Theorie der Beta-Strahlung in engste Berührung gekommen. Schließlich sind es ja Beta-Zerfälle, die die Spaltprodukte über eine ganze Zerfallskette in langlebige oder gar stabile Isotope umwandeln. Bei jedem dieser Zerfälle aber wird ein Neutrino emittiert. Genauer gesagt ein Anti-Neutrino – aber diese Unterscheidung ist damals noch nicht geläufig.

Der NRX-Reaktor müsste nach Pontecorvos Schätzung über 10^{15} (1000 Billionen) Neutrinos pro Sekunde ausspucken, pro Woche also etwa 10^{21}. Das ist interessanterweise gerade die Zahl, die Bethe und Peierls 1934 für die Distanz berechnet haben, die ein einzelnes Neutrino zurücklegen müsste, ehe es reagiert: *Im Mittel* müsste es 10^{21} cm Wasser durchfliegen, ehe es endlich gegen einen Atomkern prallt. Was sich für ein einzelnes Neutrino entmutigend anhört, sieht ganz anders aus, wenn man über eine Quelle verfügt, die 10^{21} Neutrinos pro Woche liefert. Schließlich geht es ja nicht darum, ein ganz bestimmtes, sondern nur *irgendeines* dieser Neutrinos nachzuweisen. Und damit – so Pontecorvo – rückt der Nachweis des Neutrinos in den Bereich des Möglichen.

Pontecorvo ist klar, dass ein Neutrinodetektor möglichst groß sein muss, damit ausreichend viele Neutrinos in ihm reagieren. Das Material sollte darum nicht allzu teuer sein. Szintillatoren, wie Reines sie 1953 bei seinen ersten Versuchen, das Neutrino nachzuweisen, benutzen wird, sind zu Kriegsende noch nicht erfunden. Pontecorvo denkt stattdessen an eine Methode, bei der man die Zerfälle von radioaktiven Isotopen nachweist, die bei einer Neutrinoreaktion erzeugt worden sind. Aber was für ein Material könnte das sein, in dem die Neutrinoreaktionen stattfinden sollen? Eine Flüssigkeit wäre ideal, denn deren Volumen wäre – außer durch den Preis – nur durch die Tankgröße begrenzt.

1946 veröffentlicht er einen Bericht, in dem er Tetrachlormethan (CCl_4) als Material vorschlägt. Tetrachlormethan, heute in dieser Anwendung verboten, ist damals der wesentliche Bestandteil vieler Reinigungsmittel und damit nicht übermäßig teuer. Was Pontecorvo vorschwebt, ist Folgendes: Das Neutrino stößt auf den Kern eines Chlor-Atoms, genauer: einen Chlor-37-Kern. Der Kern dieses Chlor-Isotops besteht aus 17 Protonen und 20 Neutronen und ist in natürlichem Chlor mit etwa 25 Prozent vertreten. Das Neutrino wandelt ein Neutron in ein Proton um, wodurch aus dem Chlor-37-Kern ein Argon-37-Kern wird und gleichzeitig ein Elektron ausgespuckt wird. Wie oben erwähnt, ist dieser Prozess mit den Neutrinos aus Kernreaktoren nicht möglich, denn bei denen handelt es sich um *Anti*-Neutrinos (Symbol $\bar{\nu}$).

Nachgewiesen werden soll aber nicht das Elektron, sondern der spätere Zerfall des Argon-37-Kerns. Argon ist ein Edelgas, darum gehen die wenigen Argon-Atome, die bei Neutrinoreaktionen entstanden sind, keine chemische Bindung ein und lassen sich – eventuell dadurch, dass man die Flüssigkeit erhitzt oder durchspült – aus der Tetrachlormethan-Flüssigkeit herauslösen. Die Argon-37-Kerne wandeln sich mit einer Halbwertszeit von circa 35 Tagen durch den Einfang eines Elektrons der Atomhülle wieder in einen Chlor-37-Kern um. Beim Auffüllen der entstandenen Lücke in der Hülle wird Energie freigesetzt, die ihrerseits dazu führt, dass ein anderes Elektron aus dem Atom herauskatapultiert wird. Dieses Elektron gilt es nachzuweisen.

In seinem Bericht mit dem für Laien eher nichtssagenden Titel »Der inverse Beta-Prozess« geht Pontecorvo verschiedenste Methoden durch, mit denen man Neutrinos dingfest machen könnte. Die eben erwähnte bleibt als die vielversprechendste übrig. Der Report gilt mittlerweile als eine der Veröffentlichungen, deretwegen Pontecorvo einen Nobelpreis verdient gehabt hätte. Mit der Chlor-Argon- Methode sollte 24 Jahre später Raymond Davis, einem der beiden Protagonisten unseres nächsten Kapitels, der Nachweis von Sonnenneutrinos gelingen. Auf diese Möglichkeit hat ein Chalk-River-Hospitant schon 1946 hingewiesen, Pontecorvo erwähnt sie auch in seinem Bericht. Da aber damals die Kenntnisse über Sonnenneutrinos noch rudimentär waren und man deren Fluss weit niedriger einschätzte, als er tatsächlich ist, geht er nicht tiefer darauf ein.

Frank Close, dessen Buch über Bruno Pontecorvo ich einen Großteil des hier Berichteten entnommen habe, hat herausgefunden, dass Pontecorvos veröffentlichter Bericht auf einem als geheim klassifizierten Report beruht, den er schon 1945 geschrieben hatte. Aus diesem geheimen Report ergibt sich, dass Pontecorvo die Kernidee seines veröffentlichten Berichts nicht allein entwickelt hat. Tatsächlich hat ein Franzose namens Jules Guéron, der als Chemiker in Chalk River arbeitete, als Erster die Tetrachlormethan-Idee gehabt. Sicherlich hat er als Chemiker seine Idee nicht in einen so systematischen physikalischen Zusammenhang wie Pontecorvo gebracht, aber dass Pontecorvo Guéron in seinem veröffentlichten Bericht gänzlich verschweigt, bleibt verwunderlich. *Durfte* er keinen Bezug auf ihn nehmen, weil das irgendwelchen Geheimhaltungsvorschriften widersprochen hätte? *Wollte* er es nicht (und hat darum völlig auf eine formale Referenzliste verzichtet, einschließlich Fermis berühmten Artikels zum Beta-Zerfall)? Wir werden es nie erfahren. Tatsache ist, dass der *veröffentlichte* Bericht eine der drei Säulen ist, auf die sich Pontecorvos Ruf als »Mr. Neutrino« stützt. 1964 sollte das geheime Papier von 1945 freigegeben und damit öffentlich zugänglich werden. Aber niemand stöbert in den Dokumenten, niemand nimmt es zur Kenntnis. Angenommen, Raymond Davis hätte den Nobelpreis für die Entdeckung der Sonnenneutrinos nicht 2002 bekommen, sondern 20 Jahre früher: Er hätte ihn mit Pontecorvo geteilt! Der war 1993 verstorben, aber 1982 noch bei ausreichender Gesundheit.

Offen bleibt bei Pontecorvos Vorschlag zunächst die Frage, wie der Argon-37-Zerfall eigentlich nachgewiesen werden soll. Es reicht ja nicht, dass irgendein Geigerzähler »Klick« macht, sondern man muss die Energie des Elektrons messen können, um sicher zu sein, dass es nicht ein x-beliebiger anderer radioaktiver Zerfall ist, der den Zähler auslöst.

Diese Methode liefert Pontecorvo 1948 als Miterfinder eines neuartigen Teilchendetektors nach: mit dem sogenannten Proportional-Zählrohr. Es ähnelt in seinem Aufbau einem Geigerzähler, aber anders als dieser liefert es den Forschern nicht nur die Information, dass ein elektrisch geladenes Teilchen hindurchgegangen ist (begleitet durch das typische »Klick«-Geräusch). Das Signal eines Proportionalzählers ist vielmehr proportional zu der Energie, die das Teilchen innerhalb des Geräts abgegeben hat.

Die Idee liegt Ende der 1940er-Jahre in der Luft, und wie es häufig ist bei Entwicklungen, für welche die Zeit reif ist, veröffentlichen zwei Forschergruppen fast gleichzeitig erste Ergebnisse, die sie mit dieser brandneuen Technik erhalten haben. Die beiden Gruppen stehen miteinander in Kontakt, und es ist im Nachhinein nicht genau festzustellen, wer wie viel von dem jeweils anderen gelernt hat. In der Rückschau auf etwas, das so lange zurückliegt, kommt es darauf aber vielleicht auch nicht mehr an. Die Ersten, die dazu etwas veröffentlichen, sind drei englische Physiker. Sie haben der Gasfüllung im Innern ihres Zählrohres Tritium beigemischt und beobachten, dass die registrierten Signale exakt der bekannten Form des Beta-Spektrums von Tritium folgen. Das ist genau das, was man bei der erwähnten Proportionalität zwischen Teilchenenergie und gemessenem Signal erwartet. Fast gleichzeitig mit der Veröffentlichung der Engländer erscheint aber auch eine Arbeit von Pontecorvo und zwei Mitarbeitern aus dem kanadischen Chalk River Laboratorium. Sie haben dem Gas im Innern des Rohres das oben erwähnte Argon-37 beigemischt. Und analog zu den Ergebnissen der Engländer können sie mit ihrem Gerät genau das Spektrum von Elektronen messen, die bei Argon-37 Umwandlungen erzeugt werden.

Fast 80 Jahre ist dieser Durchbruch nun her. Die moderne Teilchenphysik verwendet heute anstelle kleiner gasgefüllter Zylinder riesige Proportional*kammern*. Statt eines Drahtes entlang der Achse eines Zylinders sind dabei Hunderte positiv geladene Anodendrähte zwischen quadratmetergroßen Kathodenebenen gespannt und werden von hochgezüchteter Elektronik ausgelesen. Auch in Neutrino-Experimenten werden solche Kammern eingesetzt. Ob die Mehrzahl der jüngeren Forscher, die an diesen Experimenten arbeiten, weiß, dass *ihr* Mr. Neutrino, Bruno Pontecorvo, einer der Geburtshelfer der Nachweismethode war? Ich bezweifele es …

Rätseln um ein Teilchen, das niemand bestellt hat

In den 1930er- und 1940er-Jahren hat sich die kosmische Strahlung als eine Fundgrube für die Kernphysik (das Wort Teilchenphysik war damals noch nicht geläufig) entwickelt. In den gewaltigen Teilchenschauern, die von den primären kosmischen Teilchen in der Erdatmosphäre ausgelöst werden, hat man 1932 das Positron entdeckt, das Antiteilchen zum Elektron. Als Nächstes folgte 1936 das Myon. »Wer hat das bestellt?«, soll der spätere Nobelpreisträger Isidor Rabi ausgerufen haben, als die Entdeckung des Myons bekannt wurde. Es schien eigentlich keinen vernünftigen Grund für die Existenz weiterer Teilchen jenseits der schon bekannten zu geben. Und das waren: Proton, Neutron, das Elektron samt seinem Antiteilchen, dem Positron, und schließlich das Photon. Das Neutrino war zu diesem Zeitpunkt noch völlig spekulativ. Zwar war es im Gegensatz zum Myon durchaus »bestellt«, nämlich von Pauli. Zwar gab es sogar eine Theorie, für die das Neutrino eine zentrale Rolle spielte, nämlich Fermis Theorie des Beta-Zerfalls. Aber das war es auch schon! Bis zum Betrieb leistungsfähiger Kernreaktoren und der Möglichkeit, Neutrinos eventuell *doch* nachweisen zu können, sollte noch ein Jahrzehnt vergehen. Zu den »bekannten Teilchen« hätte man das Neutrino darum beim besten Willen nicht gezählt …

Nun also ein frisch entdecktes, aber nicht bestelltes Teilchen. Was hatte sich die Natur dabei gedacht? Es dauerte nicht lange, dass sich eine naheliegende Interpretation anbot. Ein Jahr zuvor hatte nämlich der Japaner Hideki Yukawa die Existenz eines Teilchens vorhergesagt, das die Kernteilchen im Innern eines Atoms wie eine Art Klebstoff zusammenhält und das man *Meson* taufte. Meson (griechisch für »das Mittlere«), weil es schwerer als das Elektron, aber leichter als das Proton sein musste. Etwa so schwer wie das jetzt entdeckte Myon. Das Yukawa-Teilchen wird jedoch erst weit später bei der Untersuchung der kosmischen Strahlung entdeckt und dann mit dem Namen versehen, den es auch heute noch trägt: *Pion*.

Schon Anfang 1947 können drei Italiener zeigen, dass das Myon nicht das Yukawa-Teilchen sein kann. Und das ist der Punkt, an dem Pontecorvo ins Spiel kommt. Als er sich die Veröffentlichung der Italiener näher anschaut, fällt ihm auf, dass sich das Myon ähnlich wie das Elektron verhält – wenn man von der Tatsache absieht, dass das Elektron stabil ist, das Myon aber mit einer mittleren Lebensdauer von zwei millionstel Sekunden zerfällt. Ist das Myon schlicht und einfach ein schwererer Bruder des Elektrons? Und kann man Fermis Theorie des Beta-Zerfalls auch auf Reaktionen von Myonen anwenden? Ist Fermis Theorie weit allgemeiner als vorher angenommen? Und hat darum dieses nicht bestellte, neue Teilchen etwas mit dem Neutrino zu tun? Pontecorvo ist der Erste, der diese Fragen aufwirft.

Zunächst interessiert ihn aber, wie das Myon zerfällt. Als Zerfallsprodukt nachgewiesen hat man nur ein einziges, elektrisch geladenes Teilchen, und da es nur *ein* geladenes Teilchen gibt, das leichter als das Myon ist – das Elektron –, muss das besagte Teilchen zwangsläufig ein Elektron sein. Aus Gründen der Impulserhaltung muss aber noch mindestens ein weiteres Teilchen erzeugt werden. Fest steht, dass es keine elektrische Ladung besitzt, denn ein geladenes Teilchen hätte man schon längst dingfest gemacht. Mit mehreren genialen Versuchsanordnungen können Bruno Pontecorvo und sein Kollege Ted Hincks in den Jahren 1947 und 1948 zeigen, dass das neutrale Teilchen mit großer Wahrscheinlichkeit kein Photon ist und auch kein neutrales Meson, das ein wenig leichter als das Myon ist. Am naheliegendsten ist, dass es sich um ein Neutrino handelt! Genauer gesagt um zwei Neutrinos, denn aus Gründen der Drehimpulserhaltung würde ein Zerfall in ein Elektron und nur *ein* Neutrino nicht funktionieren. Dass es sich beim Myon-Zerfall tatsächlich um zwei Neutrinos handelt, wird schon ein halbes Jahr später der junge Jack Steinberger zeigen, ein künftiger Nobelpreisträger. Wir werden ihm im Zusammenhang mit Pontecorvo später noch einmal begegnen.

Wir wissen heute, dass Fermis Theorie des Beta-Zerfalls nicht nur diesen speziellen Zerfall beschreibt, sondern eine ganze Klasse von Teilchenreaktionen. Es sind das Reaktionen, die einer einzigen der vier Grundkräfte der Natur unterliegen, der oben bereits erwähnten schwachen Kraft. Mit seinen Veröffentlichungen zum Myon-Zerfall und seinen Gedanken zu einer universellen Gültigkeit der Fermi-Theorie schreibt sich Pontecorvo ein weiteres Mal in die Geschichtsbücher der Physik ein. Und er geht den ersten Schritt zu einer Idee, die er in den 1950er-Jahren äußern wird: dass es nämlich nicht nur eine Neutrinosorte geben müsse, sondern zwei.

Ein kompliziertes Privatleben

Während Pontecorvos Karriere sich außerordentlich erfolgreich entwickelt, gestaltet sich sein Privatleben komplizierter. Nach Gil (1938) und Tito (1944) ist Marianne 1945 von einem dritten Sohn entbunden worden, der auf den Namen Antonio getauft wird. Drei Kinder können Sinn und Freude verleihen. Für eine zu Unsicherheit und Depression neigende Seele wie die von Marianne können sie jedoch gleichzeitig eine stete Quelle von Überforderung sein. Das wäre vielleicht zu meistern, wenn der Partner ein braver Familienvater wäre, der die Abende und Wochenenden behaglich mit der Familie verbringt und über einen Freundeskreis verfügt, der sich aus ausgeglichenen, völlig »normalen« Menschen zusammensetzt. Aber das alles trifft auf Pontecorvo nicht im Geringsten zu. Erstens lebt er in erster Linie für die Physik. Mindestens ebenso wie mit Marianne ist er mit seiner Forschung verheiratet. Und zweitens ist er, ganz anders als Marianne, ausgesprochen extrovertiert. Er brilliert auf dem Tennisplatz und lässt dabei durchaus die Gelegenheit von Flirts nicht aus – nichts, was Marianne besonders glücklich machen dürfte. Die beiden könnten vielleicht trotzdem als Traumpaar durchgehen – er der dunkelhaarige *Latin Lover, everybody's darling*, sie die zurückgenommene, scheue skandinavische Schönheit, die sie immer noch ist. Tatsächlich liebt es Pontecorvo, sich mit seiner schönen Frau zu zeigen. Aber es passiert häufig, dass die beiden eingeladen sind und Marianne sich in letzter Minute in ihr Schneckenhaus zurückzieht und Unpässlichkeit vorschützt, um zu Hause bleiben zu können. Worauf er mit Vorwürfen reagiert. Und selbst wenn Marianne mitkommt, kann sie durch ihre Zurückgezogenheit und fast peinliche Schweigsamkeit ihre Gastgeber in Verlegenheit bringen und ihren Mann in Unmut versetzen.

Dass Pontecorvo sich vor anderen Frauen gelegentlich wie ein Pfau spreizt, kann Marianne noch tolerieren. Einmal treibt es Pontecorvo jedoch mit einem (möglichen) amourösen Abenteuer zu weit. Mit seinem Kollegen Ted Hincks fährt er nach Montreal zu einer Konferenz. Zwei

Plätze sind noch frei in ihrem Auto, und da trifft es sich gut, dass zwei junge Sekretärinnen auch nach Montreal möchten, um ihre Verwandten zu besuchen. Pontecorvo bietet ihnen an, sie im Auto mitzunehmen. So weit, so gut. Dann aber ergibt es sich, dass Pontecorvo und Hincks auf dem Rückweg über Boston fahren müssen, um dort im berühmten Massachusetts Institute of Technology eine Physikfrage zu klären. Und was tun die beiden Physiker? Sie laden die jungen Frauen ein, einfach mitzukommen. Während die vier noch in Boston sind, kehren die anderen Teilnehmer des Montreal-Meetings nach Chalk River zurück, und in Windeseile verbreitet sich das Gerücht über die angebliche neue Eroberung Pontecorvos. Und natürlich hört Marianne davon. Sie schäumt vor Empörung, räumt das gemeinsame Bankkonto leer und entschwindet samt Kindern in einen nahe gelegenen Erholungsort. Als ihr Mann drei Tage später heimkehrt, findet er ein leeres Haus vor. Erst einem Freund gelingt es, Marianne aufzuspüren und sie zur Rückkehr zu bewegen. Pontecorvo aber hat sich in Chalk River mit seiner unbedachten Eskapade einen Spitznamen eingehandelt: Ramon Navarro, nach einem mexikanischen Stummfilmschauspieler, der damals als Sexsymbol gilt.

Marianne leidet unter der Isolierung in Chalk River und möchte nach Europa zurück, wo sie endlich auch ihre Eltern wiedersehen kann. Und auch für Pontecorvo gibt es 1948 keinen zwingenden Grund mehr, in Kanada zu bleiben. Der NRX-Reaktor läuft, und seine anderen Untersuchungen sind nicht an Chalk River gebunden. Zudem hat John Cockcroft ihm ein attraktives Angebot gemacht. Cockcroft ist einer der drei Engländer, die zeitgleich mit Pontecorvo als Erste ein Proportional-Zählrohr eingesetzt haben. Seit 1946 ist er Direktor des neu errichteten Atomforschungszentrums A. E. R. E.* in Harwell, gut 20 Kilometer südlich von Oxford. Dorthin lädt Cockcroft Pontecorvo auf eine sehr gut bezahlte Wissenschaftlerstelle ein.

* A. E. R.E. steht für Atomic Energy Research Establishment. Dort ging 1947 der erste Kernreaktor in Europa in Betrieb. Genauer gesagt in Westeuropa, denn die Sowjets konnten schon 1946 einen Testreaktor im heutigen Kurtschatow-Institut in Moskau in Betrieb nehmen.

Und nun endlich, nachdem er zahlreiche Angebote in den USA und Kanada abgelehnt hat, nimmt Pontecorvo eine Offerte an. Im Januar 1948 packt die Familie ihre Koffer und fliegt nach Großbritannien. Am 1. Februar 1949 tritt Bruno seine Tätigkeit in Harwell an. Nordamerika ist Vergangenheit. Wie nachdrücklich es Vergangenheit ist, weiß auch Pontecorvo zu diesem Zeitpunkt noch nicht.

Harwell: Die Schlinge zieht sich zu

Harwell, der Ort, der dem Forschungszentrum seinen Namen leiht, ist eigentlich nicht mehr als ein kleines Dorf. Die meisten Wissenschaftler wohnen mit ihren Familien nicht dort, sondern in Abingdon, einem nahe gelegenen Städtchen auf halbem Weg nach Oxford, einer der ältesten Städte Englands. Dort beziehen auch die Pontecorvos Quartier. Die Ankunft einer Vielzahl kreativer, hochgebildeter Menschen aus aller Herren Länder haucht dem vormals verschlafenen Flecken neues Leben ein. Theater- und Musikzirkel entstehen, und natürlich gibt es auch einen Tennisplatz, auf dem Pontecorvo brillieren kann. Für die Kinder gibt es eine altehrwürdige Schule, deren Tradition bis ins 12. Jahrhundert zurückreicht. Die Stadt liegt an der Themse, und ihre Umgebung lädt zu idyllischen Ausflügen ein. Kurz und gut: eine Stadt, in der man sich auf längere Zeit einrichten und zur Ruhe kommen kann.

Aber wieder will es das Schicksal anders.

Kurz nachdem Pontecorvo seine Arbeit in Harwell begonnen hat, wird einer seiner dortigen Kollegen verhaftet. Klaus Fuchs, so sein Name, war nach Hitlers Machtergreifung nach England geflohen und dort 1942 britischer Staatsbürger geworden. Ein Jahr später ist er mit einem Kontingent anderer britischer Physiker nach Los Alamos gegangen, um dort am Manhattan-Projekt mitzuarbeiten – in der Theorieabteilung, die von Hans Bethe geleitet wurde und der auch Fred Reines angehörte. 1946 ist er nach England zurückgekehrt, um die Leitung der Theoriegruppe in Harwell zu übernehmen. Fuchs hatte schon 1942, vor seiner Delegierung in die USA, geheime Informationen an die Russen geliefert und diese brisante Tätigkeit, über neue Kontaktpersonen, in den USA fortgesetzt. Heute gilt Klaus Fuchs als der wichtigste Atomspion, der jemals aus Los Alamos berichtet hat. Ohne seine Informationen hätte die Sowjetunion vermutlich viele Monate, wenn nicht Jahre, länger gebraucht, um das Atombombenmonopol der Amerikaner zu brechen.* Fuchs wird 1950, kein Jahr nach seiner Enttarnung, zu 14 Jahren Haft verurteilt und verliert seine britische Staatsbürgerschaft. 1959 wird er begnadigt und reist unter erheblichem westlichen Medienrummel in die DDR aus.

Die Informationen zu einer möglichen Spionagetätigkeit von Fuchs haben die Engländer aus den USA bekommen. Dort wird seit mehreren Jahren Jagd auf Kommunisten und deren Sympathisanten gemacht, eine Jagd, die seit 1950 mit dem Namen des Senators Joseph McCarthy verbunden ist. Und natürlich stehen im Zentrum dieser Jagd diejenigen, die über Kenntnisse verfügen, welche der UdSSR nützlich sein können – an der Spitze die Kernphysiker.

Im August 1949 haben die Russen ihre erste Atombombe gezündet, ein Durchbruch, den die Amerikaner ihnen frühestens für die 1950er-Jahre zugetraut hätten. Die Vermutung, dass dieser schnelle Erfolg auf Geheiminformationen aus den USA beruht, liegt nahe. Jetzt zieht das FBI die Schrauben enger an. Gerade zu der Zeit, als Pontecorvo in Harwell ankommt, werden in den USA Julius und Ethel Rosenberg als Spione für die Sowjetunion entlarvt. Ein Jahr später sollten sie zum Tode verurteilt werden und 1953 – trotz heftiger internationaler Proteste – auf dem elektrischen Stuhl sterben.

* In den 1990er-Jahren lernte ich anlässlich eines Vortrags im Moskauer Kurtschatow-Institut Alexander Feklisov kennen, den Führungsoffizier von Fuchs, der ihn 1942 und 1943 in England betreut hatte. Feklisov hat bis zu seinem Tode dafür gekämpft, dass Fuchs – wenigstens nachträglich – zum Helden der Sowjetunion erklärt würde. Aber die sowjetische Regierung (später die russische) hatte kein Interesse daran, dass der Ruhm ihrer eigenen Wissenschaftler durch eine solche Ehrung geschmälert würde. Fuchs blieb ohne Orden …

Zu denjenigen, die das FBI befragt, gehört auch Emilio Segrè, Pontecorvos alter Mitkämpfer in Fermis Gruppe in Rom und derjenige, der ihm später die Anstellung bei der Ölerkundungsfirma in Tulsa verschafft hat. Mit der letzteren Empfehlung war Segrè in gewisser Weise Pontecorvos Retter, denn niemand kann sagen, ob Pontecorvo ohne das Tulsa-Angebot in der Tasche die Flucht aus Europa gelungen wäre.

Nun aber hat Segrè Angst, dass es ihm selbst an den Kragen geht. Er ist zwar kommunistischer Neigungen unverdächtig, aber das reicht dem FBI nicht. Ein italienischer Immigrant möchte, bitte schön, Beweise seiner Loyalität liefern. Zum Beispiel, indem er Namen von Leuten nennt, die in kommunistische Umtriebe verwickelt sein könnten oder einfach nur links eingestellt sind.

Segrè möchte natürlich auf keinen Fall in die Kategorie »unzuverlässiger Bürger« eingestuft werden. Gerade befindet er sich in Patentverhandlungen mit der amerikanischen Atomenergiebehörde, bei denen es um die Methode der langsamen Neutronen geht, die sich die *Panisperna-Jungs* seinerzeit haben patentieren lassen. Grund genug für das FBI, Segrè genauer unter die Lupe zu nehmen. Kann er etwas liefern?

Ja, er kann. Im November 1949 trifft er sich mit Robert Thornton, einem Offiziellen der Atomenergiebehörde, und erzählt ihm von Pontecorvos kommunistischen Neigungen. Der Beamte gibt diese Information an das FBI weiter, und die übergeben den Hinweis ohne Zögern an MI5, den britischen Inlandsgeheimdienst. Die für Harwell zuständigen MI5-Beamten unternehmen jedoch zunächst einmal nichts. Sie haben alle Hände voll zu tun, Klaus Fuchs zu überführen. Aber am 3. Februar 1950 gesteht Fuchs, und sie können ihn verhaften. Nun haben sie Zeit für Pontecorvo.

Im selben Monat, im Februar 1950, findet zufälligerweise eine wissenschaftliche Konferenz in Harwell statt, an der auch Robert Thornton teilnimmt. Bei der Gelegenheit informiert er John Cockcroft, den Harwell-Direktor, über die Erkenntnisse des FBI. Cockcroft übergibt den Fall an den Sicherheitschef von Harwell, und der nimmt sich Pontecorvo vor – diskret, ohne Vorwürfe, ohne inquisitorische Befragungen, ganz englischer Gentleman.

Langsam, aber sicher kommt über die nächsten Monate Information um Information zusammen. Irgendwo findet sich der Bericht der Beamten wieder, die damals in Pontecorvos Haus in Tulsa die kommunistische Literatur entdeckt haben. Der Bericht hätte eigentlich nach Chalk River geschickt werden sollen, ist aber in irgendeinem Papierstapel hängen geblieben. Nun taucht er wieder auf. Dann erinnert man sich der Tatsache, dass Pontecorvo in Chalk River viel mit Alan Nunn May zu tun hatte. Der ist schon 1946 in Kanada für Spionage verurteilt worden. Mit Nunn May ist Pontecorvo etliche Male nach Chicago gefahren, um dort mit Fermi über dessen als geheim eingestufte Resultate seiner Reaktorexperimente zu sprechen. Noch ein Verdachtsmoment.

Segrè hat in seinem Verhör nicht versäumt, über Pontecorvos links eingestellte Verwandtschaft zu berichten, und auch Pontecorvos Cousin Emilio Sereni nicht vergessen. Sereni ist inzwischen als kommunistischer Abgeordneter Mitglied des italienischen Senats und bekannt für seine prosowjetischen Positionen. Pontecorvos Bruder Gillo ist ebenfalls aktiver Kommunist, ebenso seine Schwester Giuliana.

Und dann ist da noch Frédéric Joliot-Curie, Pontecorvos Lehrer und Vorbild aus Pariser Zeiten. Joliot-Curie hat während der deutschen Besetzung eine führende Rolle in der Résistance, der Widerstandsbewegung gegen die Deutschen, gespielt. Waghalsig und häufig nur einen Schritt von der Entdeckung und der Hinrichtung durch die Gestapo entfernt, lässt er seine Forschungsergebnisse zur Kernspaltung nach England schmuggeln. In einer Umfrage von 1945 setzen ihn die Franzosen auf der Liste der meistbewunderten Frauen und Männer auf Platz drei, gleich nach General de Gaulle und Stalin. Nach dem Krieg wird er von de Gaulle zum Hochkommissar für Atomenergie ernannt und baut innerhalb von drei Jahren den ersten französischen Atomreaktor.

Dass Joliot-Curie Kommunist ist, oder zumindest sehr kommunismusnah, ist kein Geheimnis. Als er aber im April 1950 auf dem Parteitag der französischen Kommunisten erscheint und erklärt, dass progressive Wissenschaftler keinerlei Erkenntnisse zur Verfügung stellen sollten, die eventuell für einen Krieg gegen die UdSSR benutzt werden könnten, ist das selbst für französische Verhältnisse zu viel. Der französische Premierminister entbindet ihn von seinem Posten als Chef der Atomenergiebehörde: Joliot-Curie, so viel ist klar, ist niemand, der Pontecorvo weniger harmlos erscheinen lässt. Bei so vielen *tatsächlichen* kommunistischen Verbindungen fällt es schon nicht mehr ins Gewicht, dass eine schwedische Quelle fälschlicherweise auch Pontecorvos Frau Marianne kommunistischer Aktivitäten beschuldigt.

Der Sicherheitschef von Harwell vernimmt Pontecorvo mehrmals, wie gesagt sehr höflich und ohne ihn mit hochnotpeinlichen Fragen in die Enge zu treiben. Aber Pontecorvo merkt, dass etwas im Gange ist. Nach der zweiten Befragung beginnen bei ihm die Alarmglocken zu schrillen. Schon in Kanada hat er sich eines gewissen Gefühls der Bedrohung nicht erwehren können und seine kommunistischen Neigungen wohlweislich verborgen. Zumindest seine kommunistische Verwandtschaft und seine enge Beziehung zu Joliot-Curie kann er nun aber nicht mehr verheimlichen. Dass er selbst seinerzeit in die französische KP eingetreten ist, verschweigt er tunlichst. Dass er immer noch gläubiger Anhänger der kommunistischen Idee ist, natürlich auch. Ob hinter seinem Bedrohungsgefühl mehr als die eben erwähnten Fakten stecken, das heißt, ob Pontecorvo – über wen auch immer – irgendwelche Informationen an die UdSSR weitergegeben hat, zum Beispiel über Nunn May, kann man heute weder beweisen noch widerlegen. Es erscheint zumindest nicht sehr wahrscheinlich.

Im April 1950 kann der Sicherheitschef von Harwell seine Ergebnisse zusammenfassen. Er empfiehlt, Pontecorvos Sicherheitsstatus nochmals gründlich zu überprüfen und ihn gegebenenfalls an eine englische Universität abzuschieben, dorthin, wo die Forschung keinen Geheimhaltungsvorschriften unterliegt.

Das ist die Situation im Frühjahr 1950. Der Sommer naht. Pontecorvo kann endlich im Freien Tennis spielen oder auf der Straße sein Talent demonstrieren, rückwärts, auf dem Lenker sitzend, Fahrrad zu fahren. Es könnte alles unbeschwert und schön sein. Aber das ist es nicht.

August 1950: Von West nach Ost

Wie das Schicksal – oder die Machenschaften des Sicherheitschefs von Harwell – es will, erhält Pontecorvo im Sommer 1950 ein Angebot für eine Professur an der Universität Liverpool. Am 24. Juli akzeptiert er die Offerte und kündigt an, seine neue Stelle im Januar 1951 anzutreten. Nun will er aber erst einmal einen ausgedehnten Urlaub in Italien machen und endlich seine Eltern wiedersehen. Am 25. Juli quetscht sich die Pontecorvo-Familie – verstärkt durch Brunos Schwester Anna – in Pontecorvos Mittelklasse-Wagen und überquert den Kanal mit einer Fähre. Sechs Tage später treffen sie am Comer See ein, kampieren dort für ein paar Tage und kommen dann, nach einem kleinen Umweg über die Dolomiten, am 11. August in Mailand an. Vater Massimo hat während des Krieges alle seine Fabriken in Pisa verkauft und ist mit seiner Frau nach Mailand gezogen, wo die beiden sich als zwei »arische« Rentner ausgegeben und in einer unscheinbaren Stadtwohnung überlebt haben. Alle ihre Kinder waren derweil in Großbritannien oder in den USA. Auch nach dem Krieg sind die Eltern in Mailand geblieben. Dort können sie ihren Bruno nach mehr als einem Jahrzehnt endlich wieder in die Arme schließen und auch ihre drei Enkelsöhne begutachten. Ein entspanntes, ausgelassenes Wiedersehen.

Nach ein paar Tagen zieht Bruno samt Familie weiter nach Rom, nicht ohne sich mit den Eltern für ein weiteres Treffen zu verabreden. Um den 24. August herum will er nämlich in Chamonix in den französischen Alpen sein, um dort einigen Kollegen zu helfen, die auf dem Pic du Midi kosmische Strahlen vermessen. Mit seinen Eltern verabredet er, dass auch sie dorthin kommen, die Schönheit der Bergwelt genießen und ein paar weitere Tage mit ihren Enkeln verbringen.

Am 17. August nehmen die Pontecorvos in Circeo Quartier, einem kleinen Badeort am Tyrrhenischen Meer, zwei Stunden südlich von Rom. Antonio, ihren Jüngsten, der einen Sonnenstich bekommen hat, lassen sie bei Brunos Schwester Giuliana zurück. Die hat ein Sommerhaus am Meer gemietet, in Ladispoli, einem Urlaubsort nahe Rom. Vier Tage lang kampieren Marianne, Bruno und die beiden älteren Söhne in Circeo, schwimmen und sonnen sich nach Herzenslust. Bruno geht zudem einem weiteren Lieblingssport nach: dem Tauchen und der Unterwasserjagd. Am 22. August treffen sich Bruno und Familie mit einigen seiner Geschwister in Giulianas Sommerhaus und feiern seinen 37. Geburtstag. Bis dahin sieht alles völlig normal aus.

Aber einen Tag später sendet Bruno ein Telegramm an seine Eltern, die mittlerweile schon in Chamonix sind: Er könne nicht kommen. In einem Brief vom übernächsten Tag berichtet er, einen Autounfall gehabt zu haben und das Auto nach Rom in eine Werkstatt bringen zu müssen. Der Brief enthält jedoch einige seltsame Widersprüche, sodass seine Mutter in einem Brief, der ihn allerdings nie erreichen sollte, fragt: »Hat sich das WIRKLICH so zugetragen?«, und sogar noch den mütterlichen Rat hinterherschiebt, dass Unehrlichkeit sich schlicht und einfach nicht gehöre.

Tatsächlich muss sich am 23. August etwas zugetragen haben, was alle Pläne Pontecorvos über den Haufen geworfen hat. Zufällig schafft es genau an diesem Tag der Patent-Streit zwischen den *Panisperna-Jungs* und der US-Regierung auf die Titelseiten der italienischen Zeitungen und rückt damit auch Pontecorvo ins Scheinwerferlicht. Ein Umstand, der ihm nach den ausführlichen Befragungen in Harwell alles andere als angenehm sein muss. Zwei Monate zuvor hat zudem im fernen Asien der Korea-Krieg begonnen und verleiht der Hexenjagd nach linken Aktivisten in den USA neuen Schub. Vielerorts befürchtet man den Ausbruch eines neuen und möglicherweise nuklearen Weltkriegs, diesmal zwischen Russland und China samt ihren Satellitenstaaten auf der einen und den USA und ihren Verbündeten auf der anderen Seite. Wo würde Pontecorvo sich dabei wiederfinden? Nach seinem Verständnis und unter Berücksichtigung des Orts, an dem er sich jetzt gerade aufhält: auf der falschen Seite! Würde man ihn unter diesen Umständen überhaupt wieder ungestört als Wissenschaftler arbeiten lassen?

All dies könnten für einen überzeugten Kommunisten, der selbst noch keine Erfahrungen mit dem repressiven System der UdSSR gesammelt hat, Gründe sein, von West nach Ost zu wechseln. Möglicherweise, und nach langer, reiflicher Überlegung. Aber nicht als Schnellschuss, innerhalb von ein, zwei Tagen. Zumindest wenn der Betreffende die Entscheidung ganz allein treffen müsste. An dieser Stelle kommt jedoch Brunos Cousin Emilio Sereni ins Spiel. Es ist schlechterdings nicht vorstellbar, dass Pontecorvo sich ohne äußere Beeinflussung innerhalb weniger Tage entscheidet, in die Sowjetunion zu fliehen. Noch dazu wäre ohne professionelle Hilfe die Idee gar nicht in die Tat umzusetzen. Und der einzige der ihm nahestehenden Menschen, der das bewerkstelligen kann, ist Sereni.

Die Zeugnisse über das, was sich nach dem 23. August zuträgt, sind widersprüchlich. Pontecorvo fährt zwischen Ladispoli und Rom hin und her, taucht zwischendurch an der Universität Rom auf, verschwindet plötzlich wieder, um irgendetwas mit dem Auto zu regeln (an dem übrigens niemand Spuren eines Unfalls entdecken kann), begleitet eine halbe Stunde Anna und Marianne beim Einkaufen in Rom und verschwindet nochmals in die Universität, um sich mit einem Kollegen zu treffen. Übrigens bemerken weder seine Schwester noch der besagte Kollege – so werden sie später zu Protokoll geben – an Pontecorvo Zeichen von Nervosität.

Dann verkündet Pontecorvo plötzlich, mit der gesamten Familie nach Schweden zu Mariannes Eltern fliegen zu wollen. Kein leichtes Unterfangen, denn er hat weder genügend Lire umtauschen dürfen, noch verfügt er über Dollar-Schecks, mit denen er die Tickets bezahlen könnte. Tatsächlich nimmt die Fluggesellschaft von Ausländern, die sich kürzer als sechs Monate in Italien aufhalten, nur Dollars und keine Lire an. Ein schier unüberwindliches Problem. Pontecorvo eilt zurück nach Rom. Gerade ist die Fluggesellschaft dabei, den Flug zu annullieren, da taucht er wieder auf, mit einem Bündel Hundert-Dollar-Schecks in der Tasche. Spätestens dieses Manöver scheint ohne ausländische Hilfe nicht vorstellbar, spätestens an dieser Stelle dürften sowjetische Stellen im Spiel sein.

Am 31. August schickt Pontecorvo eine Postkarte an seine Kollegen in Harwell und kündigt seine Rückkehr für den 7. September an. Am 1. September jedoch besteigen er und seine Familie ein Flugzeug, das sie nach Stockholm bringt. Dort hat Pontecorvo zwei Zimmer in einer Herberge der Heilsarmee gebucht. Aber anstatt dorthin zu fahren – oder zu Mariannes Eltern, die nur ein paar Kilometer vom Flugplatz entfernt wohnen –, übernachten sie in einer Unterkunft, die vermutlich der sowjetischen Botschaft gehört.

Am nächsten Tag bringt sie ein Auto zum Flugplatz, von wo aus sie nach Helsinki fliegen. Kurz bevor das Flugzeug in der finnischen Hauptstadt landet, tauchen auf dem dortigen Flugplatz ein Mann und eine Frau auf, geben an, die Pontecorvos zu erwarten, und bitten, deren Gepäck direkt zu ihrem Auto statt zum normalen Gepäckbus zu bringen. Nach einigen Pass-Schwierigkeiten, die Pontecorvo am nächsten Tag zu klären verspricht, steigen er und seine Familie in zwei Autos, die die beiden Unbekannten bereitgehalten haben, und entschwinden.

Niemand in Großbritannien hat zu diesem Zeitpunkt Anlass, nervös zu werden. Dass Pontecorvo nicht auf dem Pic du Midi erschienen ist, erstaunt niemanden. Er hat immerhin ein Telegramm geschickt und sein Nichterscheinen mit dem Autounfall begründet. Auch zu der Konferenz in Harwell, die am 7. September beginnt, taucht er nicht auf. Auch noch kein Grund, die Alarmglocken zu läuten. Aber als er zu Konferenzende, am 14. September, immer noch nicht zurück ist, schicken die Harwell-Leute Telegramme nach Rom und nach Mailand und erkundigen sich, wo Pontecorvo abgeblieben ist. Erst am 20. September wird schließlich auch John Cockcroft nervös und beauftragt seinen Sicherheitschef, der Sache nachzugehen.

Nun entspinnt sich ein hektischer Austausch zwischen den verschiedenen Geheimdiensten. Anhand der gebuchten Flüge kann man die Spur der Pontecorvos leicht verfolgen, und schnell bleibt als einzig sinnvolle Erklärung die Hypothese übrig, dass Bruno Pontecorvo ins andere Lager gewechselt ist, in die Sowjetunion. Der Inlandsgeheimdienst MI5, der Auslandsgeheimdienst MI6 und das amerikanische FBI sind höchst beunruhigt. Wie konnte jemand wie Pontecorvo durch alle Sicherheitsnetze schlüpfen? Wie hat man ihn damals zu Arbeiten bei *Tube Alloy* zulassen können? Warum hat man ihn bei seiner Rückkehr nach England nicht genauer unter die Lupe genommen? Klaus Fuchs, die Rosenbergs, ein paar Jahre zuvor Alan Nunn May, als wenn das nicht reichte. Und jetzt ein weiterer Fall, der sich von den anderen zu allem Überfluss darin unterscheidet, dass ihnen der Fisch durchs Netz geschlüpft ist!

Jetzt ist Schadensbegrenzung angesagt. Nach außen hin versuchen die Sicherheitsbehörden, die Sache herunterzuspielen. Tatsächlich war ja Pontecorvo nicht derart dicht an wirklich relevanten Informationen wie etwa Fuchs oder die Rosenbergs. Die Presse kümmert das aber wenig. Als im Oktober ein beträchtliches Polizeiaufgebot vor dem Haus der Pontecorvos in Abingdon auftaucht, kann niemand mehr den Fall ignorieren. Schnell schafft es der Fall in die Schlagzeilen und wird bis in die Mitte der 1950er-Jahre nicht mehr völlig daraus verschwinden. Ende 1951 zum Beispiel behauptet ein Journalist, Pontecorvo sei in Russland inhaftiert und der Spionage für Großbritannien angeklagt worden. Eine andere Zeitung vermeldet, dass er jetzt in Russland für ein angebliches sowjetisch-chinesisches Atomprogramm arbeite. Und mit der Schlagzeile »Con i raggi cosmici distrugge gli aerei« (»Mit kosmischen Strahlen zerstört er Flugzeuge«) treibt eine italienische Zeitung den Unsinn auf die Spitze und verkauft ihre Neuigkeit als »teuflische Erfindung«, die Bruno Pontecorvo in Russland gemacht hätte.

Im Gegensatz zu den fortdauernden Presseberichten ergibt sich bei den Nachforschungen der Geheimdienste nichts Neues. Auch die Befragungen der Familie werfen kein neues Licht auf den Fall. Keines der Geschwister gibt an, irgendetwas an Pontecorvos Verhalten bemerkt zu haben, was auf sein plötzliches Verschwinden hingedeutet hätte. Seine

Mutter ist sogar überzeugt, dass ihr liebes Kind, ihr Bruno, der von jeher eher naiv als berechnend ist, *entführt* worden sei. Die Einzige, die womöglich etwas mehr sagen könnte, ist seine Schwester Giuliana, in deren gemietetem Sommerhäuschen die Familie am 22. August Pontecorvos Geburtstag gefeiert hat. Sie wohnt an ihrem Hauptwohnsitz, in New York, nicht nur in Nachbarschaft eines Komintern-Mitglieds, sondern ist selbst eine militante Kommunistin mit weitreichenden Verbindungen. Allerdings kann auch sie nichts zur Klärung beitragen; zumindest gibt sie sich völlig unwissend.

Leidtragende von Pontecorvos Verschwinden (und von Fuchs' Verhaftung) sind die eingebürgerten deutschen Kernphysiker, die vor Hitler geflohen sind und jetzt in England leben. Auf sie fällt naturgemäß ein Schatten, und ihre Verbindungen werden nochmals genau unter die Lupe genommen. Ein anderer Leidtragender ist Pontecorvos Bruder, der als Radar-Experte in den USA arbeitet und fortan von allen sicherheitsrelevanten Arbeiten ausgeschlossen wird. Leidtragende sind zu guter Letzt aber auch die *Panisperna-Jungs* bei ihrem Kampf um die Anerkennung ihres Patents in den USA. Einer von ihnen ist ja – immer noch – Pontecorvo, und sein Verschwinden hat die Position von Fermi, Segrè und Co. in ihrer Auseinandersetzung mit der Atomenergie-Kommission alles andere als verbessert. Sie werden sich am Ende mit einer lächerlichen Entschädigung von 18 750 Dollar pro Person zufriedengeben müssen. Eine Summe, welche die Behörde – da ist sie korrekt! – auch für Pontecorvo auf ein Konto einzahlt. Ein Sonderkonto. Mit der Bedingung, dass er persönlich erscheinen müsse, um das Geld abzuheben …

Im goldenen Käfig

Während ihn in Westeuropa noch niemand vermisst, rasen Pontecorvo und die Seinen in zwei schwarzen Limousinen zur finnisch-sowjetischen Grenze und überqueren sie an einem Übergang, den die Finnen für gewöhnlich nicht kontrollieren. Marianne und die Kinder im ersten Wagen, Bruno im zweiten, versteckt hinter zugehängten Fenstern. Zuerst geht es nach Leningrad und von da nach einer Woche mit dem Zug nach Moskau. Dort wartet eine großzügige Wohnung auf die Familie, im siebenten Stock eines Hauses an der repräsentativen Gorki-Straße (heute zurückbenannt in den vorrevolutionären Namen Twerskaja-Straße), keine zehn Minuten vom Kreml entfernt.

In dieser Wohnung bleiben die Pontecorvos für mehr als einen Monat eingeschlossen. Eine Haushälterin sorgt für das leibliche Wohl. Hin und wieder tauchen Männer auf, die Pontecorvo in fachliche oder politische Gespräche verwickeln. Englischsprachige Lehrer erscheinen und geben Eltern und Kindern Russischunterricht. Aber auf die Straße lässt man die Pontecorvos nicht; die Wache vor der Wohnung sorgt dafür, dass sie bleiben, wo sie sind. Die wochenlange Isolation legt sich irgendwann aufs Gemüt der Eingesperrten, insbesondere auf das von Marianne. Sie, die zunächst davon ausgegangen war, dass das Ganze entfernte Ähnlichkeit mit den Übergängen von Paris nach Tulsa, von dort nach Chalk River und von dort nach Harwell haben würde, sieht sich nachdrücklich eines Schlechteren belehrt. Dabei sah doch alles ganz plausibel aus. Der Wechsel in die UdSSR als das Vaterland des Kommunismus; ein hochmodernes Wissenschaftszentrum in Dubna, 120 Kilometer nördlich von Moskau: Aus weltanschaulicher wie aus wissenschaftlicher Sicht schien alles fast perfekt. Auch sind die Pontecorvos davon ausgegangen, dass sie Kontakt zu ihren Verwandten aufnehmen, Bruno seine Ergebnisse veröffentlichen und zumindest Marianne ihre Eltern besuchen könnte. So, oder so ähnlich, war es doch bisher immer gewesen.

Aber hier ist es nicht so. Hier sind sie in einem Land mit paranoiden Geheimhaltungsvorschriften. Auf persönliche Befindlichkeiten wird in der UdSSR keinerlei Rücksicht genommen, sobald sie mit solchen Vorschriften kollidieren. Und so wird auch Brunos Wunsch, der Weltpresse mit einer öffentlichen Stellungnahme die Motive seiner Flucht zu erklären, abgelehnt. »Das hat noch Zeit«, wird Pontecorvo beschieden und er ahnt nicht, dass diese Zeitspanne fast fünf Jahre betragen wird.

Ende Oktober verlassen die Pontecorvos ihr Moskauer Quartier und werden nach Dubna gefahren. Das Städtchen gehört zu jenen »verbotenen« Orten, an denen in den 1940er-Jahren im Rahmen des sowjetischen Atombombenprogramms streng geheime Forschungsinstitute angesiedelt worden sind. Herr über diese Institute ist Lawrenti Berija, seit 1938 Chef des Volkskommissariats für Innere Angelegenheiten (NKWD) und damit auch Chef der Geheimpolizei. Berija hat unmittelbare Verfügungsgewalt über ein Millionenheer von Zwangsarbeitern, mit dem er das Netz von geheimen Forschungsstätten, Fabriken, Uranminen und Testgeländen errichtet hat, das die Sowjetunion von Europa bis nach Sibirien überzieht. Auch Dubna ist in Rekordzeit aus dem sumpfigen Boden gestampft worden – die Siedlung selbst, direkt am Wolgaufer gelegen, ebenso wie das Institut selbst. Gerade mal zehn Monate vor Pontecorvos Ankunft haben die Russen in Dubna den weltweit leistungsfähigsten Teilchenbeschleuniger in Betrieb genommen, ein sogenanntes Synchrozyklotron. Im Westen weiß niemand davon, und es wird noch drei Jahre dauern, ehe die Amerikaner gleichziehen, allerdings immer noch in Unkenntnis des Dubna-Beschleunigers.

Anders als die normalen Wissenschaftler und Techniker werden die Pontecorvos in einem eleganten zweistöckigen Haus untergebracht. Das Ambiente erinnert an eine Waldsiedlung, wie man sie auch in Kanada hätte finden können. Oder in Schweden, wie Marianne erleichtert zur Kenntnis nimmt.

Was bleibt, ist die Isolation. Familiäre Treffen mit Nachbarn oder Kollegen gibt es nicht. Selbst wenn die Pontecorvos es versuchen wollten, würden sie auf höflich verpackte Ablehnung stoßen: Den Russen ist privater Umgang mit Ausländern untersagt, sobald der Kontakt sich jenseits eines Schwatzes über den Gartenzaun bewegt. Während Marianne und die Kinder sich in einem gewissen Umkreis halbwegs frei bewegen können, wird Bruno ständig von zwei Aufpassern eskortiert, selbst wenn er nur für eine halbe Stunde spazieren gehen will.

Zum Ausgleich bietet das Synchrozyklotron Pontecorvo Arbeitsmöglichkeiten, bei denen er seine Neugier und seinen Einfallsreichtum voll ausleben kann. Störend ist, dass alles, aber auch alles, hochgeheim ist. Das, womit sich Pontecorvo beschäftigt, hat kaum irgendeine Relevanz für militärische Anwendungen. Es ist größtenteils Teilchenphysik, reine Grundlagenforschung, wie sie heute – wenngleich bei zehntausendmal höheren Energien – am Forschungszentrum CERN in Genf betrieben wird. Seine Arbeitshefte mit der Auswertung der Messprotokolle und der Skizzierung neuer Ideen darf er trotzdem nicht mit nach Hause nehmen. Und veröffentlicht werden die Ergebnisse auch nicht – Dubna ist immer noch ein geheimes Laboratorium, von dessen purer Existenz man im Westen nichts wissen soll. Immerhin wird er, auch das unter Geheimhaltung, nach drei Jahren Arbeit den Stalinpreis für seine Forschungsergebnisse erhalten.

Einen Preis hätte er vielleicht auch für seine beratende Funktion in Bezug auf die Uransuche oder Kernreaktoren erhalten können, Themen, für die er in Tulsa und Chalk River ja beträchtliche Expertise gesammelt hat. Immer wieder tauchen sorgfältig ausgewählte Moskauer Physiker bei ihm auf, um entsprechende Informationen einzuholen. Deren Mitarbeiter in ihren Moskauer Arbeitsgruppen haben keine Ahnung, wem sie die Ratschläge verdanken, die ihre Chefs ihnen übermitteln. Pontecorvo existiert für sie nur als »der Professor«: »*Professor* hat dies gesagt, *Professor* hat das gesagt«, heißt es nur. Nachfragen, wer denn *Professor* sei, verbieten sich im stalinistischen System von selbst.

Erst 1956 hat das Versteckspiel ein Ende. Im März 1956 wird Dubna geöffnet und in das Vereinigte Institut für Kernforschung der Ostblockländer (kurz VIK, oder JINR für Joint Institute for Nuclear Research) überführt. Das VIK ist damit das östliche Gegenstück zum CERN, dessen Grundstein ein halbes Jahr zuvor in Genf gelegt worden ist. Und nun darf auch endlich Pontecorvo wieder öffentlich auftauchen. Mehr noch:

Ihm wird die Möglichkeit gegeben, auf einer extra anberaumten Pressekonferenz in Moskau die Beweggründe für seine Flucht darzulegen.

Pontecorvo berichtet, dass er schon 1936 ein engagierter Antifaschist geworden sei und später Kommunist. Schon damals hätte ihn die unbestreitbare Rolle der UdSSR als Friedensmacht beeindruckt. Nach den Atombombenabwürfen hätten ihn als Physiker Gewissensbisse geplagt. Später in England sei er systematischen Erpressungsversuchen der Polizei ausgesetzt gewesen. Er habe den Westen verlassen, weil er die Nutzung der Kernphysik für kriegerische Zwecke nicht mit seinem Gewissen habe vereinbaren können. Nach seiner vorbereiteten Erklärung nimmt er die Gelegenheit wahr, seine eigene und Mariannes Familie zu grüßen. Schließlich beantwortet er Journalistenfragen und schlägt sich nach Meinung der sowjetischen Offiziellen sehr gut. Auf jeden Fall dürfen er und Marianne vom nächsten Tag an Briefe an ihre Verwandten schreiben. Nachdem er übrigens im Verlauf der Fragestunde seinen sowjetischen Ausweis hochgehalten und stolz erklärt hat, er sei Sowjetbürger, ist das für die Londoner Regierung Grund genug, kurz darauf seine englische Staatsbürgerschaft für ungültig zu erklären. So ist auch dies Kapitel seines Lebens endgültig zu Ende.

$\nu_\mu \neq \nu_e$?

In den Jahren 1947 und 1948 hatten Bruno Pontecorvo und Ted Hincks – und kurz darauf auch Jack Steinberger – gezeigt, dass ein Myon in ein Elektron und zwei Neutrinos zerfällt, nicht jedoch in ein Elektron und ein Photon. Im Laufe der Zeit wirft dieser Befund aber mehr und mehr Fragen auf, insbesondere als die Physiker darauf gekommen sind, dass es auch für das Neutrino ein Antiteilchen geben muss, ein Anti-Neutrino. Wenn das so ist: Warum *zerstrahlen* dann beim Myon-Zerfall das Neutrino und das Anti-Neutrino nicht in Photonen, so wie man das z. B. beim Zusammentreffen von Elektronen und ihren Antiteilchen, den Positronen, beobachtet? Vielleicht nicht in jeder Reaktion, aber doch wenigstens gelegentlich? Warum hat niemand auch nur das leiseste Anzeichen für ein Photon gefunden?

Pontecorvo kommt Ende der 1950er-Jahre mehr und mehr zu der Überzeugung, dass die Lösung darin besteht, dass die beiden Neutrinos, die beim Myon-Zerfall entstehen (genauer das Neutrino und das Anti-Neutrino), sich in einer grundlegenden Eigenschaft unterscheiden. Diese Eigenschaft müsste etwas sein, das bei Teilchenreaktionen erhalten bleibt, ähnlich wie die elektrische Ladung. Die Summe der elektrischen Teilchenladungen im Anfangszustand muss bekanntlich gleich der Summe der Teilchenladungen im Endzustand sein, das gilt für chemische Prozesse ebenso wie für Teilchenreaktionen. Wenn es nun aber so etwas wie einen *Myonwert* und einen *Elektronwert* gibt und beide sich im Verlaufe einer Reaktion nicht ändern, dann müsste das eine der beiden Neutrinos ein Myon-Neutrino sein (das den Myonwert vom zerfallenden Myon übernimmt), während das andere Neutrino ein Anti-Elektronneutrino ist (dessen negativer Elektronwert zusammen mit dem positiven Elektronwert des Elektrons null ergibt): $\mu^- \rightarrow e^- + \nu_\mu + \bar{\nu}_e$. Nur eins kann nicht geschehen: dass das *Myon*-Neutrino mit dem Anti-*Elektron*neutrino zu einem Photon zerstrahlt, denn bei diesem Zerstrahlungsprozess stünde auf der linken Seite Myonwert 1 plus Elektronwert –1, nichts, was sich gegenseitig zu null aufheben könnte.

Ein solcher Erhaltungssatz des Elektronwertes gilt klarerweise für den Beta-Zerfall. Dort wandelt sich ein Neutron in ein Proton, ein Elektron und ein Anti-Elektronneutrino um. Und ähnlich – das ist die Schlussfolgerung von Pontecorvo – müsste es auch beim längst nachgewiesenen Zerfall eines Pions in ein Myon und ein Neutrino sein. Dieses Neutrino müsste von der Myon-Neutrino-Sorte sein.

Das Pion, die Leser erinnern sich, ist das Teilchen, das der Japaner Hideki Yukawa als eine Art Klebstoff vorgeschlagen hatte, der Neutronen und Protonen im Kern zusammenhält – das Teilchen, für das man zunächst das Myon gehalten hatte. Erst 1947, elf Jahre nach dem Myon, ist das Pion in der kosmischen Strahlung entdeckt worden. Geladene Pionen leben im Mittel nur 26 milliardstel Sekunden lang und zerfallen dann in ein Myon und ein Neutrino. Wenn nun das Neutrino den *Myonwert* des Myons übernimmt, wenn es also neben dem Elektron-Neutrino, das man aus dem Beta-Zerfall kennt, auch ein Myon-Neutrino gibt, dann müsste es sich auch auf eine ganz spezielle Weise verhalten. Um das zu prüfen, kann man sich zum Beispiel anschauen, welche Reaktion dieses Neutrino aus dem Myon-Zerfall auslöst, wenn es auf einen Atomkern stößt. Wird man unter den Produkten dieser Reaktion genauso viel Elektronen wie Myonen finden? Dann ist eine Unterscheidung zwischen Elektron- und Myon-Neutrinos sinnlos. Oder wird man fast nur Reaktionen finden, in denen statt eines Elektrons ein Myon erzeugt wird? Dann unterscheiden sich die Neutrinos aus dem Beta-Zerfall von jenen aus dem Myon-Zerfall. Dann gibt es Elektron-Neutrinos (ν_e) und Myon-Neutrinos, (ν_μ) und es gilt $\nu_\mu \neq \nu_e$.

Pionen kann man ab den 1950er-Jahren an Teilchenbeschleunigern erzeugen, indem man hochenergetische Protonen auf ein Target schießt. Die Schwierigkeit besteht darin, dass das Myon, das beim Pion-Zerfall erzeugt wird, ja seinerseits zerfallen kann, mit einer mittleren Lebensdauer von zwei millionstel Sekunden, und dass bei diesem Zerfall auch Elektron-Neutrinos erzeugt werden. Und wenn *die* wechselwirken, müssen natürlich *Elektronen* entstehen. Diese »Verunreinigung« muss man mit einem geschickten Experimentaufbau vermeiden.

Pontecorvo favorisiert eine Methode, bei der die Protonen keine sehr hohe Energie haben; gemessen an der Lichtgeschwindigkeit kann man sie fast als ruhend bezeichnen. Unter diesen Bedingungen erscheint ihm die Chance, die erwähnten Verunreinigungen zu vermeiden, am günstigsten. Er betrachtet aber auch die Möglichkeit, das Experiment bei sehr hohen Protonenenergien durchzuführen. Leider gibt es diese Beschleuniger noch nicht. In der Sowjetunion wird erst 1967 ein geeignetes Gerät in Betrieb gehen.

Auch im Westen gibt es noch kein solches Gerät. Aber es sollte kein Jahr vergehen, bis sich das änderte. Im westeuropäischen Kernforschungszentrum CERN in Genf läuft im November 1959 ein Beschleuniger an, der Protonen mit der dreifachen Energie des größten Dubna-

Beschleunigers liefert, noch dazu mit einer weit stärkeren Intensität. Würde Pontecorvo ein Ausreisevisum erhalten, könnte er im CERN seine Überlegungen in die Tat umsetzen. Aber bis er wieder in den Westen reisen darf, sollten noch 19 Jahre vergehen. Schon gar nicht dürfte er in die USA reisen, wo 1960 in Brookhaven ein ähnlich leistungsfähiger Beschleuniger in Betrieb geht. Genau dort jedoch wird seine Idee verwirklicht werden.

Melvin Schwartz, ein US-amerikanischer Physiker, kommt im November auf die Idee, die Theorie der schwachen Wechselwirkung in solchen Prozessen zu untersuchen, bei denen sie nicht durch winzige Einflüsse der elektromagnetischen und der starken Wechselwirkungen verzerrt werden. Am besten, so seine Idee, müsste das mit einem »Neutrinostrahl« gehen, den man auf ein ruhendes Target lenkt. Den Neutrinostrahl will er ähnlich wie Pontecorvo erzeugen: Man schieße zunächst einmal hochenergetische Protonen auf ein Target, lasse den geladenen Pionen, die dabei entstehen, genügend Zeit zu zerfallen, bremse durch eine dicke Eisenabschirmung die Myonen ab, die beim Pion-Zerfall entstanden sind, und baue hinter der Eisenabschirmung einen Detektor auf, in dem man die seltenen Wechselwirkungen der Neutrinos aus dem Pion-Zerfall nachweist.

1962 führen Schwartz und seine Kollegen Leon Lederman und Jack Steinberger das Experiment durch. Zum Nachweis der Neutrino-Wechselwirkungen nutzen sie einen neuartigen Gerätetyp, sogenannte Funkenkammern, deren Funkenmuster mit Filmen registriert werden.* Auf den Filmen können die drei mit bloßem Auge jene Wechselwirkungen identifizieren, bei denen aus Beschleunigerrichtung kein geladenes Teilchen hereinfliegt, aber plötzlich, wie aus heiterem Himmel, geladene

* Funkenkammern bestehen aus hintereinander angeordneten Platten in einer Edelgasumgebung. Ein einfallendes geladenes Teilchen ionisiert das Gas entlang seiner Bahn. Wird nun für Bruchteile einer Sekunde eine Hochspannung an jede zweite Platte angelegt, schlagen entlang der Ionen (und damit der Teilchenbahn) Funken durch, die man von der Seite fotografieren kann. Sind viele Platten hintereinander montiert, ergeben sich aus den Einzelfunken regelrechte Spuren.

Teilchen auftauchen und in die entgegengesetzte Richtung weiterfliegen. Es sind die sekundären Teilchen, die bei einer Reaktion des unsichtbaren Neutrinos entstanden sind. Inzwischen sind die drei auch, unabhängig von Pontecorvo, auf die Idee gekommen, dass man auf die Weise Myon- und Elektron-Neutrinos unterscheiden kann, und haben schließlich auch Pontecorvos Veröffentlichung zu diesem Thema gelesen, die in englischer Übersetzung erst ein Jahr nach dem russischen Artikel erschienen ist.

Als sie das Experiment durchführen, ist ihr Hauptmotiv schon längst nicht mehr ein genaueres Verständnis der schwachen Wechselwirkung, sondern die Entdeckung des Myon-Neutrinos. Und tatsächlich registrieren sie in den Tausenden von Aufnahmen 29, auf denen eine lange, gerade Spur zu sehen ist, die aus dem Nichts zu kommen scheint. Das ist genau das Muster, das man für ein Myon erwartet. Elektronen würden ein etwas verwaschenes Muster ergeben, das einem sich auffächernden Strauß ähnelt. Zwar sehen sie auch davon eine Handvoll, aber deren Anzahl entspricht in etwa der Anzahl von »Störsignalen«, die sie erwarten. In ihrer Veröffentlichung schreiben sie: »Die wahrscheinlichste Erklärung ist, dass es wenigstens zwei Arten von Neutrinos gibt, von denen die eine mit Myonen, die andere mit Elektronen verknüpft ist.« Sie haben das Myon-Neutrino entdeckt! Es gibt also offensichtlich zwei Neutrinosorten. 1990 sollte durch Experimente am CERN bewiesen werden, dass es genau drei Neutrinos sein müssen, und im Jahr 2000 sollte das fehlende, das dritte Neutrino (das Tau-Neutrino) in den USA entdeckt werden. Die Kosmologen werden gleichzeitig herausfinden, dass ein Universum mit zwei Typen von Neutrinos sich zu langsam und eines mit vier Neutrinos sich zu schnell ausgedehnt hätte, um zu der Welt zu führen, in der es uns, die Menschen, gibt. Aber von diesen Zusammenhängen konnte Anfang der 1960er-Jahre noch niemand etwas ahnen, weder Pontecorvo noch seine drei amerikanischen Konkurrenten noch sonst jemand.

1988 werden Lederman, Steinberger und Schwartz mit dem Nobelpreis ausgezeichnet. In seiner Nobelpreisrede sagt Schwartz: »Nicht lange danach [nachdem die drei den Plan für ihr Experiment gefasst hatten] erfuhren wir, dass Bruno Pontecorvo auf ähnliche Ideen wie wir gekommen war. Er hatte zwar ein Experiment mit Neutrinos aus gestoppten Pionen vorgeschlagen, auf einer Konferenz in der Sowjetunion aber auch die Möglichkeiten diskutiert, hochenergetische Pionen [wie die drei Amerikaner] zu benutzen. Sein Gesamtbeitrag zur Neutrinophysik ist mit Sicherheit bedeutend.« Und Steinberger wird in einem Gespräch bekennen, er hätte sich wohler gefühlt, wenn Nobelpreise an vier Preisträger vergeben werden könnten und Bruno Pontecorvo als Vierter den Preis erhalten hätte.

Verwandlungskünstler: oszillierende Neutrinos

1947, im gleichen Jahr, in dem in der kosmischen Strahlung das Pion entdeckt worden war, fand man in den kosmischen Teilchenschauern ein weiteres Teilchen, das auf den Namen *Kaon* getauft wurde. Kaonen gibt es in elektrisch geladener und in neutraler Version. Bei der Erklärung der Natur neutraler Kaonen tat sich ein Problem auf, das den theoretischen Physiker Murray Gell-Mann, der später einen Nobelpreis für die Entwicklung des Quark-Modells erhalten sollte, und seinen Kollegen Abraham Pais zu einer ausgefallenen Idee inspirierte. Neutrale Kaonen, die es in zwei Ausführungen geben muss, als Teilchen und als Antiteilchen, sollten nach Gell-Mann und Pais Zustände mit einer wohldefinierten Masse sein. Das, was wir in der Realität beobachten, seien jedoch »Mischungen« dieser beiden Zustände. Aus dieser Annahme ließ sich ableiten, dass sich die erwähnten Massenzustände auf ihrem Flug ineinander umwandeln können, dass sie zwischen ihren Extremwerten hin- und herschwingen (»oszillieren«) können.

Pontecorvo überlegt 1957, ob auch ein Neutrino entlang seiner Flugbahn zwischen den zwei Zuständen Neutrino und Anti-Neutrino hin und herschwingen könne. Einzige Voraussetzung für diese Möglichkeit: Das Neutrino darf nicht masselos sein, wie das Photon, sondern muss eine Masse besitzen, und sei sie auch noch so klein. Ein Neutrino mit Masse widerspricht jedoch sowohl der theoretischen Lehrmeinung wie auch allen damaligen experimentellen Befunden, und so verschwindet Pontecorvos Vorschlag wieder in der Versenkung.

1967 holt er die Idee angesichts eines Besuchs seines Leningrader Kollegen Vladimir Gribov wieder aus der Versenkung. Anders als 1957 ist inzwischen klar, dass es zwei Neutrinosorten gibt, Elektron- und Myon-Neutrinos. Gribov und Pontecorvo arbeiten nun die Oszillationshypothese nochmals aus, diesmal aber für die Annahme, dass nicht Neutrinos und Anti-Neutrinos, sondern Elektron- und Myon-Neutrinos entlang ihrer Flugbahn ihre Identitäten austauschen. Wie ein Chamäleon die Farbe wechselt, so changiert darum beispielsweise ein ursprüngliches Myon-Neutrino zwischen Myon- und Elektron-Neutrino hin und her.

In den 1970er-Jahren wird Pontecorvos Oszillationshypothese eine gewisse Popularität erreichen, weil Raymond Davis, der Held unseres nächsten Kapitels, Sonnenneutrinos gemessen hat – allerdings weniger als erwartet. Bei den solaren Kernverschmelzungsprozessen werden nur Elektron-Neutrinos erzeugt. Dass man mit Davis' Methode nur Elektron-Neutrinos nachweisen kann, sollte darum eigentlich kein Nachteil sein. Pontecorvo zufolge könnte es aber sein, dass die Hälfte der solaren Elektron-Neutrinos auf ihrem Weg zur Erde in Myon-Neutrinos »hinüberoszilliert«. Auf die reagiert der Davis-Detektor nicht, und deshalb könnte es zu dem augenscheinlichen Neutrinodefizit kommen.

Das hört sich schön an. Abgesehen von dem Davis-Befund gibt es aber über zwei Jahrzehnte lang nichts, was auf die Richtigkeit der Oszillationshypothese hindeutet. Mit seinem Kollegen Samoil Bilenky, der im Gegensatz zu Pontecorvo ein mathematisch versierter Vollblut-Theoretiker ist, arbeitet Pontecorvo die Hypothese in jahrelanger Arbeit immer detaillierter aus. Trotzdem: Für die Mehrzahl der Physiker bleibt sie kaum mehr als eine mathematische Kuriosität. Erst in den 1990er-Jahren schält sich heraus, dass Oszillationen tatsächlich die einzige aller Möglichkeiten sind, mit der sich das Defizit solarer Neutrinos erklären lässt. 1998 wird der Beweis erbracht, dass auch solche Neutrinos oszillieren, die beim Aufprall kosmischer Teilchen auf die Erdatmosphäre entstehen. Kurz darauf werden auch für Neutrinos aus Kernreaktoren Oszillationen gemessen. Drei unumstößliche Befunde – Pontecorvos geniale Vision hat sich in der Wirklichkeit bewährt. Da lebt er selbst aber schon nicht mehr. Und natürlich auch nicht, als im Jahr 2015 der Japaner Takaaki Kajita und der Amerikaner Art McDonald den Nobelpreis für die endgültige experimentelle Bestätigung der Oszillationshypothese entgegennehmen.

Auch die Messungen, die meine Kollegen und ich mit dem IceCube-Neutrinoteleskop am Südpol vornehmen, sind im Einklang mit Neutrino-Oszillationen. Mehr noch: Wir konnten gewisse Größen, die die Stärke von Oszillationen bestimmen, mit Rekordgenauigkeit messen. Und wir sind damit nicht allein. An Teilchenbeschleunigern, an Kernreaktoren, in Labors tief unter der Erde oder mit Neutrinoteleskopen tief unter Wasser widmen sich Forscher diesem Phänomen und wollen damit nicht nur die Eigenschaften dieses exotischen Teilchens dingfest machen, sondern verstehen, wie die Welt funktioniert; die Sonne, das Erdinnere, ferne Galaxien und schließlich der Kosmos als Ganzes.

Mit seiner Oszillations-Idee hat Pontecorvo seinen sichtbarsten Fußabdruck in der Physik hinterlassen. Vielleicht weiß nicht jeder unserer Master-Studenten, dass er die Chlor-Argon-Methode vorgeschlagen hat, mit der später die Sonnenneutrinos nachgewiesen wurden. Vielleicht ist auch nicht jedem bewusst, dass er der Erste war, der über Myon-Neutrinos nachgedacht hat. Aber dass er der Vater der Oszillationshypothese ist – das weiß jeder! Das ist sein bedeutendstes Vermächtnis. Und sein dritter verpasster Nobelpreis …

Pontecorvo bleibt es versagt, seine drei bedeutendsten Ideen in die Tat umzusetzen. Gleichwohl bietet das Dubnaer Synchrozyklotron ihm Gelegenheit für eine Vielzahl wichtiger, auf ihre Art einmaliger Experimente. Er führt Präzisionsmessungen zum Zerfall von Myonen aus, die über mehrere Zwischenschritte aus Protonen erzeugt werden, die ihrerseits im Synchrozyklotron beschleunigt worden sind – jede ein Meisterstück an Experimentierkunst. Er ist einer der Pioniere der Untersuchung von μ-Mesoatomen, bei denen das Elektron in der Atomhülle durch ein Myon (μ) ersetzt worden ist. μ-Mesoatome sollten später eine Rolle bei Überlegungen zum Zünden einer kontrollierten, »kalten« Kernfusion spielen. Ein anderes von Pontecorvos Spezialinteressen ist die Umwandlung von Helium-3 in Tritium durch Beschuss mit Myonen. Tritium, ein sehr seltenes Isotop des Wasserstoffs, wird zur Zündung von Wasserstoffbomben benötigt. Gut möglich, dass Physiker aus der Militärforschung Pontecorvos Interesse auf diese Reaktion gelenkt haben. Aber selbst wenn es so gewesen wäre: Pontecorvo dürfte von Anfang an klar gewesen sein, dass seine Methode für den praktischen Einsatz völlig ungeeignet ist. Ihn interessiert der Prozess, weil er daraus Grundlegendes über die Physik der schwachen Wechselwirkung lernen kann.

In den 1960er-Jahren beginnen die experimentellen Anlagen des Dubnaer Instituts Pontecorvos Kreativität Grenzen zu setzen. Aber mit einem Feuerwerk von Ideen sprengt er die Fesseln. Was in Dubna nicht zu realisieren ist, mag woanders umzusetzen sein! Kaum ein Jahr vergeht, da er nicht eine Überlegung veröffentlicht, die sich an leistungsfähigeren Zentren als seinem heimischen verwirklichen lässt oder gar nur auf kosmischen Skalen überprüft werden kann. Nichts davon eine Nobelpreisidee, aber viele Physiker würden sich glücklich schätzen, wenn sie in ihrem Leben auch nur eine einzige Idee dieses Gewichts gehabt hätten.

Über die Jahre wird Pontecorvo zu weit mehr als einem wissenschaftlichen Aushängeschild von Dubna. Sein Charme und seine ausgesuchten Manieren, seine Toleranz und seine Höflichkeit strahlen auf seine Umgebung aus. Da gibt es viele, die schon seit den 1940er-Jahren dabei waren und das Institut unter strengsten Geheimhaltungsvorschriften und nach einem militärischen Arbeitsregime hochgezogen haben. Ihnen sitzen die Nachkriegszeit, der Stalinismus und der robuste militärische Umgangston noch in den Knochen. Aber Pontecorvos Charme und Wärme können auch sie nicht widerstehen. Sein Vorbild färbt ab und verführt auch gestandene Hardliner zu ein wenig mehr Gelöstheit, Milde und Entgegenkommen.

So wie sie seinem Charme erliegen, haben sie häufig auch seiner Gewitztheit nichts entgegenzusetzen. Einem seiner späteren Mitarbeiter zum Beispiel ist an der Moskauer Universität wegen politischer Aufmüpfigkeit die Aspirantur verweigert worden. Pontecorvo folgt der Bitte von dessen Betreuer (der den Widerspenstigen für sehr fähig hält) und stellt den jungen Mann als Mitarbeiter seiner eigenen Abteilung in Dubna ein. Er hat sich nicht geirrt: Der junge Mann wird einer seiner fähigsten Assistenten. Nur ist er immer noch nicht politisch angepasst und wird es auch nie werden. Das steht natürlich einer Ernennung zum Gruppenleiter entgegen, die Pontecorvo irgendwann Ende der 1970er-Jahre vorschlägt. Die Parteileitung ist unerbittlich: »Jeden anderen, aber nicht den!« Und was macht Pontecorvo, der eigentlich inzwischen längst dabei ist, alle administrativen Posten abzugeben? Er schlägt sich selbst als Gruppenleiter vor. Das kann niemand ablehnen. Und kaum, dass er bestätigt ist, bestimmt er den jungen Freigeist als seinen Stellvertreter. Dafür braucht er nicht die Genehmigung der Partei. Als ein Jahr vergangen ist, erklärt er, dass er selbst aus gesundheitlichen Gründen seinen Posten abgeben müsse. Woraufhin sein Stellvertreter auf seine Position nachrückt und nun da ist, wo ihn Pontecorvo ursprünglich haben wollte. Die Parteileute geben auf. Vor so viel Raffinesse müssen sie kapitulieren.

Pontecorvos vielfältige Aufgaben reichen weit über das Dubnaer Institut hinaus. Er hat eine Professur an der Moskauer Lomonossow-Universität inne, ist zeitweise der Dekan des Fachbereichs Teilchenphysik und hält über viele Jahre Vorlesungen. Dabei gewinnt er eine Vielzahl talentierter junger Physiker für sein Fachgebiet. Allesamt sind sie nicht nur von der Physik, sondern auch von seiner lebenssprühenden Persönlichkeit angezogen. Seit 1958 ist er korrespondierendes Mitglied der sowjetischen Akademie, seit 1964 Vollmitglied. Als die Akademie einen Wissenschaftlichen Rat für Neutrinophysik bildet, muss man nicht eine Sekunde lang überlegen, wer dessen Leitung übernimmt. Natürlich Bruno Maximowitsch Pontecorvo! Alle Projekte zur Neutrinophysik müssen nun durch diesen Rat abgesegnet werden, und jeder, der ein neues Experiment in Angriff nehmen will, kommt zuallererst zu Pontecorvo. Sein wissenschaftliches Prestige ist unangefochten. Zwar legt kaum jemand strengere wissenschaftliche Maßstäbe an als er, aber auch kaum jemand anderer gibt seine Ratschläge mit mehr Wohlwollen und Großzügigkeit und unterstützt gute Projekte mit mehr Nachdruck. Dabei legt er Kriterien an, die auch seine eigene Wahl von Experimenten oder Hypothesen bestimmt haben. Vor allem ist es etwas, das Pontecorvo immer wieder als wesentlich für seine physikalische Intuition bezeichnet hat. Er nennt es Geschmack. Das ist etwas anderes als der sprichwörtliche »Riecher« für vielversprechende Fragen. Es hat tatsächlich etwas mit Geschmack im ästhetischen Sinn zu tun. Die Fragestellung muss auf irgendeine Weise »schön« sein. Schön – das kann *grundlegend* bedeuten. Es kann aber auch für etwas stehen, das elegant im Sinn der experimentellen Durchführung ist. Und schließlich kann auch eine mathematische Formulierung schön und ästhetisch sein.

Neben den vielfältigen wissenschaftlichen und zeitweise auch administrativen Aufgaben kommt eines nicht zu kurz: der Sport. Pontecorvo ist immer noch begeisterter Tennisspieler, Skifahrer, Bergsteiger und Unterwasserjäger. Die ersten drei Disziplinen sind für seine russischen Kollegen nichts Neues, aber mit der Unterwasserjagd kann er wahre Volksaufläufe provozieren. Wenn er in seinem italienischen Taucheranzug mit einer Harpune und einem Dreizack ins Wolgawasser oder in die Fluten des Schwarzen Meers steigt, sind ihm Zuschauer sicher. Und auch mit seinen vielen Kunststückchen ruft er immer wieder Begeisterung oder Verwunderung hervor. Das Rückwärtsfahren auf seinem Mini-Rad, das Balancieren eines Stocks auf der Fuß- oder der Nasenspitze, der kleine Finger-Schnips, mit dem er eine Zigarette in die Luft wirbeln und mit dem Mund auffangen kann – all das sind immer wieder beklatschte Vorführungen. Nicht immer begrüßt wird es allerdings, wenn er die Hände vom Steuer seines Autos nimmt und, unbemerkt von den entsetzten Passagieren auf den Rücksitzen, mit den Knien weiterlenkt. »Bruno Maximowitsch, bitte!!!«, kreischt es dann von hinten, bis er endlich wieder die Hände ans Steuer legt und man erleichtert applaudieren kann.

So abwechslungsreich und ausgefüllt Pontecorvos Leben ist, so leer ist Mariannes Alltag. Ihre depressiven Phasen nehmen an Häufigkeit und Stärke zu, und immer wieder muss sie sich in Kliniken oder Sanatorien begeben, während Bruno daheim versucht, die drei Jungen auf ihrem Weg ins Erwachsenenleben zu begleiten. Der Älteste, Gil, wird Physiker wie sein Vater. Tito, der Zweite, wird Ozeanologe und der Dritte, Antonio, Computer-Experte. Tito, der teils durch den Schatten, den die Geschichte seines Vaters auf ihn wirft, teils durch seine eigene Unangepasstheit berufliche Schwierigkeiten bekommt, wirft die Ozeanologie schließlich hin und wird Pferdezüchter. Ein sehr erfolgreicher sogar. In den 1990er-Jahren zieht er in die USA und wird durch seine Zuchterfolge wohlhabend.

Die Auslandsreisen … das ist für Pontecorvo auch nach der Öffnung von Dubna ein bedrückendes Kapitel. Ab 1959 darf er in Ostblockländer reisen, nach Ungarn, nach Polen, in die DDR und in andere europäische Länder, auch nach China und in die Mongolei. Aber sein geliebtes Italien bleibt zunächst ein ferner Traum. Erst 1978 wird ihm eine Reise dorthin erlaubt, zum 70. Geburtstag von Edoardo Amaldi, seinem alten Kollegen aus der *Via Panisperna*. Zu diesem Zeitpunkt zeigen sich schon die ersten, leichten Anzeichen einer Parkinson-Erkrankung. Ab 1980 darf er häufiger nach Italien reisen, unter anderem, um sich dort behandeln zu lassen. Von da aus fährt er oft nach Frankreich und in die Schweiz und trägt auf Konferenzen vor. Mittlerweile wird seine Erkrankung immer sichtbarer, manchmal nehmen das Zittern und Vibrieren eine schockierende Stärke an. Einmal steht er in Genf als Redner vor dem vollen Hörsaal des CERN, als ihn ein besonders heftiger Anfall überfällt. »Parkinson sieht schlimmer aus, als es ist«, versucht er die Zuhörer zu beruhigen und fügt ironisch hinzu: »Keine Angst, ich sterbe nicht!« Dann fährt er in seinem Vortrag fort, während das Zittern sich allmählich legt.

Sein Glaube an den Kommunismus ist über lange Zeit unerschütterlich geblieben. Der Einmarsch der Armeen des Warschauer Pakts in die Tschechoslowakei, die 1968 versucht hat, einen »Sozialismus mit menschlichem Gesicht« aufzubauen (die Bezeichnung allein schon empört die Moskauer Hardliner bis aufs Blut), weckt erste Zweifel bei Pontecorvo – nicht an seinem tief verinnerlichten Ideal des Kommunismus, sondern an der Richtigkeit seiner Entscheidung, in die UdSSR zu gehen. Aber er bleibt loyal zu dem Staat, der ihn aufgenommen (und in einen goldenen Käfig gesetzt) hat, in dem er geehrt und geschätzt wird.

Aber später kommen die Reisen in den Westen, in dem die Menschen weit besser leben als in Russland, dann der unaufhaltsame Niedergang der UdSSR und schließlich ihr Zerfall. Pontecorvo wird geheilt. Vom Kommunismus und von seinem Glauben. 1991 bekennt er einem Kollegen gegenüber: »Über viele Jahre dachte ich, der Kommunismus sei eine Wissenschaft, aber jetzt sehe ich, dass er keine Wissenschaft ist, sondern eine Religion.« Und ein Jahr später wird er einem britischen Reporter gegenüber noch deutlicher: »I was a cretin!« – »Ich war ein Idiot!«

Seinem Vorsatz, keine Militärforschung zu betreiben, ist er über all die Jahre treu geblieben. Und was auch immer durch ihn an Wissen in die UdSSR gelangt sein mag – als Spion oder Verräter hat er sich nie gesehen. Irgendwann zu Beginn der 1990er-Jahre fragt ein KGB-Mann höflich an, ob Pontecorvo ihm ein Interview geben könne, »nur so, fürs Protokoll«. Doch Pontecorvo lehnt ab. Er wolle als Physiker in Erinnerung bleiben, nicht als irgendein obskurer KGB-Vertrauter.

Am 22. August 1993 wird Pontecorvo 80 Jahre alt. Gerade erst, Ende Juli, ist er von einem Aufenthalt in Italien zurückgekehrt. Er scheint zerbrechlich wie Porzellan. Der Geburtstag wird im Labor gefeiert, mit großem Pomp, aber auch voll Liebe und Respekt. Dann, in den ersten Septembertagen, legt sich ein Schatten über sein einst so heiteres Gesicht. Er ist schweigsam, ruhig und traurig. Er wolle niemanden stören, sagt er höflich und zuvorkommend, wenn er die Räume des Direktoriums betritt. Zwei Tage vor seinem Tod ist er noch einmal da und blickt das letzte Mal auf die herbstlichen Blätter der Birken vor seinem Fenster. »Wie schön …«, sagt er traurig zu seiner Sekretärin, die ihn fast 40 Jahre lang begleitet hat. Am 24. September stirbt Pontecorvo. Seine Frau Marianne, inzwischen leidlich stabil, wird ihn um zwei Jahre überleben.

Seinem testamentarischen Wunsch folgend wird Pontecorvos Asche in zwei Teile aufgeteilt. Eine Urne wird in Dubna beigesetzt, die zweite in Rom. Die Inschrift auf dem römischen Grabstein lautet:

$\nu_\mu \neq \nu_e$
BRUNO PONTECORVO
PISA 22.8.1913
DUBNA 24.9.1993
FISICO

In Dubna aber erinnert, neben seinem Grab auf dem Friedhof, ein Doppelstandbild an ihn. Es zeigt Venedikt Dzhelepov, den langjährigen Direktor von Pontecorvos Laboratorium, im Gespräch mit Pontecorvo. Der stützt sich auf sein kleines Klapprad, auf dem er unzählige Male und zur Freude seiner Zuschauer rückwärtsgeradelt ist. Ein halbes Leben durch die westliche Welt, ein halbes Leben durch die östliche. Ein Leben mit drei Nobelpreisideen und ohne einen einzigen Nobelpreis.

4 DIE SONNENSUCHER: RAYMOND DAVIS UND JOHN BAHCALL

Zeitlebens habe ich kaum etwas als unpersönlicher und langweiliger empfunden als amerikanische Businesshotels. In genau solch ein Hotel im Washingtoner Vorort Arlington hatte uns im Mai 1999 die National Science Foundation (NSF) der USA einquartiert. »Wir« – das waren die Antragsteller für ein Neutrinoteleskop der Superlative, das wir als Nachfolgeprojekt des **A**ntarctic **M**uon **A**nd **N**eutrino **D**etection **A**rray (kurz AMANDA) planten. Die Federführung des AMANDA-Projekts hatte die University of Wisconsin in Madison, USA. Unsere Gruppe aus dem DESY war die zweitstärkste in diesem internationalen Projekt – personell wie auch im Hinblick auf die technischen und wissenschaftlichen Beiträge. Zusammen hatten wir nahe der US-amerikanischen Südpolstation 19 Trossen mit Photomultipliern ins Eis herabgelassen, in Löcher, die vorher mit heißem Wasser in den drei Kilometer dicken Eisschild gebohrt worden waren. In Tiefen zwischen anderthalb und zwei Kilometer hatten wir über 600 druckfeste Glaskugeln eingefroren, die die empfindlichen Photomultiplier beherbergten.

Mit AMANDA registrierten wir Jahr für Jahr ungefähr 1000 hochenergetische Neutrinos. Aber leider: Es waren zum allergrößten Teil Neutrinos, die in der Erdatmosphäre erzeugt worden waren, also keine, die aus kosmischen Weiten zu uns gelangt waren. Zumindest sahen wir aus keiner Richtung einen Überschuss an Neutrinos, der auf eine kosmische Quelle hingedeutet hätte. Und ebenso wenig zeigten sich – ganz unabhängig von irgendeiner Richtung – Neutrinos derartig hoher Energie, dass ein Ursprung in der Erdatmosphäre auszuschließen gewesen wäre. Mit AMANDA hatten wir demnach zwar bewiesen, dass unser

Nachweisprinzip funktioniert. Aber, so viel war uns klar: AMANDA war eher ein Demonstrationsdetektor als ein wirkliches Neutrinoteleskop. Nun wollten wir einen 50-mal so großen Detektor bauen. Wir hatten vor, einen ganzen Kubikkilometer Tiefeneis mit 5000 Kugeln zu bestücken. IceCube sollte dieses Projekt der Superlative heißen. Und es würde zwischen 250 und 300 Millionen Dollar kosten. Kein Wunder, dass der wichtigste Geldgeber, die National Science Foundation der USA, uns nun zu einer äußerst kritischen Begutachtung des Projekts nach Arlington geladen hatte!

Einigen von uns, die wir bis vor Kurzem noch sicher waren, dass IceCube für den Nachweis extraterrestrischer Neutrinos mehr als ausreichend sein würde, war jedoch inzwischen etwas mulmig zumute. Ein halbes Jahr zuvor hatten nämlich zwei theoretische Astrophysiker eine Arbeit veröffentlicht, in der sie berechnet hatten, wie hoch der maximale Fluss solcher Neutrinos sein könnte. Es stellte sich heraus, dass er nicht viel höher sein konnte als das, was wir bestenfalls mit IceCube sehen könnten, zumindest, wenn uns nicht einige einzelne Ausnahmequellen in die Hände spielen würden. Vielleicht dreimal höher, vielleicht fünfmal. Das war aber die *obere* Grenze. Niemand konnte garantieren, dass der wirkliche Fluss nicht dreimal *kleiner* war als das, was IceCube nachweisen könnte. Dann würden wir mit unserem 250-Millionen-Projekt zu kurz gesprungen sein. Doppelt so groß bauen konnten wir IceCube nicht, das wäre zu teuer geworden.

Einer der beiden Theoretiker war anwesend. Man hätte erwarten können, dass er sich mit einer Prise Skepsis zu unserem Projekt äußern würde. Aber das Gegenteil war der Fall. John Bahcall, so sein Name, hielt ein flammendes Plädoyer für IceCube. Sein Wort hatte Gewicht. Er hatte mitgeholfen, das Hubble-Teleskop durchzuboxen, das seit 1990 im All schwebte. Er hatte zudem Anfang der 1990er-Jahre das Strategie-Komitee für die US-amerikanische astronomische Forschung geleitet und zwei Jahre lang als Präsident der American Astronomical Society gedient. John Bahcall auf unserer Seite zu haben war ein unschätzbares Plus. Was uns allerdings genauso half wie sein Votum war die Tatsache, dass die NSF ein völlig neues, hochmodernes Gebäude am Südpol bauen wollte, aus Gründen, die nicht zuletzt weltpolitischer Natur waren. Und wenn man denn schon so viel Geld für die Südpolstation ausgibt, dann sollte man das auch damit rechtfertigen, dass dort ausgezeichnete Wissenschaft betrieben wird! Ein weiteres Plus für unseren Antrag.

In Washington kann es schon im Mai unerträglich heiß und schwül sein, so auch in den Tagen unseres Mai-Meetings 1999. Als wir uns am frühen Abend zu einem unverschämt teuren Dinner in ein nahe gelegenes Edelrestaurant aufmachten, lief uns der Schweiß den Nacken hinunter. Die Krawatten hatten wir schon längst abgenommen. Ich war mit John Bahcall einige Schritte hinter den Pulk der anderen Meeting-Teilnehmer zurückgefallen. Mich interessierte seine Meinung zu einem Artikel, den meine deutschen Theoretiker-Kollegen Karl Mannheim und Jörg Rachen zusammen mit dem Australier Raymond Protheroe veröffentlicht hatten. Die drei waren zu dem Ergebnis gekommen, dass die Obergrenze von Bahcall und seinem jungen Mitarbeiter Waxman nicht zwingend sei. Ihrer Meinung nach galt sie nur für einen relativ kleinen Bereich derjenigen Energien, die wir mit IceCube abdecken wollten. Unser Gespräch kreiste um diese Arbeit, und als wir schließlich erschöpft das klimatisierte Restaurant erreicht hatten, war mir keine Zeit geblieben, John nach dem Thema zu fragen, mit dem er sich damals schon längst in die Geschichte der Astrophysik eingeschrieben hatte: nach dem Standard Solar Model, kurz SSM. Das SSM beschreibt genau, welche Fusionsreaktionen im Innern der Sonne ablaufen und mit welcher Stärke sie das tun. Insbesondere liefert es präzise Vorhersagen über die Neutrino-Signale, die aus den verschiedenen Reaktionen resultieren. Die Diskrepanz zwischen Bahcalls Vorhersagen und den Ergebnissen, die der Radiochemiker Raymond Davis seit 1968 mit Pontecorvos Chlor-Argon-Methode erhalten hatte, war als das »Rätsel der fehlenden Sonnenneutrinos« bekannt geworden und hatte zu den unterschiedlichsten Interpretationen geführt.

Bis zu Bahcalls viel zu frühem Tod im Jahr 2005 sollte uns zu Gesprächen über Sonnenneutrinos noch einige Zeit bleiben. Bahcalls experimentellen Mitstreiter, Raymond Davis, habe ich leider nie persönlich kennenlernen dürfen. Lassen Sie mich dieses Kapitel mit seiner Lebensgeschichte beginnen. Immerhin ist er der Ältere. Und schließlich derjenige von beiden, der mit Nobelpreis-Ehren belohnt wurde.

Raymond Davis Jr.

Raymond Davis wird am 14. Oktober 1914 in Washington, D.C., geboren. Raymond Davis *Junior*, wie er sich nennen würde, denn sein Vater heißt ebenfalls Raymond. Raymond Davis *Senior* ist Fotograf beim National Bureau of Standards NBS, dem heutigen National Institute of Standards and Technology. Er ist einer jener kreativen Autodidakten, die zwar keinen Highschool-Abschluss besitzen, aber im Laufe ihres Arbeitslebens eine Vielzahl kleiner, nützlicher Erfindungen und Neuerungen machen. Beim NBS bringt er es bis zum Abteilungsleiter.

Kein Wunder, dass der kleine Ray es seinem Vater nachtut. Er fängt schon früh an, einfache Apparate zu bauen und mit Chemikalien zu experimentieren. Mutter Ida führt ihn dagegen an die Musik heran. Allerdings: Ray kann Musik zwar genießen, aber wirklich musikalisch ist er nicht. Um der Mutter eine Freude zu machen, quält er sich immerhin durch mehrere Jahre als Chorknabe, obwohl er eigentlich unfähig ist, eine Melodie zu halten.

Nachdem Ray den Chor verlassen hat, braucht er ein neues Hobby. Es wird eine etwas weniger friedfertige Freizeitbeschäftigung. Er und sein 14 Monate jüngerer Bruder schließen sich dem Vater an, wenn der an Wochenenden auf einen Schießstand pilgert und sich als Sportschütze betätigt. Tatsächlich sammelt Ray an der Highschool und auch später noch am College eine Reihe von Medaillen in dieser Sportart ein, aber irgendwann gibt er das Schießen auf. Er sei »zu dem Schluss gekommen, dass die Welt mit weniger Scharfschützen ein besserer Ort wäre«, wie er später sagen wird.

Ray und sein Bruder Warren sind als Kinder und Jugendliche ein

Herz und eine Seele, sei es beim Spielen auf den sommerlich-schwülen Straßen von Washington oder beim Kanu-Paddeln auf dem Potomac River oder beim Sportschießen. Später gehen ihre Interessen auseinander. Warren strebt eine Militärkarriere an, Ray interessiert sich für Naturwissenschaften. Sein Vater fördert sein Interesse, versorgt ihn mit Chemikalien für seine Experimente im Keller und bringt ihm bei, wie man professionell fotografiert und Filme entwickelt. Ray ist begeisterter Besucher der naturkundlichen Sammlungen in der berühmten Smithsonian Institution an der Washingtoner National Mall und ein ebenso begeisterter Leser der populärwissenschaftlichen Smithsonian Reports, die er sich in einer nahe gelegenen Zweigbibliothek ausleiht.

Nach dem Abschluss des Colleges in Washington schreibt sich Ray als Student an der University of Maryland ein, nur 15 Kilometer von der Bundeshauptstadt Washington entfernt. Er studiert Chemie. 1938 verlässt er die Universität mit einem Bachelor-Abschluss und arbeitet für ein Jahr in der Dow Chemical Company in Midland, einer Stadt nahe den Großen Seen im Norden der USA. Dann, mit etwas praktischer Erfahrung in der Tasche, kehrt er an die University of Maryland zurück und macht seinen Master. Anschließend wechselt er an die Elite-Universität Yale in Connecticut und nimmt ein Promotionsstudium auf.

Als Ray 1942 seinen Doktortitel in Physikalischer Chemie verliehen bekommt, sind die USA schon ein halbes Jahr lang Teilnehmer am Zweiten Weltkrieg. Ray tritt als Reserveoffizier in die Armee ein. Es verschlägt ihn jedoch nicht an die Front, auch nicht später, als die USA aktiver Kriegsteilnehmer an der europäischen Front sind. Die meiste Zeit seiner Kriegsjahre verbringt er stattdessen auf dem Dugway Proving Ground in der Wüste von Utah, einer Anlage der Armee. Sie ist gerade erst errichtet worden, um chemische und biologische Waffen für den Einsatz im Zweiten Weltkrieg zu testen.

Viel zu tun hat Ray nicht. Neben den Messungen beim Test von chemischen Waffen bleibt ihm genügend Zeit, die umliegende Wüste zu erkunden, am Großen Salzsee entlangzustreifen und ausgiebig seiner Fotografieleidenschaft zu frönen.

1945 ist der Krieg zu Ende. Ray wird aus der Armee entlassen und arbeitet für knapp drei Jahre in Miamisburg, einer Kleinstadt, 80 Kilometer nördlich von Cincinnati. Dort hat die Atomenergiebehörde gerade ein Labor eingerichtet, um radiochemische und kernphysikalische Arbeiten durchzuführen – in erster Linie für militärische Zwecke. Das Militärische liegt Ray eigentlich nicht besonders. So ist er froh, als sich im Frühjahr die Möglichkeit bietet, weiter als Radiochemiker arbeiten zu können, aber im zivilen Bereich. Gerade erst hat nämlich dieselbe Atomenergiebehörde auf Long Island das Brookhaven National Laboratory gegründet. Das BNL widmet sich friedlichen Anwendungsmöglichkeiten der Kernenergie und ebenso der Grundlagenforschung. Neben dem Bau von zwei Forschungsreaktoren ist der Bau zweier Teilchenbeschleuniger beschlossen worden. An dem zweiten, dem größeren von beiden, sollte 1962 das Myon-Neutrino nachgewiesen werden, die Entdeckung, die Pontecorvo versagt bleibt und für die später Lederman, Schwartz und Steinberger den Nobelpreis erhalten sollten. Auch an radiochemischen Themen mangelt es im BNL nicht.

Während seiner ersten Monate in Brookhaven lebt Ray in einem Sommerhotel, das vom BNL für Neuankömmlinge gemietet worden ist. Dort lernt er seine zukünftige Frau Anna kennen. Sie arbeitet in der Biologieabteilung des Instituts. Es muss Liebe auf den ersten Blick gewesen sein, denn Anna und er heiraten schon nach wenigen Monaten. In den folgenden 15 Jahren sollten ihnen fünf Kinder geboren werden: ein Junge, dann zwei Mädchen und schließlich zwei Jungen.

Brookhaven liegt an der Südküste von Long Island. Das Ehepaar Davis zieht nach Blue Point, einen kleinen Vorort von Brookhaven, direkt am Wasser. Nicht lange dauert es, bis Ray, der die handwerklichen Fähigkeiten seines Vaters geerbt hat, beschließt, ein eigenes Segelboot zu bauen. Die meisten seiner Bekannten gucken skeptisch: »Das wird nie etwas!« Aber Ray belehrt sie eines Besseren. Kräftig unterstützt von Anna, baut er ein sechseinhalb Meter langes, robustes Segelboot. Wenn immer möglich, kreuzt er damit, die ganze Familie an Bord, auf den Küstengewässern vor Long Island hin und her.

Gleich nachdem er in Brookhaven angekommen ist, meldet er sich beim Chef der Chemieabteilung und fragt ihn, was er tun solle. Zu seiner Überraschung rät der ihm, in die Bibliothek zu gehen, sich durch die Fachliteratur zu lesen und sich selbst ein Projekt auszusuchen. »So begann eine lange Karriere, in der ich genau das tat, was ich tun wollte, und dafür auch noch bezahlt wurde«, beschreibt Davis später diese Zeit. Und genau wie Fred Reines vier Jahre später, stößt er auf das Neutrino. Er liest einen Artikel in den *Reviews of Modern Physics*, in dem die Chlor-Argon-Methode zum Nachweis des Neutrinos erwähnt wird. Bruno Pontecorvo hat sie gerade einmal zwei Jahre zuvor vorgeschlagen. Dieses Verfahren erscheint wie maßgeschneidert für ihn mit seiner Erfahrung in Radiochemie. Und sie betrifft ein Gebiet, das wie ein unbeschriebenes Blatt Papier vor ihm liegt. Eine *terra incognita*, die zur Erkundung einlädt. »Nicht jeder wäre bereit, zu sagen, er glaube an die Existenz des Neutrinos«, hat der Autor des Artikels geschrieben, den Davis gerade gelesen hat. »Aber es steht fest, dass es kaum jemanden gibt, dem die Neutrino-Hypothese nicht wenigstens als Möglichkeit gefällt, den Beta-Zerfall zu verstehen.« Vorsichtiger kann man es kaum formulieren …

Bevor Davis sich an der Chlor-Argon-Methode versucht, probiert er jedoch etwas anderes. Er untersucht den Zerfall von Beryllium-7. Bei dem von ihm untersuchten Zerfallstyp fängt ein Beryllium-7-Kern ein Hüllenelektron ein und verwandelt sich dabei unter Aussendung eines Neutrinos in einen Lithium-7-Kern. Anders als beim Beta-Zerfall besteht der Endzustand hier aus zwei statt drei Teilchen, und darum müssen Neutrino und Lithium-7-Ion in jedem Zerfall die immer gleiche Energie tragen. Mit einer trickreichen physikochemischen Methode gelingt Davis dieser Nachweis. Wie der Beta-Zerfall selbst ist das aber nur ein *indirekter* Beweis für die Existenz des Neutrinos. Er hat ja nicht die Reaktion eines Neutrinos mit einem Atomkern beobachtet (wovon Pauli ursprünglich dachte, das sei nicht möglich), sondern nur aus der Energie des Lithium-Ions darauf geschlossen, dass da noch »so etwas wie ein Neutrino« erzeugt worden sein muss. Das ist im Grunde das Gleiche, was Pauli seinerzeit mit dem Postulat des Neutrinos getan hat. Ein direkter Nachweis steht also immer noch aus. Trotzdem: ein schönes Ergebnis. Leider wird Davis' Freude durch den Umstand geschmälert, dass wenige Monate zuvor zwei Forschern der Universität von Illinois das Gleiche gelungen ist und sie ihr Ergebnis noch vor Davis veröffentlicht haben.

Dann kommt aber wirklich die Chlor-Argon-Methode dran, sein Lebensthema. 1951 beginnt Davis mit entsprechenden Arbeiten. Er baut einen 3800-Liter-Tank mit Tetrachlorkohlenstoff neben einem Forschungsreaktor im BNL auf. Pontecorvo zufolge müsste aus Chlor-37 durch den Einfang von Neutrinos Argon-37 entstehen, ein radioaktives Isotop, das sich durch den umgekehrten Prozess (indem es Elektronen von seiner eigenen Hülle einfängt) mit einer Halbwertszeit von 35 Tagen wieder in Chlor zurückverwandelt. Argon ist ein Edelgas, die Argon-Atome gehen darum keine chemische Bindung ein, und man kann sie mit einem Trägergas aus der Tetrachlorkohlenstoff-Flüssigkeit herausspülen. Davis füllt das Trägergas in einen kleinen Geigerzähler, sucht nach möglichen Signalen aus dem Argon-37-Zerfall – und findet keine. Fast keine. Die paar Signale, die er sieht, sind völlig mit dem in Übereinstimmung, was die kosmische Strahlung bewirkt. Auch sie kann nämlich Chlor-37 in Argon-37 verwandeln.

Das kommt nicht unerwartet. Es wäre eine Überraschung gewesen, wenn dieser Forschungsreaktor mit seiner relativ geringen Leistung so viele Neutrinoreaktionen ausgelöst hätte, dass Davis sie in seinem Geigerzähler hätte nachweisen können. Außerdem sendet ein Reaktor Anti-Neutrinos aus, die Chlor-Argon-Reaktion fordert dagegen Neutrinos. Allerdings ist damals noch nicht klar, ob Neutrinos und Anti-Neutrinos unterschiedliche Teilchen sind und ob sie sich unterschiedlich verhalten. Schließlich gibt es in der Natur Beispiele für Teilchen, die ihr eigenes Antiteilchen sind, wie etwa das Photon.

Keine Reaktor-Neutrinos für Davis also. Aber vielleicht kann er Sonnenneutrinos einfangen? Er nimmt einen 200-Liter-Tank mit Tetrachlorkohlenstoff und vergräbt ihn weit entfernt vom Reaktor knapp sechs Meter tief in der Erde, um wenigstens einen Teil der kosmischen Strahlen abzuschirmen. Dann misst er. Und findet wieder nichts. Kühn leitet er aus der Nichtbeobachtung eine experimentelle Obergrenze für den Fluss solarer Neutrinos ab. Sie ist allerdings mehr als 10 000-mal so hoch wie der Wert, den die Theorie liefert.

Ein Gutachter von Davis' Arbeit ist nicht besonders beeindruckt von den Obergrenzen, die der für den Fluss von Sonnenneutrinos angeben kann. Sarkastisch schreibt er: »Ein Experiment wie dieses, das nicht die erforderliche Empfindlichkeit aufweist, hat überhaupt keinen Einfluss auf die Frage der Existenz von Neutrinos. Um meinen Standpunkt zu veranschaulichen: Man würde nicht eine wissenschaftliche Arbeit schreiben, in der ein Experimentator auf einem Berg steht und nach dem Mond greift, und daraus schließen, dass der Mond mehr als acht Fuß von der Spitze des Berges entfernt ist.«

Das traf in gewisser Weise auch für den Versuch zu, Reaktor-Neutrinos nachzuweisen. Also zieht Davis mit einem dreimal so großen Tank an den leistungsstärksten Reaktor, über den die USA damals verfügen. Es ist ein Zwillingsreaktor des Reaktors, an dem Fred Reines und Clyde Cowan ihre riesigen Behälter mit Szintillatorfüllung aufbauen, nur 100 Meter von dem Experiment der beiden entfernt: einer der Savannah-River-Reaktoren. Aber auch hier kann Davis keine Neutrinosignale registrieren und nur einen oberen Grenzwert für den Neutrinofluss angeben. Gesetzt den Fall, Neutrinos und Anti-Neutrinos wären identisch, so hätte er das Zwanzigfache dieses Grenzwerts messen müssen. Dieser zwanzigfache Wert ist nämlich der, den kurz darauf Reines ermitteln wird, dessen Gerät auf Anti-Neutrinos anspricht. Das negative Resultat von Davis ist allerdings, noch bevor Reines in Savannah River auftaucht, der Beweis dafür, dass Neutrino und Anti-Neutrino unterschiedliche Teilchen sind. Sonst hätte er etwas sehen müssen.

Viele Jahre später, bei einer Gedenkfeier zu Ehren des verstorbenen Clyde Cowan, wird Davis erzählen, wie Cowan ihn zu »seinem« Reaktor einlud, die Tür hinter sich schloss und ihn versprechen ließ, niemandem etwas zu erzählen: »Und dann sagte er mir zum ersten Mal, dass sie davon überzeugt seien, ein positives Signal in etwa der richtigen Größenordnung zu haben … Es waren also Anti-Neutrinos, klar, keine Neutrinos.« Und noch einmal zwei Jahrzehnte später, in seiner Nobelpreisrede (die von seinem Sohn verlesen wurde), unterstrich er: »Mein Experiment zeigte, dass das Neutrino nicht sein eigenes Antiteilchen ist.«

Altersbestimmung mit Chlorisotopen

Ganz unabhängig von Neutrinos beackert Davis noch ein anderes Forschungsfeld: die geologische Datierung von Gesteinen anhand der Häufigkeit radioaktiver Isotope. Die Überlegung von ihm und seinem Kollegen Oliver Schaeffer ist, dass man aus dem Vergleich der Anteile, mit denen verschiedene Isotope in der Natur vorkommen, auf ihr Alter schließen kann, besser: darauf, wie lange sie nicht der kosmischen Strahlung ausgesetzt waren. Gründe für den Schutz vor kosmischer Strahlung können tektonische Bewegungen sein, die das besagte Gestein in die Tiefe geschoben haben. Oder Eispanzer, die das Mineral vor der kosmischen Strahlung schützen. Die beiden Radiochemiker entwickeln Methoden, für deren erfolgreiche Anwendung es damals noch nicht genügend empfindliche Massenspektrografen gibt. Das sind Geräte, mit denen man verschiedene Isotope voneinander trennen kann. Heute indessen gehört Davis' und Schaeffers Methode zum Standardrepertoire von Geologen. Immerhin bietet diese Art von Tätigkeit dem Naturfreund Davis die Gelegenheit zu ausgedehnten Exkursionen. Ins Gebirge, zu Gletschern und auch zum Großen Salzsee, an dessen Ufern er während seiner Armeezeit begeistert entlanggewandert ist.

Was besser funktioniert als die Untersuchung von Erdgestein, ist die Bestimmung des Verhältnisses von bestimmten Chlor- und Argon-Isotopen in Meteoriten. Mit ihren Messungen können die beiden bestimmen, wie lange der Meteorit der kosmischen Strahlung ausgesetzt war.

Später, nachdem die Amerikaner auf dem Mond gelandet sind, wird Davis erfolgreich die Isotopenverhältnisse in Mondgestein bestimmen – und muss dabei einmal eine zweiwöchige Quarantäne in Kauf nehmen. Während der Verarbeitung der Apollo-12-Proben ist nämlich einer der Handschuhkästen in Houston undicht geworden. Infolgedessen muss er, zusammen mit den Astronauten und einigen anderen unglücklichen Wissenschaftlern, zwei Wochen lang streng abgeschottet leben, bis endlich klar ist, dass keiner von ihnen mit etwaigen Krankheitserregern vom Mond infiziert ist. Auch eine Erfahrung.

Intermezzo: Warum scheint die Sonne?

Im Jahr 1959 begibt sich Davis auf das Forschungsgebiet, das ihn berühmt machen sollte: die Erforschung von Sonnenneutrinos. Das ist mehr als ein abseitiges Gebiet der Grundlagenforschung. Es ist der einzige Weg, tief in die Sonne hineinzublicken, dahin, wo sie die Energie erzeugt, von der wir leben. Die Neutrinos stellen sozusagen ein einzigartiges Fenster mitten ins Innere der Sonne dar.

Ohne die Sonne würde es uns nicht geben. Tagsüber zieht sie wie ein glänzender Feuerball über den Himmel, und selbst in den meisten Nächten können wir sie sehen, wenngleich nur indirekt: Der Mond und die Planeten reflektieren ihr Licht. Nicht auszumalen, was geschähe, wenn sie für ein paar Tage nicht scheinen würde. Die Temperatur würde rapide sinken, innerhalb von einem oder zwei Tagen würde weltweit die Energieversorgung kollabieren. Der Wasserdampf in der Atmosphäre würde kondensieren, erst würde daraus Regen, dann Schnee. Am vierten Tag wäre die gesamte Erdoberfläche von einer dünnen Eiskruste überzogen. Nach einer Woche wäre praktisch alles höhere Leben auf der Erdoberfläche erloschen. Ein Horrorszenario, das aber zum Glück nur in der Fantasie existiert.

Aber wie funktioniert die Sonne? Was erzeugt die Wärme, mit der dieser an seiner Oberfläche knapp 6000 Grad heiße Gasball in jeder

Sekunde fast eine Million Mal so viel Energie in den Weltraum schleudert, wie die Menschheit in einem ganzen Jahr verbraucht? Diese Frage ist, zu guter Letzt, die Frage nach unserer eigenen Existenz.

Bis in das 19. Jahrhundert hinein stellte man sich eine Art von Verbrennungsprozess vor. Mit chemischen Prozessen, das wurde schon Mitte des Jahrhunderts klar, hätte die Sonne jedoch nur ein paar Tausend Jahre ihre Energiebilanz decken können. Auch die allmähliche Kontraktion der Sonne, ein Prozess, bei dem Gravitationsenergie freigesetzt und in eine andere Energieform umgewandelt werden kann, hätte nur für 40 Millionen Jahre gereicht, zehnmal weniger als das Mindestalter der Erde, das Geologen damals abschätzten. Dann aber rüttelte 1898 die Entdeckung der Radioaktivität die Welt der Physik auf, und damit stellte sich die Frage, ob die Sonne ihre Energie womöglich aus dem Zerfall radioaktiver Kerne beziehe. Aber nein, auch das würde nicht reichen – selbst wenn die Sonnenmaterie zu einem merklichen Teil aus radioaktiven Kernen bestünde. Noch eine Erklärung, die nicht aufging! Die ratlosen Physiker mussten das Problem wohl oder übel fürs Erste beiseitelegen.

Die Schlüsselentdeckung zur Lösung des Rätsels machte 1920 der Engländer Francis William Aston. Er fand heraus, dass ein Heliumkern um eine Winzigkeit leichter ist als vier Wasserstoffkerne. Bei der Verschmelzung von vier Wasserstoffkernen zu einem Heliumkern wird also Energie freigesetzt. Sir Arthur Eddington, der damals führende englische Astronom, erkannte sofort, dass das die Lösung für die Energieerzeugung in der Sonne sein könnte. Als schließlich eine junge britische Wissenschaftlerin namens Cecilia Payne im Jahr 1925 noch herausfand, dass die Sonne zum größten Teil aus Wasserstoff besteht, konnte man abschätzen, wie lange sie scheinen würde. Mit der Wasserstoff-zu-Helium-Synthese kommt man ohne Weiteres auf die Skala von einigen Milliarden Jahren!

Die Sache hatte nur einen Haken: Protonen sind positiv geladen und stoßen sich gegenseitig ab. Um zwei Protonen ineinanderzudrücken, muss man darum eine gewisse Energiebarriere überwinden. Die Rechnung ergab, dass die geschätzte Temperatur im Sonneninnern um das Hundertfache zu gering war, um zwei Protonen zu fusionieren. Schon wieder schien man eine schöne Idee begraben zu müssen! Glücklicherweise ließ die Auflösung dieses Widerspruchs aber nicht lange auf sich warten. Etwa zur gleichen Zeit, als Eddington seine Hypothese der Umwandlung von Wasserstoff in Helium entwickelte, zeigte die Quantenmechanik, dass eine unüberwindliche Energiebarriere mit einer gewissen, wenngleich äußerst geringen Wahrscheinlichkeit »durchtunnelt« werden kann – ähnlich wie man durch einen Tunnel auf die andere Seite eines Berges kommt, ohne erst mühsam den Gebirgskamm ersteigen zu müssen. Unter Berücksichtigung des Tunneleffektes fanden ein Brite und ein Österreicher im Jahre 1929 heraus, dass die Verschmelzung von Wasserstoffkernen in der Sonne bei weit niedrigeren Temperaturen stattfinden kann, als es die klassische Physik vorhersagt. Was sie noch nicht angeben konnten, war eine genaue Reaktionskette, denn Ende der 1920er-Jahre war das Wissen über Kernreaktionen noch sehr unvollständig. Für diesen Durchbruch musste ein weiteres Jahrzehnt vergehen. Es war jenes Jahrzehnt, in dem Pauli das Neutrino postulieren und Fermi eine Theorie der schwachen Wechselwirkung entwickeln sollte.

Die entscheidende Idee, wie die Heliumsynthese funktionieren könnte, hatte im Jahre 1939 – unter Benutzung von Fermis Theorie – Hans Bethe, den wir schon aus den vorhergehenden Kapiteln kennen. Er schlug zunächst einen Prozess vor, der unter dem Namen CNO-Zyklus bekannt wurde und auf den gleichzeitig Carl Friedrich von Weizsäcker in Deutschland stieß. Er kann ablaufen, wenn Sterne etwas Kohlenstoff (C) enthalten. Protonen lagern sich dann an Kohlenstoff und wandeln ihn über sechs aufeinanderfolgende Schritte, bei denen Kerne des Stickstoffs (N) und Sauerstoffs (O) entstehen und vergehen, schließlich zurück in Kohlenstoff um, wobei am Ende ein Heliumkern ausgespuckt wird. Das Problem dabei war, dass dieser Prozess so richtig erst ab einer Temperatur von etwa 20 Millionen Grad abläuft, während im Sonneninnern – das wusste man schon ganz grob – nur 15 Millionen Grad herrschten.

Es dauerte aber nicht lange, bis Bethe auf einen anderen Prozess stieß, der schon bei niedrigeren Temperaturen möglich ist. Er besteht aus drei aufeinanderfolgenden Reaktionen. Beim ersten Schritt fusionieren zwei Protonen zu einem Deuteriumkern (ein Proton und ein Neutron) und sondern dabei ein Positron und ein Neutrino ab. (Tatsächlich tauchte in Bethes erster Veröffentlichung das Neutrino nicht auf. An der Grundaussage seines Vorschlags ändert das allerdings nichts.) Der Deuteriumkern kann mit einem weiteren Proton zu einem Helium-3-Kern verschmelzen, einem Gebilde aus zwei Protonen und einem Neutron. Zwei Helium-3-Kerne verschmelzen schließlich zu Helium-4 und lassen dabei zwei Protonen übrig. Die erste dieser drei Reaktionen läuft über Fermis »schwache Wechselwirkung« ab. Damit sie unter den Bedingungen des Sonneninnern vonstattengeht, muss ein Proton darum im Mittel etliche Milliarden Jahre warten. Zum Glück für uns, die wir viereinhalb Milliarden Jahre nach Entstehung der Sonne leben und damit zu einer Zeit, wo weniger als die Hälfte der Protonen zu Helium verschmolzen sind. Betrüge die mittlere Wartezeit nur zehn Millionen Jahre, hätte die Sonne ihren Proton-Vorrat schon längst aufgebraucht und wäre verglüht.

Der größte Teil der Sonnenenergie stammt aus den drei beschriebenen Schritten, rund 85 Prozent aller Sonnenneutrinos aus dem ersten davon. Leider ist die Maximalenergie dieser Neutrinos (man nennt sie häufig einfach pp-Neutrinos) viel zu gering, als dass sie einen Chlor-37-Kern in einen Argon-37-Kern umwandeln könnten. Es gibt allerdings einen Reaktionszweig, bei dem Neutrinos genügend hoher Energie erzeugt werden können. Er führt über drei Schritte, in deren letztem ein Bor-Kern, der im vorhergehenden Schritt erzeugt worden ist, in zwei Helium-4-Kerne, ein Positron und ein Neutrino zerfällt: Das passiert – wie wir heute wissen – nur in 0, 016 Prozent der Fälle. Aber die Maximalenergie der Neutrinos aus diesem Prozess (Bor-8-Neutrinos pflegt man sie zu nennen) ist in der Tat genügend hoch, um mit der Chlor-Argon-Methode nachgewiesen werden zu können.

Wie häufig diese zweite, seltene Kette durchlaufen wird, war bis Anfang 1958 weitestgehend unklar. John Bahcall sollte einer derjenigen werden, die zeigen konnten, dass sie häufig genug abläuft, um mit der Chlor-Argon-Methode nach den dazugehörigen Neutrinos suchen zu können.

John Bahcall: Von der Philosophie zur Sternphysik

John Bahcall wird am 30. Dezember 1934 in Shreveport geboren. Shreveport ist heute die drittgrößte Stadt Louisianas, nach New Orleans und nach Baton Rouge, der Hauptstadt des Bundesstaates. *Noch* ist sie an dritter Position, denn Jahr für Jahr verlassen 1000 bis 2000 Einwohner die Stadt, die ihre besten Jahre weit hinter sich hat. Als John Bahcall geboren wird, ist sie noch ein nationales Zentrum der Ölindustrie und beherbergt die Hauptquartiere der Standard Oil of Louisiana und der United Gas Corporation. Nachdem diese beiden Giganten jedoch in den 1960er- bzw. 1980er-Jahren der Stadt den Rücken gekehrt haben und auch noch General Motors seine Fertigung in Shreveport eingestellt hat, ist die Stadt heute ein Schatten ihrer selbst.

Das alles ist Mitte der 1930er-Jahre noch ganz anders. Der Stadt geht es gut, trotz der wirtschaftlichen Depression, die Präsident Franklin D. Roosevelt seit 1933 mit seinem New Deal bekämpft.

Hier also wächst John Norris Bahcall auf, als Sohn von Malcolm und Mildred Bahcall. Vater Malcolm kämpft sich als Vertreter eines Kleinvertriebs für Obst und Gemüse durch die wirtschaftliche Depression. Das Unternehmen gehört Johns Onkel mütterlicherseits, der seinerseits mit dem Straßenverkauf von Gemüse begonnen hat und nun Verwandten helfen kann, sich über Wasser zu halten. Mutter Mildred vertreibt für einen Verlag Lexika. Sie ist die Einzige in der ganzen Verwandtschaft, die einen College-Abschluss in der Tasche hat. Wie in der Davis-Familie, so ist auch bei den Bahcalls die Mutter der musische Teil. Sie ist eine sehr gute Pianistin und überträgt ihre Musikliebe auf John und seinen Bruder Robert.

Johns Großvater väterlicherseits ist Ende des 19. Jahrhunderts aus Russland eingewandert. Beide Eltern gehören einer reformjüdischen Gemeinde an. Reformjuden lehnen die strenge Auslegung der religiösen Gesetze und Traditionen ab und legen größeres Gewicht auf ethische Werte und Fragen der sozialen Gerechtigkeit. Natürlich haben auch sie mit antisemitischen Vorurteilen zu kämpfen, aber verglichen mit den Konsequenzen der strikten Rassentrennung und der Lage der Schwarzen in den Südstaaten der USA sind die Erscheinungsformen von Antisemitismus geringfügig. Immerhin gibt es sie. Die Bahcall-Söhne nehmen sie als »a fact of life« hin, wie John später einmal sagen wird.

Inspiriert durch seine Mutter, wird John zeit seines Lebens gute Musik schätzen. Aber als Jugendlicher interessiert ihn etwas anderes viel mehr: Tennis. Er bringt es bis zum Tennismeister von Louisiana, mit Ausdauer und Hingabe – Eigenschaften, die er sein ganzes Leben lang exemplarisch vorleben wird. Wie Pontecorvo wird er bis ins Alter diesem Sport begeistert frönen. Und noch ein Hobby hat er: Debattieren. Tatsächlich gibt es an seiner Highschool ein Debattierteam. Wer da mitmacht, darf sich allerdings nicht nur auf seine natürlichen Gaben verlassen. Man muss trainieren. John lernt es, die Argumente anderer anzuhören, zu analysieren und präzise darauf einzugehen. Mit der gleichen Beharrlichkeit, Hingabe und harten Arbeit, mit der er sich zum Tennis-Champion entwickelt, schult er sich im Diskutieren und gewinnt zusammen mit einem Schulkameraden den ersten Preis des *National High School Debate Tournaments* – das erste Mal überhaupt für seine Highschool. Seine Fähigkeit zu präzisen Diskursen wird ihm sein Leben lang gute Dienste leisten.

Noch ist bei John von Interesse an Physik nichts zu spüren. Im Gegenteil. An der Highschool belegt er keine naturwissenschaftlichen Kurse, und man lässt ihm das durchgehen – aus welchen Gründen auch immer. Er ist schließlich der Tennis-Champion, und nachmittags, wenn Physik- und Chemiestunden angeboten werden, ist er auf dem Court. So bleibt es auch, nachdem er sich an der Louisiana State University eingeschrieben hat. Er studiert Philosophie und spielt sogar mit dem

Gedanken, ein Reformrabbi zu werden. An seiner Heimatuniversität bleibt er allerdings nicht lange. Schon nach einem Jahr wechselt er von der unbedeutenden Provinzuniversität an die berühmte University of California in Berkeley. Dass er dort angenommen wird, hat zwei Gründe: Zum einen bezahlt ein wohlsituierter Onkel, der sein Potenzial erkannt hat, einen Teil der Studiengebühren. Zum anderen hat er schon in Louisiana ein Sonderstipendium in seiner Eigenschaft als ausgezeichneter Tennisspieler erhalten und kann davon den Rest der Gebühren bezahlen. In Berkeley setzt er sein Philosophiestudium fort. Immer noch nichts mit Physik! Allerdings können sich auch Philosophiestudenten an der University of California nicht ganz vor den Naturwissenschaften drücken. Sie müssen irgendeinen einschlägigen Kurs belegen. John sucht sich die Physikvorlesung aus. Es ist das erste Mal, dass er wirklich mit Physik in Berührung kommt. Und es funkt! »Ich habe mich in die Physik verliebt«, wird er später sagen, »und das hat mein Leben verändert.«

Sicherlich hat auch die politische Atmosphäre des Universitätscampus Einfluss auf ihn. Schon 1949 und 1950 hatte sich an der Berkeley-Universität Protest gegen die Ausgrenzung linksorientierter Wissenschaftler im Rahmen der McCarthy-Politik und gegen den zwangsweisen Loyalitätseid formiert. Es kam zu den größten Studentenprotesten, die sich bis dahin in den USA ereignet hatten. Der wache, kritische Blick auf eine politisch verkrustete Umwelt hat sich in Berkeley über die Jahre erhalten und wird in den 1960ern in die Studentenunruhen gegen Rassendiskriminierung und gegen den Vietnamkrieg münden. John dürfte darum nicht nur Tennis gespielt, Physik gelernt und den Blick auf die Silhouette von San Francisco, gegenüber von Berkeley, genossen haben. Er dürfte auch seine Debattenfähigkeit in politischen Diskussionen unter Beweis gestellt und seine sozialen Ansichten geschärft haben.

1956 schließt John sein Studium in Berkeley mit einem Bachelor in Physik ab und wechselt an die Universität Chicago. Dort macht er seinen Master. Dann geht es weiter an die Harvard-Universität in Cambridge,

Massachusetts. Im Jahr 1961 promoviert er dort und geht mit einem Forschungsstipendium an die Indiana-Universität im Mittleren Westen der USA. Der Professor, dessentwegen er an die Indiana-Universität wechselt, heißt Emil Konopinsky. Er hat zu Beginn des Zweiten Weltkriegs unter Fermi an dessen Kernreaktor mitgearbeitet und ist danach als einer der Pioniere des Manhattan-Projekts nach Los Alamos gegangen. Schon vorher, nicht lange nachdem Fermi 1933 seine Theorie des Beta-Zerfalls und der schwachen Wechselwirkung veröffentlicht hat, haben Konopinsky und sein Kollege Uhlenbeck eine Modifikation der Fermi-Theorie vorgeschlagen, mit der die experimentellen Daten angeblich besser beschrieben werden könnten als durch Fermis Version. Das stellte sich zwar später als falsch heraus, aber unbeschadet dessen gilt Konopinsky damals mit vollem Recht als einer der besten Experten auf dem Gebiet der schwachen Wechselwirkung. Und genau deswegen wechselt Bahcall zu ihm. Er will die Theorie der schwachen Wechselwirkung aus erster Hand lernen.

An der Indiana-Universität schreibt er eine Arbeit, die sich mit der Stärke des Beta-Zerfalls beschäftigt, wenn dieser im Innern eines Sterns bei Temperaturen von vielen Millionen Grad und unter hohem Druck abläuft. Dieser Artikel bringt ihm eine Einladung an das California Institute of Technology in Los Angeles ein, das CalTech, wie es kurz genannt wird. Dort residiert William A. Fowler, der Papst der nuklearen Astrophysik und spätere Nobelpreisträger. Mit ihm wird Bahcall von 1962 an über viele Jahre hin zusammenarbeiten. Fowler ist damals Anfang 50. Er hat schon 1936 zur Elementsynthese in Sternen promoviert und 1957 zusammen mit Fred Hoyle und dem Ehepaar Margaret und Geoffrey Burbidge eine grundlegende Arbeit zu diesem Thema verfasst. Die Theorie der vier wird später nach den Anfangsbuchstaben der Autoren als B2FH-Theorie bekannt. Nun also ist John Bahcall an dem Ort, an dem die nukleare Astrophysik erfunden worden ist. Und nun ist er schließlich auch bei dem Gebiet gelandet, das seine lebenslange große Liebe bleiben wird, bei der stellaren Neutrinoastrophysik. Die andere große Liebe heißt Neta, auch sie lebenslang.

John lernt Neta 1965 auf einer Reise nach Israel kennen. Sie ist Physikstudentin, »mit einem wunderschönen Lächeln, das mir das Herz stahl«, wie er sich später erinnern wird. John spricht damals noch kein Hebräisch und Neta kaum Englisch, aber das hindert John nicht, sie zu umwerben. Ein Dutzend Mal gibt sie ihm einen Korb, aber dann willigt sie in ein Treffen ein. Und der Funke springt über. 1966 heiraten die beiden in Tel Aviv. Ihre Liebe und Freundschaft werden ein Leben lang halten. »Neta zu heiraten war das Beste, was mir je passiert ist«, wird John oft sagen. Die Beharrlichkeit, mit der er Neta erobert hat, steht stellvertretend für seine Eigenschaft, niemals aufzugeben. Mit den Arbeiten zu Sonnenneutrinos und dem Kampf für das Hubble-Space-Teleskop wird er diese Fähigkeit noch mehrmals unter Beweis stellen.

Auf und ab: Wie viele Neutrinos produziert die Sonne?

Die Aussichten, mit der Chlor-Argon-Methode Sonnenneutrinos nachweisen zu können, sind bis 1958 trübe. Die pp-Neutrinos haben eine zu geringe Energie, CNO-Neutrinos spielen bei 15 Millionen Grad im Sonneninnern kaum eine Rolle, und zu den Bor-8-Neutrinos geht es, wie erwähnt, nur über drei weitere Schritte. Erstens muss ein Helium-3-Kern mit einem Helium-4-Kern zu einem Beryllium-7-Kern verschmelzen. Danach, zweitens, muss der Beryllium-7-Kern ein Proton absorbieren und mit diesem einen Bor-8-Kern bilden. Und schließlich, drittens, muss der Bor-8-Kern in zwei Helium-4-Kerne, ein Positron und ein Neutrino zerfallen. Der kritische Engpass dabei ist der erste Schritt: Er verläuft zu selten, als dass die ganze Dreierkette zu einem messbaren Neutrino-Fluss führen könnte.

Dann kommt die Wendung. 1958 berichtet ein Mitarbeiter einer militärischen Forschungseinrichtung auf der Jahresversammlung der Amerikanischen Physikalischen Gesellschaft, dass ihm und einem Kollegen unter Laborbedingungen die Verschmelzung von Helium-3- und Helium-4-Kernen gelungen sei. Die Reaktion lief dabei mit einer so hohen Rate ab, dass derselbe Prozess innerhalb der Sonne etwa 1000-mal so hoch sein musste wie bisher angenommen. Auf der Jahresversammlung ist auch William Fowler. Und der schreibt an Davis: Es könnte mit der Chlor-Argon-Methode klappen!

Ray Davis wittert Morgenluft. Obwohl es allen vorherigen Abschätzungen zufolge völlig aussichtlos gewesen ist, Bor-8 Neutrinos jemals nachweisen zu können, hat er den Gedanken an ein entsprechendes Experiment nie aufgegeben. Allerdings hat er sich nicht noch einmal so sarkastischen Bemerkungen aussetzen wollen wie denen des Gutachters seiner BNL-Ergebnisse zu Sonnenneutrinos. Spöttisch hatte der ihn bekanntlich 1955 mit jemandem verglichen, der auf einem Berg steht und nach dem Mond greift, um daraus zu schließen, dass der Mond mehr als acht Fuß von der Spitze des Berges entfernt ist.

Mit den neuen Werten für die Verschmelzung von Helium-3 und Helium-4 ist das Vorhaben aber wieder real. Davis nimmt seinen Chlor-Tank, den er neben dem Savannah-River-Reaktor betrieben hat, und baut ihn in einem Kalksteinbergwerk in Ohio auf, 700 Meter unter der Erde. 1959 beginnt er mit den Messungen. Aber – zu früh gefreut! Nach einigen Monaten treffen schlechte Nachrichten ein. Sie betreffen den zweiten Schritt der Kette, den Einfang eines Protons durch einen Beryllium-7-Kern. Ein Physiker hat diesen Prozess im Labor messen können und festgestellt, dass er weit seltener abläuft als vordem berechnet. Die Hochstimmung kippt neuerlich in Pessimismus um, zumal Davis auch keinerlei Anzeichen für Neutrinos findet. Das ist die Situation 1960, und sie sollte sich auch bis 1962 nicht verbessern. Im Gegenteil. Fred Reines, der Entdecker des Neutrinos, schreibt in einem Übersichtsartikel, dass Davis' Unterfangen selbst mit Tausenden oder sogar Hunderttausenden Litern Chlorlösung erfolglos bleiben würde. Es lohne sich nicht, damit auch nur anzufangen. Er sagt es nicht explizit, aber er meint es so: Ray Davis jagt einem Hirngespinst nach!

Dann kommt das Jahr 1962. Es ist das Jahr, in dem Ray Davis und John Bahcall einander finden und von dem an sie über drei Jahrzehnte eng zusammenarbeiten werden. Wieder ist es Fowler, der die Verbindung knüpft. Er weist Davis darauf hin, dass ein Mitglied seiner Gruppe, nämlich Bahcall, an Prozessen arbeitet, die auch für Davis interessant sein dürften. Davis nimmt Verbindung zu Bahcall auf und berichtet ihm von seinem Problem mit der augenscheinlich geringen Reaktionsfreudigkeit der Beryllium-Kerne. Bahcall wendet daraufhin seine Methode auf Davis' Problem an. 1963 kann er sein Resultat präsentieren. Tatsächlich müssen sich die Reaktionsraten in der Sonne von den auf der Erde gemessenen unterscheiden. Und zwar zum Guten hin. Sie müssen größer sein. Trotzdem aber kommt er zu dem Schluss, dass in dem 3800-Liter-Tank von Davis nur alle 100 Tage ein Chlor-37-Kern in einen Argon-37-Kern verwandelt werden würde. Selbst mit einem 100-mal so großen Detektor würde man nur ein Neutrino pro Tag nachweisen können.

Jeder andere hätte an dieser Stelle vermutlich das Handtuch geworfen. Nicht so Davis. Einen Tank, der 400 000 Liter fasst und absolut dicht ist, hält er für durchaus möglich. Auch traut er sich zu, die Nadel im Heuhaufen zu finden und ein Argon-Atom pro Tag extrahieren zu können. Aber da gibt es noch ein Problem: die kosmische Strahlung! In einer Tiefe von 700 Metern erzeugt sie weit mehr Argon-37-Kerne als die solaren Neutrinos. Also muss er zunächst eine genügend tiefe und genügend große Kaverne finden. Und, nicht zu vergessen, das notwendige Geld!

Während er noch nach einer geeigneten Mine sucht, wendet sich das Blatt erneut. Wieder zum Guten. Diesmal betrifft die Nachricht nicht die Sonne, sondern den Umwandlungsprozess von Chlor-37 in Argon-37. Der Überbringer ist Bahcall. Er hat herausgefunden, dass das Chlor nicht nur Übergänge hinüber zum Grundzustand von Argon vollziehen kann, sondern auch in einen angeregten Zustand des Argon-Kerns. Und, das ist das Schöne daran: Dieser Prozess führt dazu, dass Neutrinos etwa 20-mal schneller eingefangen werden als beim Übergang zum Grundzustand. Selbst unter Berücksichtigung aller im letzten Jahr hinzugekommenen Details, von denen einige die Neutrinorate eher nach unten gedrückt haben, kommt man jetzt auf eine Rate von fünf bis zehn Neutrinos pro Tag.

Im März 1964 veröffentlichen Bahcall und Davis zwei Artikel in der Zeitschrift *Physical Review Letters*, der erste von Bahcall zu den theoretischen Aspekten des Projekts, der zweite von Davis zur experimentellen Seite. William Fowler, ein Mann mit hohem wissenschaftlichen Gewicht, setzt sich inzwischen für das Experiment ein, und schließlich kriegen Bahcall und Davis auch Maurice Goldhaber herum, den Direktor des Brookhavener Instituts. Goldhaber hat selbst großartige Experimente zur schwachen Wechselwirkung und zu den Eigenschaften des Neutrinos durchgeführt. Als Teilchenphysiker findet er das Experiment durchaus attraktiv, die astrophysikalische Seite ist ihm dagegen fast egal. Er traut den solaren Modellen sowieso nicht. Aber: Er ist bereit, das Experiment zu fördern. Aus dem Chemie-Etat des Labors.

Die Suche nach einer geeigneten Mine ist ebenso wenig geradlinig wie die Bestimmung der Reaktionswahrscheinlichkeiten. Die erste Mine ist zu teuer, die zweite nicht tief genug, bei der dritten lässt sich keine genügend große Kaverne ausheben. Erst als ein groß aufgemachter Artikel in der *Times* erscheint und dem Vorhaben eine unerwartete Popularität verleiht, erklärt im Dezember 1964 die Homestake Company, Betreiberin der ersten Mine, die Ausschachtung der Kaverne für einen günstigeren Preis vorzunehmen. Es handelt sich um eine Goldmine in South Dakota, die Tiefe der Kaverne beträgt 1500 Meter. Um das Glück vollzumachen: Zum Jahresende erreicht Bahcall die Nachricht, dass man ein bestimmtes Isotop von Kalzium mit der Massenzahl 37 entdeckt hat. Bahcall hat kurz zuvor die Halbwertszeit von Kalzium-37 berechnet, und zwar mit genau der gleichen Methode, mit der er die Einfangrate der Neutrinos für den Übergang von Chlor-37 zu Argon-37 nach oben korrigiert hat. Nun hat man die Halbwertszeit also experimentell gemessen. Sie stimmt innerhalb der Fehlergrenzen mit Bahcalls Wert überein!

Jetzt kann man, kann auch Bahcall selbst seiner Rechnung endgültig vertrauen. Bahcall wird diesen Moment immer wieder als den großartigsten Tag seines Wissenschaftlerlebens bezeichnen. Einen anderen, das sei vorweggenommen, wird er vier Jahre vor seinem Tod, 2001, erleben.

Das Homestake-Experiment

Im Mai 1965 beginnt die Homestake Company mit dem Aushub einer 9 m × 18 m × 9,6 m großen Kaverne. Schon im Juli desselben Jahres kann Davis zusammen mit einem Kollegen die Kammer inspizieren. Als sie den Raum betreten und mit ihren Grubenlampen umherleuchten, geht plötzlich die Beleuchtung an und taucht den riesigen Raum in grelles Licht. Jetzt sehen sie den Boden mit den großen Podesten für die Tankhalterung und an der Decke die Schienen für den Hebekran. Die beiden sind überwältigt.

Bis die Chicago Bridge and Iron Company den Tank liefern kann, vergeht jedoch noch ein Jahr. Der Tank muss aus Stahlwänden zusammengeschweißt werden, deren Oberfläche möglichst wenig Alpha-Teilchen emittiert, denn die würden zur Erzeugung von Argon-37 in der Tetrachlorkohlenstoff-Lösung führen. Auch muss der Tank extrem gasdicht sein. Aber damit hat die Firma eine Erfahrung, wie sie besser nicht sein könnte: Sie hat bereits vakuumdichte Tanks für die NASA gefertigt. 14,6 Meter lang ist der Tank und misst 6 Meter im Durchmesser. Nachdem er installiert ist, wird er mit der Flüssigkeit gefüllt. Die ist mit vielen 2500-Liter-Tankwagen antransportiert worden, und natürlich ist auch sie vor dem Abfüllen genauestens auf eine mögliche Verunreinigung mit Alpha-Strahlern geprüft worden. Mit 160 Einfahrten werden die 400 000 Liter in die Tiefe transportiert. Fünf Wochen dauert das. Als alles zusammengebaut und gefüllt ist, hat Davis insgesamt 600 000 Dollar ausgegeben. »Das ist nicht mehr als 10 Minuten Werbezeit im Fernsehen«, wie er einmal launig bemerken wird. Schließlich wird die in der Flüssigkeit gelöste Luft, die dort beim Abfüllen hineingelangt ist, mit Helium herausgespült. Auch sie enthält nämlich Argon-37.

Genau den gleichen Vorgang wird Davis in den Folgejahren immer und immer wiederholen, in Abständen von etwa fünf Wochen, und dann nachmessen, wie viel Argon-37 sich gebildet hat. Zu Beginn jedes Messzyklus fügt Davis einen halben Kubikzentimeter Argon-36 für Kontrollzwecke hinzu. Das Helium wird dann durch einen auf 77 Kelvin gekühlten Filter geleitet, wo das Argon kondensiert, während das Helium mit seinem tieferen Siedepunkt gasförmig bleibt und wiederverwendet werden kann. Das Argon (das natürlich im Wesentlichen aus dem zugefügten Argon-36 besteht) wird dann erhitzt, wird wieder gasförmig, wird chemisch von allen Elementen gereinigt und in ein kleines Proportional-Zählrohr gefüllt, in dem man nach dem Signal von Argon-37-Zerfällen sucht. Das Argon-36 dient nur dazu, um zu überprüfen, dass tatsächlich alles Argon, was man in den Tank hineingegeben hat, auch wieder herausgespült worden ist.

Das ist die Kurzfassung von Davis' Prozedur, die nur einen Bruchteil der Tests und der Verfahrensschritte umfasst, die Davis mit äußerster Genauigkeit vornimmt. Die Leser werden es mir verzeihen – oder danken! –, dass ich auf eine ausführlichere Beschreibung verzichte.

Während Davis das Experiment vorbereitet, verfeinert Bahcall, zusammen mit Fowler und anderen Mitgliedern von dessen Gruppe, das Sonnenmodell – Schritt für Schritt. Neun Größen, die auf den Neutrinofluss Einfluss haben, grenzen sie immer enger ein. Da sind die Wahrscheinlichkeiten für die einzelnen Reaktionsschritte, die durch irdische Experimente immer genauer bestimmt werden. Außerdem müssen Dichte und die Temperatur im Sonneninnern, der Anteil schwererer Elemente und die damit verbundene Fähigkeit, Wärme von innen nach außen zu transportieren, berücksichtigt werden. Alle diese Größen haben Einfluss auf die Anzahl von Neutrinoreaktionen, die man erwarten darf. Die Temperatur ist der kritischste Parameter von allen. Der Fluss der Bor-8-Neutrinos hängt nämlich in der 24. Potenz von der Temperatur ab. Dreht man im Sonnenmodell die Temperatur um 5 Prozent, so ändert sich darum der Fluss der Bor-8-Neutrinos um einen Faktor Drei ($1{,}05^{24} = 3{,}2$). Die Häufigkeit der Bor-8-Neutrinos stellt damit zweifellos das genaueste Thermometer der Welt dar. Ein Thermometer, das sich im Zentrum der Sonne befindet, dort, woher uns kein Lichtstrahl erreichen kann. Allerdings ist dieses Thermometer nur genau, wenn das Sonnenmodell selbst in allen Details stimmt. Und davon waren in den 1960er-Jahren die meisten Physiker durchaus nicht überzeugt.

Ganz neue Einsichten erlaubt ein völlig neues Gebiet. Mitte der 1960er-Jahre hat man entdeckt, dass die Spektrallinien des Sonnengases um ihre Mittelwerte schwanken – hin zu kürzeren Wellenlängen, wenn sich das Gas auf uns zubewegt, und hin zu längeren Wellenlängen, wenn es von uns fortschwingt. Die Schwingungen sind das Resultat von Druckwellen im Sonneninnern. Aus den Oberflächenmustern dieser Wellen können die Wissenschaftler die Struktur des Sonneninnern ableiten. In Anlehnung an die Erderkundung durch die Seismologie wird die Methode Helio-Seismologie getauft, und Bahcall ist später einer der Ersten, der davon Gebrauch macht und den Erwartungswert für die Neutrinoflüsse noch genauer eingrenzen kann. In den 1960er-Jahren steckt die Helio-Seismologie noch in den Kinderschuhen. Aber auch ohne dieses Hilfsmittel ist Bahcall Ende der 1960er-Jahre so weit, dass seine Rechnungen unter dem Namen Standard Solar Model (SSM) laufen. Bahcall führt der Einfachheit halber eine neue Maßeinheit ein, die »SNU« (Solar Neutrino Unit). Wie sie definiert ist, muss hier nicht interessieren. Sie erlaubt aber einen einfachen Vergleich zwischen der Reaktionsrate, die man erwartet, und jener, die man misst. Seine Vorhersage für den Fluss der Bor-8 Neutrinos beträgt 7,5 SNU.

1968 publiziert Davis die Ergebnisse seiner ersten zwei Messzyklen. Der Titel der Arbeit lautet »Suche nach Neutrinos aus der Sonne«. Wie jeder Physiker weiß, bedeuten die Worte »Suche nach« im Allgemeinen, dass nichts gefunden wurde. Und so ist es auch. Die Anzahl der Argon-37-Atome, die Davis identifizieren konnte, ist völlig vereinbar mit der Anzahl, die er aufgrund von Reaktionen kosmischer Strahlen erwartet. Er kann bestenfalls einen *maximalen* Wert für den Neutrinofluss angeben, der eventuell zu der gemessenen Rate beiträgt: 3 SNU. Das ist weit weniger als die 7,5 SNU, die Bahcall als Erwartungswert berechnet hat. Futter für die Skeptiker, die von Anfang an gesagt haben, dass die Astrophysiker im Allgemeinen sowieso nicht wissen, wovon genau sie sprechen.

Noch spricht niemand von einem Rätsel. Noch gehen alle von der naheliegenden Annahme aus, dass entweder der Homestake-Detektor nicht genügend empfindlich oder das Sonnenmodell falsch ist. John Bahcall hat seine Vorhersage einige Monate zuvor präzisiert, die 7,5 SNU sind fast dreimal geringer als der Wert, auf den er noch ein Jahr vorher gekommen war. Weiter hinab kommt er aber nicht, zumindest nicht ohne extreme Annahmen zu machen. Wenn er alle Parameter seines Modells auf Biegen und Brechen so einstellt, dass sie mit den bekannten Werten gerade noch vereinbar sind, landet er bei 4,5 SNU. Dass es noch weniger ist, schließt er kategorisch aus. Die meisten Teilchenphysiker beeindruckt das nicht. Für sie ist das Sonnenmodell immer noch das Hexenwerk einiger Exoten, die vermutlich einfach nicht verstanden haben, dass sie nicht alles verstanden haben.

Aber tatsächlich verändert sich der Wert von 7,5 SNU von nun an nicht mehr. Bahcall und viele andere fügen die mit den Jahren eintrudelnden genaueren Eingangswerte in die Rechnung ein. Es bleibt bei 7,5 SNU, nur der Fehler der Vorhersage wird stetig geringer.

Währenddessen führt Ray Davis Schritt für Schritt penible Tests seiner Anlage durch. Extrahiert er wirklich alle Argon-37-Atome aus dem Tank? Ja, bei einmaligem Durchspülen entfernt er sie mit einer Wahrscheinlichkeit von 95 Prozent. Wenn er den Vorgang gleich noch mal wiederholt, wird er von den verbliebenen 5 Prozent noch mal 95 Prozent los. Dass das für Argon-40 funktioniert, das häufigste Isotop des Argons, hat er schon vorher bewiesen. Dass es auch für Argon-37 funktioniert, beweist er schließlich auch. Er kann alle Argon-37-Atome aus der Szintillatorflüssigkeit herausspülen und in seinem Zählrohr nachweisen.

Aber sind – umgekehrt – alle Signale, die in dem Zählrohr auftreten, auf Argon-37 zurückzuführen? Könnten nicht auch kosmische Strahlen, die durch das Zählrohr rauschen, dort Signale hervorrufen, die denen aus Argon-37-Zerfällen täuschend ähnlich sehen? Leider ja. Und es dauert viele Monate, ehe Davis die winzigen Unterschiede, die dann doch zwischen Signalen aus Argon-Umwandlungen und kosmischen Strahlen bestehen, aufspürt und zur Unterscheidung ausnutzen kann.

Davis verbessert, tüftelt, prüft. Schließlich kann er die Rate der Störsignale auf ein Ereignis pro Monat drücken. Als er schließlich 1970 mit den Messungen fortfährt, sieht er ... wieder nichts! Aber das ist zum Glück nur ein statistischer Ausreißer. Wenn man im Mittel drei oder vier Signale pro Durchlauf erwartet, passiert es selbstverständlich auch manchmal, dass es null Signale sind. Wäre es anders, würden die Gesetze der Statistik nicht gelten. Und tatsächlich zeigen sich ab Mitte 1970 mehr und mehr Durchläufe, bei denen die Signalrate klar über der Rate der verbliebenen Störsignale liegt. Das Resultat ist ein positiver Wert für den Neutrinofluss, nicht nur eine obere Grenze. Es sind etwa 2,7 SNU. Auch die weiteren Messungen werden daran nichts ändern. Nach 25 Jahren und über 100 Durchläufen wird der Wert 2,6 SNU betragen, mit einer verbleibenden Unsicherheit von etwa 0,3 SNU.

Anfang der 1970er-Jahre ist also das Sonnenneutrinorätsel endgültig in der Welt. Bahcall kann für den Moment nicht wesentlich mehr tun, als er getan hat, auch seine Vorhersage bleibt stabil. Und jetzt sprießen die Versuche zur Erklärung der Diskrepanz aus dem Boden wie Pilze.

Der Erste, der eine Erklärung anbietet, ist Bruno Pontecorvo. Das Davis-Experiment ist nur auf Elektron-Neutrinos empfindlich. Wenn Neutrinos zwischen Myon- und Elektron-Neutrino hin- und heroszillieren können (die dritte Neutrinosorte kennt man damals noch nicht), dann würde man nur die Hälfte der Neutrinos registrieren als ohne Oszillationen. Das Schöne an dieser Erklärung: Pontecorvo hat sie geliefert, *bevor* die Ergebnisse von Davis publik wurden. Allerdings glaubt damals nur eine verschwindend geringe Anzahl von Experten an die Oszillationshypothese. Damit Neutrinos oszillieren können, müssten sie eine Masse haben, und das widerspricht den etablierten Modellen der Teilchenphysik.

Ein anderer Vorschlag ist, dass das Sonneninnere schneller rotiert als die Außenschicht, die wir sehen. Die Fliehkraft, die nach außen drückt, wirkt dabei dem Druck der darüberliegenden Schichten entgegen. Darum muss das Sonneninnere nicht so heiß sein wie ohne Fliehkraft, und das würde die Neutrinorate verringern. Allerdings hätte das die Form der Sonne so stark verändert, dass die Astronomen es hätten messen können. Das funktioniert also nicht.

Was man auch vorschlägt – nichts hält einer genaueren Begutachtung stand. Der Vorschlag, der die längste Zeit überlebt, ist der, dass der Brennmodus des Sonneninnern auf der Skala von ein paar Hunderttausend Jahren variiert. Das ist in etwa die Zeit, die Wärme benötigt, um aus dem Sonneninnern nach außen zu dringen. Neutrinos benötigen dafür nur zwei Sekunden, und dann nochmals achteinhalb Minuten bis zur Erde. Neutrinos geben uns also ein Bild des Ist-Zustandes, während Licht uns ein Bild des Zustandes liefert, den das Sonneninnere vor Hunderttausenden von Jahren hatte. Dass es da eine Diskrepanz geben könnte, scheint nicht von der Hand zu weisen zu sein. Aber die Experten können auch diesen Vorschlag abschmettern – die Ergebnisse der Helio-Seismologie sprechen dagegen.

Was für die meisten Außenstehenden immer noch am nächsten liegt: Es ist die Temperatur! Der Bor-8-Prozess hängt, wie gesagt, mit der 24. Potenz von der Temperatur im Sonneninnern ab. Wenn man diese von 15 Millionen Grad auf 14,3 Millionen Grad herunterdreht (also um fünf Prozent), erhält man spielend einen dreimal geringeren Neutrinofluss. Selbst wenn Bahcall keinerlei Fehler in seinen Rechnungen gemacht hat, sind einige der experimentellen Werte, auf die er sich stützen muss, noch mit gewissen Unsicherheiten behaftet. Aber Bahcall bleibt standhaft. Um ein Prozent mag die Temperatur im Sonneninnern von dem Wert abweichen, auf den er kommt. Vielleicht auch um anderthalb. Aber niemals um fünf!

SAGE und GALLEX: Rätsel gelöst?

Endgültig kann diese Frage nur durch die Messung von pp-Neutrinos entschieden werden. Deren Fluss hängt nämlich nur schwach von der Temperatur ab. Einen geeigneten Prozess hat der Russe Wladimir Kuzmin schon 1965 gefunden, etwa zu der Zeit, als Davis begonnen hat, seinen Detektor zu bauen. Kuzmin hat damals vorgeschlagen, Chlor-37 durch Gallium-71 zu ersetzen. Beim Einfang eines Neutrinos wandelt sich Gallium-71 in Germanium-71 um, dessen Zerfall man mit ähnlichen Methoden wie den von Argon-37 nachweisen könnte. Der Clou ist die Energieschwelle für diesen Einfangprozess: Sie liegt weit unter der Maximalenergie der pp-Neutrinos. Darum kann man auch einen Großteil der pp-Neutrinos einfangen. Der Nachteil: Gallium ist unglaublich teuer. Dutzende Tonnen Gallium für etwas so Abseitiges wie ein Neutrinoexperiment aufzutreiben und auch noch zu bezahlen – das liegt 1965 jenseits aller Vorstellungskraft. John Bahcall hat damals die Menge des benötigten Galliums auf etwa das Zehnfache der damaligen Weltproduktion geschätzt. In den 1970er-Jahren steigt die Gallium-Produktion jedoch auf ungeahnte Höhen, denn Gallium spielt eine entscheidende Rolle in der rasanten Entwicklung der Mikroelektronik. Am Ende des Jahrzehnts rückt darum ein Gallium-Germanium-Experiment durchaus in den Bereich des Möglichen, zumal man das Gallium nach Beendigung des Experiments verkaufen könnte und sich das Geld eigentlich nur borgen müsste …

Fast gleichzeitig beginnen zwei Teams damit, einen solchen Detektor vorzubereiten. Das eine steht unter der Leitung des Russen Wladimir Gavrin, das andere wird von dem Deutschen Till Kirsten geleitet. Ursprünglich wollen auch die Amerikaner ein eigenes Gallium-Experiment bauen. Alle Gutachter-Komitees unterstützen den entsprechenden Antrag. Aber wer finanziert das Ganze? Die Physiker sagen: Nehmt es aus dem Astronomie-Budget! Die Astronomen sagen: Nehmt es aus dem Physik-Budget! Indessen, das Energieministerium, das für die Kern-

und Teilchenphysik zuständig ist, sagt Nein. Schließlich wenden sich die Antragsteller an die National Science Foundation NSF, die für die Förderung der Universitätsforschung zuständig ist. Flugs übertragen Davis und die anderen experimentellen Physiker aus Großforschungseinrichtungen die Projektleitung an Bahcall, denn der arbeitet am Princeton Institute of Advanced Study, und das hat den Status einer Universität. Außerdem ist Bahcall von Anfang an ein begeisterter Unterstützer eines Gallium-Germanium-Experiments, denn einen besseren Test für sein Standard Solar Model gibt es nicht. Bahcall übernimmt darum bereitwillig den Part, den ihm seine experimentellen Kollegen zugedacht haben. Er ist ein eloquenter und hochkarätiger Kämpfer, aber auch er scheitert. In den USA wird es darum kein Gallium-Experiment geben. Die Experten, soweit sie bei der Stange bleiben wollen, müssen sich entweder dem Experiment in Russland oder dem in Italien anschließen.

Gavrins Projekt heißt SAGE, für Soviet-American Gallium Experiment. Es arbeitet mit 60 Tonnen Gallium. Das ist auch 1990 noch die Weltproduktion eines ganzen Jahres. SAGE wird am Ende eines langen Tunnels in einem Berg im Kaukasus errichtet. Einer derjenigen, denen es zu verdanken ist, dass die sowjetische Regierung einen kilometerlangen Tunnel extra für Neutrinoexperimente graben lässt, ist übrigens Bruno Pontecorvo.

GALLEX wird hauptsächlich durch italienische, deutsche und französische Gelder finanziert, aber auch kleinere Gruppen aus Polen, Israel und den USA sind daran beteiligt. Der Tank mit 30 Tonnen Gallium steht in einem riesigen Untergrundlaboratorium, das die Italiener unter dem Gran-Sasso-Massiv in den Apenninen errichtet haben. Anders als die Russen mussten sie keinen Extra-Tunnel graben, um genügend Gesteinsmasse über sich zu haben: Für ihr Laboratorium brauchten sie nur einen Abzweig von einem schon vorhandenen Autotunnel zu bauen.

Während die Russen und die Westeuropäer noch mit der Vorbereitung dieser Experimente beschäftigt sind, präsentiert der Japaner Masatohi Koshiba die ersten Ergebnisse seines Kamiokande-Experiments. Es beruht auf einem völlig anderen Prinzip als dem von Chlor-Argon- und

Gallium-Germanium-Detektoren. Im nächsten Kapitel werde ich Genaueres dazu berichten. Hier nur so viel: Auch Kamiokande misst ein Defizit, wenngleich es etwas geringer ist als das von Davis' Experiment.

Das ist Ende 1988. Anderthalb Jahre später erhält Gavrin das Ergebnis seines ersten Durchlaufs mit SAGE. Er sieht nichts – ähnlich wie Davis 22 Jahre zuvor in seinem Experiment. Erst nach einigen Modifikationen der verschiedenen Prozeduren schält sich bei den nächsten Durchläufen ein Signal heraus. Till Kirsten präsentiert seine ersten Ergebnisse ein knappes Jahr später. Selbstbewusst wird er von nun an keine Gelegenheit verstreichen lassen, darauf zu verweisen, dass sein Signal von Anfang an vorhanden war – möglicherweise deshalb, weil er alle Prozeduren von Beginn an besser im Griff hatte. Aber egal, bei welchem der beiden Experimente die Priorität liegt: Sowohl SAGE als auch GALLEX messen ein Defizit von 40 Prozent, oder andersherum: Sie messen nur 60 Prozent von dem, was Bahcalls Standard Solar Model vorhersagt. Und damit ist klar: Der Grund für das Defizit ist nicht Davis' Chlor-Argon-Detektor. Der Grund liegt mit allergrößter Wahrscheinlichkeit auch nicht in fehlerhaften Rechnungen von Bahcall. Der Grund ist etwas anderes.

Genau genommen bleiben nur zwei Möglichkeiten. Entweder zerfallen die Neutrinos auf dem Weg von der Sonne zur Erde – was höchst seltsam wäre, haben uns doch im Jahr 1987 Neutrinos von einer Supernova erreicht, die nicht 8 Lichtminuten, sondern 160 000 Lichtjahre von uns entfernt liegt. Oder aber, der Effekt ist auf die rätselhaften und nach wir vor umstrittenen Neutrino-Oszillationen zurückzuführen.

Was die Oszillationen betrifft, ist in den 1970er-und 1980er-Jahren eins zum anderen gekommen. Während Bruno Pontecorvo und Samoil Bilenky die Rechnungen zu Neutrino-Oszillationen im Vakuum mehr und mehr präzisiert haben, hat der Amerikaner Lincoln Wolfenstein 1978 gezeigt, dass die Stärke, mit der sich Neutrinos der einen Sorte in solche der anderen Sorte umwandeln, davon abhängt, ob sie sich im Vakuum oder in Materie fortbewegen. Sieben Jahre später wenden zwei Russen, Stanislaw Mikheyew und Alexei Smirnov, Wolfensteins

Erkenntnisse auf den Weg von Neutrinos aus dem Innern der Sonne nach draußen an. Und sie finden Erstaunliches. Selbst wenn die Neigung, sich ineinander umzuwandeln, im Vakuum gering ist, kann sie im Sonneninnern gewaltig sein! Und mit einem Mal scheint alles zusammenzupassen. Dass das Verhältnis von gemessenen Neutrinos bei der Chlor-Argon-Methode ein Drittel beträgt. Dass es bei Kamiokande 50 Prozent sind. Und dass es für die pp-Neutrinos 60 Prozent sind.

Sind jetzt auch die hartnäckigsten Skeptiker überzeugt? Nein, sie sind es immer noch nicht. Sie möchten den klaren Beweis, dass auf dem Weg von der Sonne zur Erde tatsächlich keine Neutrinos verloren gehen, sondern dass sie sich nur in eine andere Sorte umwandeln. Mit anderen Worten: Sie fordern einen unumstößlichen Beweis, dass die Anzahl der ankommenden Neutrinos – wenn man alle und nicht nur die Elektron-Neutrinos zählt – wirklich Bahcalls Standard Solar Model entspricht.

Sie würden noch ein Jahrzehnt warten müssen …

Quasare und Bahcalls Weg nach Princeton

Zurück ins Jahr 1965. Es ist das Jahr, in dem Davis damit beginnt, den Homestake-Detektor zu bauen, und Bahcall eigentlich genügend damit zu tun hat, das Standard Solar Model zu verfeinern. In diesem Jahr entflammt aber auch sein Interesse für Objekte, die unvergleichlich weiter von uns entfernt sind als die Sonne. Nicht achteinhalb Lichtminuten, sondern Milliarden von Lichtjahren. Diese geheimnisvollen Objekte waren zwei Jahre zuvor von Maarten Schmidt identifiziert worden, einem niederländischen Astronomen, der in den USA arbeitete. Schmidt hatte festgestellt, dass gewisse sternähnliche Objekte überhaupt nichts mit Sternen zu tun haben, sondern Hunderte Millionen oder sogar Milliarden von Lichtjahren von uns entfernt sind. In sichtbarem Licht erscheinen sie aufgrund der gewaltigen Entfernung so punktförmig wie Sterne, und weil sie am stärksten im Radiobereich strahlen, taufte man sie auf den Namen *Quasar*, abgeleitet aus *Quasi-stellare Radioquelle*. Quasare sind die Kernregionen gewaltiger Galaxien.

In einer ersten Veröffentlichung schlagen Bahcall und sein Kollege Edwin E. Salpeter vor, dass man Quasare wie eine Art Röntgenapparat nutzen könnte, dessen Licht uns Auskunft über die gewaltigen Räume zwischen den Quasaren und der Erde gibt. Aus der Stärke, mit der das ultraviolette Licht aus Quasaren auf dem Weg zu uns absorbiert wird, können die Astronomen die Dichte, die Temperatur und die Zusammensetzung der Gaswolken bestimmen, die zwischen uns und den Quasaren liegen. In den folgenden Jahren präzisieren sie ihre Ideen, in engem Austausch mit Astronomen, die ihnen die Daten zu ihren theoretischen Überlegungen liefern. 1969 verfasst John Bahcall zusammen mit Lyman Spitzer, einem berühmten Astronomen, eine Arbeit, in der er vorschlägt, wie man mit der Strahlung von Quasaren das Gas, das Galaxien in Form ausgedehnter Halos umgibt, erforschen könnte. Das Interessante: Diese Halos sind 1969 noch gar nicht entdeckt. Erst über zwei Jahrzehnte später sollten sie mit dem Hubble-Weltraumteleskop nachgewiesen werden. Insofern hat die Arbeit durchaus etwas Prophetisches.

Lyman Spitzer ist damals schon lange eine unangefochtene Koryphäe auf dem Gebiet der Astrophysik. Seit 1947 ist er Leiter der Abteilung für Astrophysik der Princeton University. Schon 1946, elf Jahre bevor der erste Sputnik die Erde umkreisen sollte, hat er vorgeschlagen, ein Teleskop im Weltraum zu positionieren. Damit kann man Wellenlängen des Lichts beobachten, die man von der Erde aus nur schwer oder gar nicht erfassen kann. Ein Weltraumteleskop, so Spitzer, wäre nicht durch Turbulenzen in der Erdatmosphäre beeinflusst und könnte Bilder von unerreichter Qualität liefern. 1946 war das Science-Fiction, aber 1965 sieht die Welt schon anders aus. Bis zum Start des ersten, nur 30 Zentimeter großen Weltraumteleskops sollten lediglich noch drei Jahre vergehen. Und es ist in diesem Jahr 1965, dass die amerikanische National Academy of Sciences einen Ausschuss einsetzt, der die wissenschaftlichen Ziele für ein geplantes großes Weltraumteleskop festlegen soll, das spätere Hubble-Teleskop. Spitzer wird zum Leiter des Ausschusses gewählt und setzt sich zum Ziel, die wissenschaftliche Gemeinschaft und den Kongress davon zu überzeugen, dass ein großes Teleskop im Weltraum ein völlig neues Fenster zum Universum öffnen würde. John Bahcall wird sein wichtigster Mitkämpfer.

Bahcall pendelt seit 1968 zwischen Los Angeles und Princeton hin und her. Ende 1968 hat er eine Professur am berühmten Institute of Advanced Study erhalten, dem Institut, das für Albert Einstein, Kurt Gödel, Robert Oppenheimer und viele andere berühmte Wissenschaftler Heimstatt gewesen war. Heute, im Jahr 2025, kann das IAS auf 36 Nobelpreisträger unter seinen ehemaligen Mitarbeitern verweisen. Das IAS ist eng mit der Princeton University verbunden, aber kein Teil von ihr. Natürlich haben Mitarbeiter des IAS häufig auch Professuren an der Universität, aber sie müssen nicht unbedingt lehren. Sie können, wenn sie wollen, einfach nur forschen. Bahcall entscheidet sich 1971 dafür, Forschung und Lehre zu kombinieren. Am Ende seines Lebens werden es weit mehr als 200 Studenten sein, die er betreut, begeistert, mitgerissen und zum wissenschaftlichen Abschluss ihres Studiums, häufig zur Promotion geführt hat. Am IAS baut er eine hochkarätige Astrophysikgruppe auf, die er 35 Jahre lang leiten wird.

Wo ist derweil Neta, die Liebe seines Lebens? John hat ihr nach seiner Rückkehr aus Tel Aviv fast täglich einen Brief geschrieben. Er hat sie gefragt, ob sie nicht nach Kalifornien kommen möchte, um dort zu promovieren. Nein – Neta möchte nicht. Sie wolle in Israel bleiben. Da hat John alles Geld, das er gespart hat, zusammengekratzt und ihr ein Flugticket in die USA gekauft – hin und zurück, mit offenem Rückflugdatum. Das Ticket hat er in einen der Briefe gelegt und geschrieben, dass er sich freuen würde, wenn sie davon Gebrauch machen würde. »Nie und nimmer wird sie kommen«, prophezeit ein befreundeter Physiker, der Neta noch aus Israel kennt. Sie sei viel zu sehr in Israel verwurzelt.

Aber Neta ist doch gekommen. 1966 haben die beiden geheiratet, und gleich danach ist Neta nach Kalifornien gezogen und hat begonnen, am CalTech zu arbeiten. 1970 promoviert sie in Tel Aviv und wechselt danach zusammen mit John nach Princeton, wo der inzwischen seinen ständigen Wohnsitz hat. Neta erhält eine Stelle an der Universität. Sie wird später eine weltweit bekannte Kosmologin werden, aus der Sicht vieler Astrophysiker ebenso bedeutend wie ihr Ehemann. John und Neta werden das einzige Ehepaar sein, bei dem beide Partner Mitglied der National Academy of Science der USA sind. Unter den vielen Veröffentlichungen der beiden sind 20, die sie gemeinsam geschrieben haben. Eine der ersten stammt aus den frühen 1970er-Jahren. Sie ist das Resultat vieler Sommernächte, während derer John und Neta das 1-Meter-Teleskop in der Negev-Wüste in Israel praktisch für sich haben. Das Teleskop nahe der pittoresken Abbruchkante eines Kraters ist damals gerade erst in Betrieb genommen worden. Und tatsächlich gelingt den beiden auf Anhieb eine Entdeckung. Sie nehmen sich die Positionen einiger binärer Sternsysteme vor, die kurz zuvor als Röntgenquellen entdeckt worden sind. Die Röntgenstrahlung pulsiert mit einer gewissen Periode, und Neta und John gelingt es als Ersten, anhand der Periodendauer eine der Röntgenquellen auch im sichtbaren Licht zu identifizieren. Noch vor den Astronomen in aller Welt, die mit ausgefeilteren und weit teureren Instrumenten den Himmel absuchen!

Die beiden haben drei Kinder, zwei Söhne und eine Tochter, die es alle in der Wissenschaft zu etwas bringen sollten. Safi, der erste Sohn, hat 1968 in Kalifornien das Licht der Welt erblickt, Dan, der zweite, folgt 1971, als die Bahcalls schon in Princeton wohnen, und Tochter Orli 1976.

Princeton liegt im Bundesstat New Jersey, auf halbem Weg von New York nach Philadelphia – eine beschauliche Kleinstadt mit selbst heute nur 30 000 Einwohnern. Am westlichen Rand der Stadt fließt friedlich ein kleiner Fluss entlang, der Millstone River, im Südteil lädt der Princeton Battlefield State Park zur Erholung ein und erinnert gleichzeitig an eine Schlacht im Amerikanischen Unabhängigkeitskrieg. Wer rudern will, kann das auf dem Carnegie Lake tun, einer Flussverbreiterung, die 1906 von Andrew Carnegie finanziert wurde, dem berühmten Industriellen und Philanthropen, der auch die Carnegie-Hall in New York gestiftet hat. Albert Einstein dürfte es ihm gedankt haben. Er fand nach 1933 in Princeton eine neue Heimat und ist häufig auf dem See gesegelt. Und natürlich gibt es auch Tennisplätze, auf die John Bahcall ebenso wenig verzichten könnte wie Bruno Pontecorvo.

Die Bahcalls ziehen zunächst in eine Gästewohnung des IAS. Das Institut hat nicht gespart, die Gästewohnungen sind ebenso komfortabel eingerichtet wie schön gelegen. Nach zwei Jahren kaufen sie ein Haus, ganz nah am Fluss, und bleiben dort für den Rest ihres Lebens wohnen. Hier werden sie ihre Kinder großziehen und ein glückliches, intensives Familienleben mit einem ebenso intensiven Forscherleben verbinden. Tagsüber, wenn Neta an der Universität ist, hilft ein Kindermädchen aus. Häufig kommt Netas Mutter aus Israel und kümmert sich um ihre Enkel. Für beide Bahcalls gilt: zuerst die Familie, dann die Wissenschaft. Auch John betont das mehrfach, wobei es ein Rätsel bleibt, wie ein Mensch wie er, der permanent auf der Überholspur ist, das hinbekommt.

Das IAS ist mit der Idee gegründet worden, dass hier das Streben nach Wissen um seiner selbst willen im Mittelpunkt stehen soll. Spekulative Forschung ist für das Verständnis der Natur und der Menschheit von grundlegender Bedeutung, sagen die Gründer. Sie sei kein Produkt, das auf Bestellung produziert werden könne. Vielmehr profitiere sie, wie die künstlerische Kreativität, von einer besonderen Umgebung. Bahcall setzt dieses Prinzip in besonderer Weise um. Über die fast vier Jahrzehnte, die er am IAS arbeitet und forscht, etabliert er ein ganz besonderes Umfeld für junge, promovierte Wissenschaftler. Er sucht sie sich aus aller Herren Länder zusammen, teilweise auf Empfehlung, teilweise aufgrund ihrer Veröffentlichungen, teilweise, nachdem er sie auf Besuchen an ihren Universitäten selbst kennengelernt hat. Er gibt ihnen völlige Freiheit in der Wahl ihres astrophysikalischen oder astronomischen Forschungsthemas. Jeden Tag verwendet er ein oder zwei Stunden darauf, mit ihnen zu diskutieren – an ihren Schreibtischen, beim Kaffeetrinken oder beim Mittagessen, das man gern zusammen einnimmt, nachdem Bahcall mit fröhlicher Stimme »Lunch!« über den Flur gerufen hat.

Mit vielen seiner Jungforscher arbeitet er eng zusammen, aber er ist auch völlig zufrieden, wenn sie unabhängig von ihm zu guten Ergebnissen kommen und sie veröffentlichen. Er feiert mit ihnen ihre Geburtstage und die ihrer Kinder, sofern sie schon Väter oder Mütter sind, und trifft sich manchmal sogar mit den Eltern seiner Zöglinge. Wenn sie ihre Zeit bei ihm beendet haben, kümmert er sich darum, gute Jobs für sie zu finden, sei es in der Wissenschaft oder woanders. Einer seiner Schützlinge wird später schreiben, er habe das mit der Intensität eines Vaters getan, der eine günstige Ehe für seine Tochter arrangieren will. Derselbe Schützling vergleicht seine Fürsorge mit der des »Paten«, dem New Yorker Mafiaboss aus Mario Puzos gleichnamigem Roman: in Bezug auf »seine gebieterische Präsenz, sein weitreichendes Netzwerk persönlicher Verbindungen und ein starkes Gefühl der Loyalität«.

Avi Loeb, ein anderer ehemaliger Schüler Bahcalls, heute einer der führenden Astrophysiker und Professor an der Harvard-Universität, findet ebenfalls ein schönes Bild: »John war der einflussreichste Heiratsvermittler in meinem Leben. Er machte mich mit der Astrophysik bekannt, mit der ich die längste Liebesbeziehung in meinem Leben hatte. Meine Frau lernte ich erst später kennen. Sie sagt, dass nach jüdischer Tradition ein Heiratsvermittler, der drei langjährige Beziehungen vermittelt, das Privileg hat, einen Platz im Himmel zu erhalten. … Ich habe keinen Zweifel daran, dass John so einen Ehrenplatz im Himmel hat.«

Eine Sitte, die Bahcall in der astronomischen Abteilung des IAS einführt, ist sein berühmter Tuesday Lunch, der ihn überlebt hat und heute unter dem Namen »Bahcall Lunch« weitergeführt wird. Zu diesem legendären Mittagessen versammeln sich Mitarbeiter und Besucher und diskutieren neue Entwicklungen. Für die Wissenschaftler ist das damals, als es noch kein Internet und keine E-Mail gab, eine lockere und effektive Methode, sich über brandaktuelle und aufregende Forschungsergebnisse zu informieren. Ganz so locker mag sich aber nicht jeder gefühlt haben. Bahcalls Regel besagt nämlich, dass jeder Teilnehmer ohne Vorwarnung aufgefordert werden kann, etwas beizutragen. Häufig geht es dabei ziemlich schonungslos zu. Manche sind verschreckt, die meisten aber begeistert. Auf jeden Fall wird niemand diese belebende Tradition vergessen.

Familie und Wissenschaft – das sind die Dinge, die bei Bahcall an erster Stelle stehen. Unter den Dingen, die dann folgen, ist selbstverständlich auch Tennis. Er ist immer noch begeisterter Tenniskünstler. Und natürlich muss auch Neta Tennisspielen lernen. Eine Meisterin wird sie allerdings nie, anders als Sohn Safi, der ein exzellenter Spieler wird. Auch im Tischtennis brilliert Bahcall. Mehrere Jahre lang nimmt er am jährlichen Tischtennisturnier der Astrophysik-Abteilung der Princeton University teil. Als er aber drei Jahre in Folge den ersten Platz belegt, wird er wegen sportlicher Überqualifikation dauerhaft gesperrt. Selbst als er anbietet, nur noch mit der linken Hand zu spielen, bleiben seine Kollegen misstrauisch. Sie lehnen das Angebot ab: Sicher ist sicher.

Hubble-Kämpfe

Das Leben in Princeton kann beschaulich sein. Für Bahcall ist es alles andere als das. Die zwei ersten Jahrzehnte in Princeton sind für ihn durch seinen Einsatz für das größte Weltraumteleskop der Welt geprägt, das Hubble-Teleskop.

1969 sind die Amerikaner auf dem Mond gelandet und Neil Armstrong hat seinen legendären »kleinen Schritt für einen Menschen, aber riesigen Schritt für die Menschheit« getan. Erstaunlicherweise beflügelt dieser Erfolg nicht andere Raumfahrtprojekte, sondern umgekehrt. Es ist, als wäre die Luft herausgelassen, als müsste man nach diesem sündhaft teuren Unternehmen erst einmal eine Verschnaufpause einlegen. Das betrifft auch die Pläne für ein großes Weltraumteleskop, ein Large Space Telescope (auf den Namen *Hubble* würde das LST erst 1986 getauft werden). Diese Art von Raumfahrt, so die Politiker, interessiere den Steuerzahler bei Gott nicht. Oder wenn, dann doch zumindest weit weniger als eine Mondlandung. Und zu teuer ist es auch. Eine halbe Milliarde Dollar!

Das LST billiger zu bauen als geplant ist die Aufgabe der Ingenieure und Techniker. Das Projekt wissenschaftlich zu unterfüttern und Politiker ebenso wie die Allgemeinheit zu begeistern – das ist der Part der Astronomen. Die Allgemeinheit, das ist in der Sprache der Politiker der »Steuerzahler«, den sie immer wieder bemühen, wenn es um Geld geht.

Wo fängt man mit dem Sparen an? Zum Beispiel bei dem riesigen Primärspiegel. Der fängt das Licht auf und fokussiert es auf einen Sekundärspiegel. Der wiederum lenkt es auf die unterschiedlichsten Instrumente, die einen geeignet für sichtbares Licht, die anderen für UV-Strahlung und die dritten für Infrarotlicht. Einige sind auf möglichst genaue Auflösung optimiert, andere darauf, das Spektrum genau messen zu können. Wo also sparen? Als Erstes natürlich, indem man den Primärspiegel etwas kleiner macht. Aufschrei bei den Astronomen! Je kleiner der Spiegel, umso geringer die Empfindlichkeit und umso weniger brillant das Bild. Aber irgendwo *muss* man Kompromisse eingehen. Schließlich einigt man sich auf einen Durchmesser von 2,4 anstatt 3,0 Metern. Die Spiegelfläche verringert sich dadurch auf zwei Drittel des ursprünglichen Werts. Darum wird das LST eine weit geringere Anzahl schwacher Quellen entdecken können als mit dem ursprünglich geplanten Spiegel.

Für die wissenschaftliche Begründung ist die LST Science Working Group zuständig. Die besteht darauf, dass das LST eine große Anzahl auswechselbarer Instrumente trägt, die Wellenlängen vom Infrarot bis hin zum UV abdecken sollen. Das LST soll ein Auflösungsvermögen von mindestens einem dreißigtausendstel Grad haben, so die Wissenschaftler. Aber warum? Warum ein dreißigtausendstel und nicht ein fünftausendstel? Warum auch Infrarotlicht? Die Astronomen und Astrophysiker wissen zwar warum, aber wie erklärt man das Politkern?

Immer wieder reisen Lyman Spitzer und John Bahcall in den 1970ern nach Washington. Manchmal fühlen sie sich eher im Kapitol oder im Hauptquartier der Nationalen Forschungsbehörde NSF zu Hause als in ihrem Institut in Princeton. Jetzt kann Bahcall zeigen, wozu er rhetorisch fähig ist, mit welcher Überzeugungskraft er die Argumente für das LST vorbringt. Einmal ist er kühler Wissenschaftler, ein andermal flammender Prophet, ein drittes Mal sensibler Poet, meistens aber alles zusammen. Charakteristisch ist die Geschichte, wie er eine Kongressabgeordnete aus Louisiana treffen will, dem Bundesstaat, in dem er geboren wurde. Im Büro der Abgeordneten herrscht Hektik, und sie findet keine Zeit für Spitzer und Bahcall, die sich bei ihr angemeldet haben. Im Herausgehen ruft sie ihnen zu, dass sie etwas später zwischen zwei Sitzungen vielleicht ein paar Minuten erübrigen könne. Die beiden Herren mögen doch bitte in einem Zimmer vor der Damentoilette warten. Das tun sie: zwei Spitzenwissenschaftler vor der Damentoilette. Als die Abgeordnete schließlich auftaucht und Bahcall und Spitzer anhört, ist sie begeistert. Bahcall erläutert ihr die Fragen, die man mit dem LST beantworten will. Wie groß und wie alt ist das Universum? Wie hat es sich über Jahrmilliarden organisiert und Strukturen gebildet? Wie leuchten die hellsten Objekte des Kosmos? Gibt es da draußen Formen der Energiefreisetzung, die alles übersteigen, was wir uns vorstellen können? Gibt es bewohnbare Zonen? Aus den paar Minuten wird eine Dreiviertelstunde. Später wird die Abgeordnete sich in ihrem Ausschuss für das LST einsetzen. Und sie wird auch anbringen, was Bahcall sonst noch gesagt hat. Das LST sei »gut für Amerika«, eine »gute Investition« für das Land (das gilt dem unvermeidbaren Steuerzahler), und es sei »gut für die Menschheit«.

Mit einer groß angelegten Lobbykampagne schaffen es Spitzer, Bahcall und die NASA, dass die Ablehnung, die der zuständige Unterausschuss des Kongresses 1975 ausgesprochen hat, rückgängig gemacht wird. Inzwischen ist es den LST-Leuten auch gelungen, die Europäer miteinzubeziehen. Durch die Verkleinerung des Spiegels, durch andere Verbesserungen und durch den Beitrag aus Europa haben sich die Kosten für die USA halbiert. Und so dreht sich schließlich der Wind im Kongress: 1977 bewilligen die Abgeordneten die Finanzierung des LST.

Parallel zu den Diskussionen zum LST bringt die NASA die Möglichkeit ins Spiel, ein Raumfahrzeug zu entwickeln, das eine Umlaufbahn erreichen, unversehrt zur Erde zurückkehren und wiederholt verwendet werden könnte. Das ist das Konzept einer Raumfähre, eines Spaceshuttles. Eine Raumfähre könnte das LST in den Weltraum bringen und zur Erde zurückholen. Es könnte auch Menschen zur Reparatur nach oben und wieder zurück bringen. Tatsächlich wird das LST dann so entworfen, dass es genau in den Frachtraum des Shuttles passt. Spaceshuttles werden von 1981 bis 2011 die Arbeitspferde der NASA sein.

Das Jahr 1977 ist aber immer noch nicht das Ende der dramatischen Geschichte des Hubble-Teleskops, wie es seit 1986 genannt werden wird. Verzögerungen und Kostenüberschreitungen führen dazu, dass der Starttermin von 1983 auf 1986 verschoben wird und einige Instrumente noch stärker abgerüstet werden müssen. Dann bricht 1986, noch vor dem geplanten Hubble-Start, eine Katastrophe über das NASA-Programm herein: das tragische Challenger-Unglück. Die Raumfähre Challenger ist kurz nach dem Abheben explodiert und hat sieben Astronauten in den Tod gerissen. Dieser Unfall zwingt die NASA, die Spaceshuttle-Flotte für zwei Jahre am Boden zu halten.

Schließlich aber, am 24. April 1990, hebt die Raumfähre Discovery mit dem Hubble-Weltraumteleskop von der Erde ab. Am folgenden Tag wird Hubble in die Erdumlaufbahn ausgesetzt. Ende gut, alles gut? Nein, immer noch nicht! Kurz nach dem Start stellt sich heraus, dass der Primärspiegel das Licht nicht korrekt auf den Sekundärspiegel fokussiert. Die Hubble-Bilder sind unscharf. Eine Katastrophe, aber diesmal zum Glück eine behebbare. In einer weiteren teuren Aktion kann im Weltraum eine Korrektur-Optik angebracht werden. Hubble arbeitet endlich wie geplant! Der Rest der Geschichte ist bekannt: Bis heute funktioniert das Teleskop, mehrfach technisch verbessert, und liefert jene fantastischen Bilder des Universums, die fast jeder Erdenbürger schon einmal bestaunt hat.

Für Bahcall selbst kommt es nicht so sehr auf schöne Bilder an, ungeachtet seiner poetischen Ader. Ihm bieten die Daten eine großartige Möglichkeit, seine Ideen und Modelle kosmischer Prozesse zu prüfen und zu verfeinern. Etwa 30 Veröffentlichungen zur Theorie von Hubble-Objekten schreibt er allein in den 1990er-Jahren, oft zusammen mit Schülern, einige mit seiner Frau Neta. Damit kommt er nicht ganz an die Anzahl seiner Artikel zu Neutrinos heran, die auch in den 1990er-Jahren gleichbleibend hoch ist, aber beträchtlich ist sie allemal. Andererseits ist das aber auch kein Wunder: Immerhin verwendet Hubble einen ziemlich großen Teil seiner Zeit für die Beobachtung von Objekten, die Bahcall selbst vorgeschlagen oder für die er Modelle entwickelt hat.

Im Mai 2009 – da ist John Bahcall schon fast vier Jahre tot – hebt zum letzten Mal ein Spaceshuttle in Richtung Hubble-Teleskop ab, um neue Instrumente zu installieren und andere zu reparieren. Ein winziger Teil der Ladung sind zwei Ringe. Es sind die Eheringe von John und Neta, die der Astronaut John Grunsfeld als Ehrung für John mitnimmt. Gut 200-mal umkreisen sie die Erde, ehe Grunsfeld sie wieder zurückbringt und Neta aushändigt. Die trägt sie von da an, in steter Erinnerung an John, als Teil ihrer Halskette.

Der Unentwegte: Ray Davis, das lange Leben und der Nobelpreis

Während John Bahcall für Hubble kämpft, ein wichtiges Komitee zur Zukunft der amerikanischen Astronomie leitet, in unzähligen Beratergremien mitarbeitet, sich mit galaktischen Strukturen, Sternexplosionen, Schwarzen Löchern, Dunkler Materie, Quasaren und dem Intergalaktischen Medium beschäftigt – von der Sonnenphysik ganz zu schweigen –, während Bahcall also geradezu überschäumt vor neuen Ideen und neuen Projekten, bleibt Davis dem Homestake-Experiment treu. Anfang der 1980er-Jahre ist ja eigentlich klar, was er gemessen hat und dass sich das Resultat nun nicht mehr wesentlich ändern würde. Nur der Fehler würde mit wachsender Datenmenge kleiner werden.

1984, mit 70 Jahren, entlässt das Brookhaven National Laboratory Ray Davis in den Ruhestand. Professoren können in den USA im Prinzip beliebig lange auf ihren Lehrstühlen an Universitäten bleiben, für Wissenschaftler an Großforschungszentren gilt das nicht.

Davis weiß selbst, dass sein Ergebnis stabil ist. Trotzdem ist er entschlossen, den Chlor-Argon-Detektor weiter zu betreiben, mindestens so lange, bis Kamiokande und die Gallium-Germanium-Experimente erste Resultate liefern und man alle Daten nebeneinanderstellen kann. Er überträgt die formale Leitung des Experiments an die Universität von Pennsylvania und lässt sich dort auf eine Forschungsprofessur ohne Lehrdeputat anheuern. Einige Leute dieser Universität kennt er schon gut, denn sie arbeiten wie er in der Homestake-Mine und betreiben einen Detektor zur Suche nach dem Protonzerfall, von dem im nächsten Kapitel die Rede sein wird. Einer von ihnen heißt Kenneth Lande. Er und Davis kennen sich seit über zehn Jahren. Zusammen haben sie 1977 einen Prototyp für einen Gallium-Germanium-Detektor gebaut. Mit anderthalb Tonnen Gallium, die sie sich geliehen haben, denn diese Menge an Gallium zu kaufen wäre viel zu teuer geworden. Aber, wie oben schon gesagt: Der Antrag auf einen 30 Tonnen schweren Detektor wird abgeschmettert, und Lande wird einer derjenigen sein, die zum russisch-amerikanischen SAGE-Experiment im Kaukasus abwandern. Er wird sich von nun an die Leitung des Chlor-Argon-Experiments mit Davis teilen.

An Davis' 70. Geburtstag wird zu seinen Ehren eine internationale Konferenz über Sonnenneutrinos in Lead, dem Ort der Homestake-Mine veranstaltet. Alle sind sie da: William Fowler, Fred Reines, John Bahcall, Wladimir Gavrin, Till Kirsten, Masatoshi Koshiba (mit dem sich Davis später den Nobelpreis teilen wird) und viele, viele andere Forscher. Dazu kommen die Frauen und Kinder der Wissenschaftler aus Davis' Chlor-Argon-Gruppe. Die Bevölkerung von Lead, was immer sie im Einzelnen von Sonnenneutrinos verstehen mag, ist begeistert und stolz auf »ihren« Ray Davis, mit seiner gleichbleibenden Freundlichkeit und dem Weltruhm, der so gar nicht zu seinem bescheidenen Auftreten zu passen scheint. Die Leitung der Homestake-Mine zeigt sich großzügig und unterstützt die Konferenz finanziell, außerdem bietet sie geführte Exkursionen durch die Mine für alle Konferenzteilnehmer an.

Leider tauchen 1984 auch zwei Probleme auf, die dazu führen, dass das Experiment für zwei Jahre nicht betrieben werden kann. Erstens fallen zwei der äußerst teuren Pumpen aus, die den Tetrachlorkohlenstoff umwälzen. Zweitens befindet die Atomenergiebehörde, dass es nach Davis' Pensionierung nun auch genug sei, und stellt die finanzielle Förderung des Experiments ein. Aber zum Glück findet sich eine andere Förderinstitution. Nachdem die Pennsylvania-Universität Ray Davis eingestellt hat und sich auch bereit erklärt hat, Geld für zwei neue Pumpen lockerzumachen, steigt die National Science Foundation ein und kommt für den Weiterbetrieb des Experiments auf. Nach zwei Jahren Pause können darum Davis und Lande den Messbetrieb wiederaufnehmen. Lande führt einige neue grundlegende Testuntersuchungen durch, die durchgängig belegen, dass Davis bei seinen vorhergehenden Auswertungen alles richtig gemacht hat. In den 1990er-Jahren ist Lande der eigentliche Betreiber des Experiments. Erst im Jahr 2000 ist Schluss: Die Homestake-Mine stellt ihren Betrieb ein. Der internationale Goldpreis ist so weit gefallen, dass sich ein weiterer Goldabbau und damit der Weiterbetrieb der Mine nicht lohnen.

Ray Davis baut derweil ab. Nicht so sehr körperlich, zumindest nicht mehr, als es für einen Mann über 80 normal ist. Zeitlebens hat er sich mit großem Vergnügen körperlich betätigt. An Sonntagen, wenn er sich eine Pause vom Experimentbetrieb gegönnt hat und nicht nach Blue Point zur Familie gefahren ist, hat er die Gipfel Black Hills erstiegen und ist in den Bergseen in der Nähe von Lead geschwommen. Wenn er zu Hause war, hat er sein Boot flottgemacht und ist mit der Familie im Atlantik vor Long Islands Küste gesegelt. Das Segelboot ist inzwischen zwar schon längst verkauft, aber wie gesagt, ist Davis körperlich in keiner schlechten Verfassung. Stattdessen geht es geistig mit ihm bergab. Ray Davis rutscht langsam, aber sicher in eine Altersdemenz hinein.

Noch immer leuchten seine Augen, noch immer kann er glücklich lachen, aber die Welt engleitet ihm mehr und mehr. Da erreicht ihn und seine Familie im Oktober 2002 die Nachricht, dass er den Physiknobelpreis gewonnen hat, zusammen mit Masatoshi Koshiba, dem Protagonisten des nächsten Kapitels, und dem Röntgenastronomen Riccardo Giacconi. Ohne Bahcall!

Eigentlich hätte das Nobelpreiskomitee den Preis schon zehn Jahre vorher vergeben können, nachdem die Gallium-Germanium-Experimente gezeigt hatten, dass auch die pp-Neutrinos ein Defizit zeigen, und nachdem alles so wunderbar zusammenpasste. Aber offensichtlich wollte man in Stockholm noch so lange warten, bis ein ganz bestimmtes Experiment seine ersten Daten lieferte. Es sprach auf alle Neutrinosorten an und nicht nur auf Elektron-Neutrinos. Wenn dieses Experiment den vollen erwarteten Fluss liefern würde, wie ihn Bahcall und andere berechnet hatten – dann, erst dann konnte man hundertprozentig sicher sein, dass alle Sonnenneutrinoforscher keinen Fehler begangen haben, die Theoretiker ebenso wie ihre experimentellen Kollegen. Das Experiment wurde in einer Nickelmine nahe der kanadischen Stadt Sudbury durchgeführt und hatte seine Ergebnisse ein Jahr zuvor, 2001, veröffentlicht. Es bestätigt Bahcalls Rechnungen und Davis' Messungen auf das Schönste!

Wie Fred Reines 1995, so kann auch Davis seine Reise nach Stockholm nur in fürsorglicher Begleitung antreten. Lächelnd und mit glänzenden Augen nimmt er den Preis entgegen, man weiß nicht genau, wie viel von alldem ihn erreicht. Seine Nobelpreisrede hält sein Sohn an seiner statt, und auch bei dem anschließenden Interview assistiert er seinem Vater, der sich bei seinen Antworten verhaspelt und im Ungefähren verliert.

Raymond Davis jr. wird noch dreieinhalb Jahre leben. Am 31. Mai 2006 stirbt er im Kreis seiner Familie in Blue Point, Long Island.

John Bahcall tanzt …
und bekommt keinen Nobelpreis

John Bahcall geht 2002 leer aus. Auch er hat gespannt auf das Ergebnis des Sudbury-Experiments gewartet. Nachdem dessen Daten seine Rechnungen endgültig bestätigen, fühlt er sich nach eigenem Bekunden, als wenn er tanze, so glücklich ist er. Trotz aller Sicherheit, die er nach außen gezeigt hat, und obwohl andere theoretische Physiker zu ähnlichen Ergebnissen gekommen sind wie er, fühle er sich jetzt wie jemand, der eines Vergehens verdächtigt gewesen und nun endlich durch eine DNA-Probe endgültig entlastet worden sei.

Dass Bahcall nicht auch mit Nobelpreisehren bedacht wird, erscheint den meisten Beobachtern ungerecht. Tatsächlich erhält er Hunderte von Briefen und Anrufen, in denen die Enttäuschung darüber ausgedrückt wird, dass er nicht berücksichtigt worden ist. Aber er trägt es mit Fassung. In einem Interview reagiert er honorig. Er lobt die Leistungen von Davis, Koshiba und Giacconi und fügt lakonisch hinzu: »Ich freue mich, in diesem Kontext eine Rolle gespielt zu haben.«

Hat sich das Preiskomitee durch Bahcalls unglaubliche Vielseitigkeit davon abhalten lassen, ihn mit dem Nobelpreis auf ein einziges, wenngleich zentrales Projekt seines Lebens zu reduzieren? Warum haben sie statt Giacconi, des Röntgenastronomen, nicht Bahcall als Dritten ausgezeichnet? Dann wären es drei Neutrinoastronomen gewesen. Oder statt Koshiba Bahcall genommen? Man wird es fürs Erste nicht erfahren, denn die Protokolle des Nobelkomitees bleiben für 50 Jahre unter Verschluss.

John Bahcall: das letzte Jahrzehnt

In Bahcalls letztem Lebensjahrzehnt nehmen die Sonnenneutrinos nur den dritten Platz in seiner Arbeit ein. Die Jahre, da er mit unglaublichem Einsatz als Vorsitzender eines Komitees der National Academy of Sciences eine Strategie für die amerikanische Astronomie entworfen hat, liegen zwar schon hinter ihm. Für die nächsten zehn Jahre gibt diese Roadmap, die als Bahcall-Report in die Geschichte eingeht, die Marschrichtung für die Astronomen der USA vor. An ihrer praktischen Umsetzung ist Bahcall immer noch beteiligt. Natürlich lässt er nicht vom Hubble-Programm ab und fungiert als Verantwortlicher für mehrere Beobachtungszyklen des Teleskops.

Das zweite Themengebiet in seiner Arbeit sind hochenergetische kosmische Neutrinos. Im Jahr 1994 ist ein knapp 30-jähriger israelischer Astrophysiker in Princeton aufgetaucht, um dort für vier Jahre zu arbeiten. Eli Waxman, so sein Name, beschäftigt sich mit geladenen kosmischen Strahlen und mit energetischen Gamma-Strahlen und Neutrinos aus den Weiten des Weltalls. Die 1990er-Jahre – das ist das Jahrzehnt, als im Baikalsee, in der Antarktis und im Mittelmeer die Vorläufer für ein späteres Riesenteleskop für hochenergetische Neutrinos vorbereitet werden oder in Betrieb gehen. Am weitesten ist damals das zu Beginn dieses Kapitels erwähnte AMANDA-Projekt am Südpol, an dem auch meine Gruppe beteiligt war. In einem nächsten Schritt wollten wir einen 50-mal so großen Detektor bauen, und die Frage war: Würde das ausreichen oder würde man, um mit Sicherheit Erfolg zu haben, ein 500-mal so großes Gerät bauen müssen?

Eli Waxman und John Bahcall beantworten diese Frage, indem sie von dem sehr gut gemessenen Fluss geladener kosmischer Strahlen ausgehen und daraus die maximale Anzahl von Neutrinos berechnen – also das, was man bestenfalls erwarten darf. Schließlich entstehen sowohl Gamma-Strahlen als auch Neutrinos dadurch, dass geladene kosmische Strahlen irgendwo auf hohe Energien beschleunigt werden und dann auf Staub oder Lichtteilchen treffen und eine Reaktion auslösen. Bei diesen Stößen werden Pi-Mesonen und andere kurzlebige Teilchen erzeugt, und die setzen bei ihrem Zerfall Neutrinos oder Gamma-Strahlen frei. Waxman und Bahcall kommen zu dem Schluss, dass es klappen könnte, aber nicht garantiert sei. Der vom gesamten Himmel wie diffuses Licht einfallende Neutrinofluss könne nicht wesentlich mehr als das Doppelte oder Dreifache von dem betragen, was wir bestenfalls mit IceCube sehen könnten. Dieser diffuse Fluss setzt sich aus den Beiträgen aller Quellen hochenergetischer Neutrinos zusammen, auch der entferntesten. Von den meisten der möglichen Quellen werden wir darum kein einziges oder nur ein Neutrino erwarten dürfen, und darum erscheint die Gesamtheit der kosmischen Neutrinos wie zufällig über den Himmel verteilt – in keiner Richtung ein örtlich scharf begrenzter Überschuss. Vielleicht könnte uns die Natur in die Hände spielen, sodass wir einzelne, ausnehmend starke, ausnehmend nahe Quellen identifizieren könnten. Aber ob es die gibt, ist unsicher.

Ich will die Geduld der Leser nicht überbeanspruchen und schon einmal verraten, worüber ich im letzten Kapitel etwas ausführlicher berichten werde: Wir haben in beiderlei Hinsicht Glück gehabt. Wir haben den aus allen Richtungen wie diffuses Licht einfallenden Neutrinofluss entdeckt. Und wir haben auch drei Einzelquellen identifiziert, die sich auf der Himmelskarte *aller* Neutrinos klar über diesem diffusen Fluss abheben. Bahcall hat diesen Erfolg leider nicht mehr miterleben dürfen.

Zurück zum Hubble-Teleskop. Bevor die letzte Reparatur-Mission für das Teleskop gestartet wird, ereignet sich ein zweites Spaceshuttle-Desaster. Am 1. Februar 2003 bricht die Raumfähre Columbia beim Wiedereintritt in die Erdatmosphäre auseinander. Wieder finden alle sieben Besatzungsmitglieder den Tod, wie schon beim Challenger-Unglück 17 Jahre zuvor.

Was jetzt? Sollte man dieses Unglück nicht zum Anlass nehmen, das in die Jahre gekommene Hubble-Teleskop zwar seine Aufgaben weiter erfüllen zu lassen, solange eben die Instrumente ihren Dienst tun, aber ohne eine weitere Reparatur-Mission? Sollte man es damit einfach gut sein lassen? Waren nicht die wichtigsten Entdeckungen, die man nach menschlichem Ermessen erwarten konnte, schon gemacht? Selbst unter Astronomen ist die Antwort auf diese Frage umstritten. Bahcall jedoch ist der Meinung, dass ein funktionierendes Teleskop nicht aufgegeben werden dürfe, solange ein Nachfolgeprojekt nicht mehr als eine vage Hoffnung sei. Da ist insbesondere das Projekt für das James-Webb-Teleskop, auf das sich 1996 verschiedene Raumfahrtagenturen geeinigt haben. Immerhin sei das ein Unternehmen, das sich verzögern, das storniert oder verkleinert werden könnte. Tatsächlich wird das James-Webb-Teleskop erst 2021 in Betrieb gehen, und es ist unter anderem Bahcalls massiver und erfolgreicher Lobbyarbeit zu verdanken, dass im Jahr 2009, vier Jahre nach seinem Tod, eine letzte Servicemission zum Hubble-Teleskop unternommen wird. Die Mission, auf der die Eheringe von ihm und Neta 200-mal die Erde umkreisen sollten. Bahcall sollte recht behalten. Das Hubble-Teleskop liefert bis heute exzellente Daten, deren wissenschaftlicher Wert unbestritten ist.

Im Sommer 2005 wird Bahcall in ein New Yorker Krankenhaus eingeliefert. Er leidet an einer seltenen Blutkrankheit und weiß, dass sein Ende nahe ist. Aber selbst aus dem Krankenhaus ruft er Kollegen an und diskutiert Projekte für sein geliebtes Hubble-Teleskop und andere wissenschaftliche Fragen. Am 17. August 2005 schließt er im Beisein seiner Frau Neta und seiner Kinder für immer die Augen.

John Bahcalls wissenschaftliches Erbe ist beeindruckend. Wie groß sein Einfluss auf die Astrophysik war, zeigt sich unter anderem an der beträchtlichen Anzahl von sieben Forschungsstipendien, die ihm zu Ehren eingerichtet wurden.

Eine lange Reise zu zweit

Ray Davis' und John Bahcalls gemeinsamer Weg gleicht einer Heldensage der Mythologie, einer langen Reise mit Rückschlägen, Zweifeln, Durchhaltevermögen und Kämpfen, an deren Ende als Lohn der Mühen die Antwort darauf stand, warum und wie die Sonne scheint.

In dem biografischen Artikel, den die National Academy of Sciences zu Bahcall verfasst hat, heißt es: »Es gibt eine kleine Anzahl wissenschaftlicher Fragen, die das wissenschaftliche Denken seit Jahrtausenden beherrscht und gelenkt haben: … Eine dieser Fragen lautet: Wie scheint die Sonne? Heute kennen wir die Antwort, vor allem dank der Bemühungen einer kleinen Anzahl von Giganten der Physik des 20. Jahrhunderts. Dazu gehören Hans Bethe, Willy Fowler, Ray Davis und John Bahcall. John wäre unheimlich stolz gewesen, zu dieser Gruppe zu gehören.«

Bahcall war Theoretiker, Davis Experimentator. Ohne Frage war Bahcall vielseitiger als Davis (was für einen theoretischen Physiker allerdings auch einfacher ist als für jemanden, der ein hochsensibles Experiment nahezu im Alleingang entwickelt, aufbaut und betreibt). Beide aber eint die Ausdauer, mit der sie sich einem gemeinsamen Problem gewidmet haben, in Bezug auf Davis das immer gleiche, in Bezug auf Bahcall eines von mehreren. Was Davis betrifft, so liegt der Begriff »Ausdauer« ganz augenscheinlich nahe. Aber auch auf Bahcall trifft er zu. Als Anfang der 2000er-Jahre ein angesehener Gastdozent einen Vortrag im Institute for Advanced Study hielt, sagte er: »Ich besuche Princeton seit über 30 Jahren. Vieles hat sich verändert: die Gebäude, die Wissenschaftler, die wichtigen Probleme und Rätsel in der Astrophysik, aber eines bleibt konstant: John Bahcall arbeitet immer noch am Problem der solaren Neutrinos.« Ein paar Jüngere mögen aus dieser Bemerkung Ironie und sanften Spott herausgehört haben. Aber die allermeisten wussten: Es war ein Kompliment! Das Sonnenneutrino-Problem hatte 40 Jahre lang warten müssen, bis 2001, ehe man es als endgültig gelöst betrachten konnte. Ohne Bahcalls beispiellose Ausdauer, sein Urteilsvermögen und seinen Anspruch auf Genauigkeit wäre es gut möglich gewesen, dass einige der experimentellen Projekte entweder gar nicht erst in Angriff genommen worden oder erfolglos geblieben wären. Ohne Bahcall, so die implizite Aussage der Gastsprechers, gäbe es das Problem der solaren Neutrinos einfach nicht, oder es wäre noch immer nicht gelöst worden. »Hartnäckigkeit und Nicht-Aufgeben waren typisch für meinen Vater«, schreibt sein Sohn Safi. »Solare Neutrinos waren nur ein Beispiel dafür.«

Was Davis und Bahcall einte, ist zweifellos intellektuelle Redlichkeit. Beide hätten niemals versucht, ein Ergebnis, sei es das Resultat einer Rechnung oder das einer Messung, als genauer zu verkaufen, als es in Wirklichkeit war. Beide waren bereit, ihre Ergebnisse einer Überprüfung zu unterziehen, sobald ein nicht verstandenes Detail auftauchte, mag dessen Einfluss auf das jeweilige Resultat auch noch so gering gewesen sein. John »schätzte Intelligenz, Entschlossenheit, Lernen, Ernsthaftigkeit und unerschütterliche Ehrlichkeit, und er verband all dies mit einem spielerischen Sinn für Humor«, schrieb seine Witwe Neta nach seinem Tod in einem Brief an alle, die mit ihm zusammengearbeitet hatten.

Und noch etwas einte die beiden: die Wertschätzung und Zuneigung, die ihnen jene entgegenbrachten, die mit ihnen arbeiten durften. Über Ray Davis schreibt sein enger Kollege Kenneth Lande: »Am meisten beeindruckte Ray durch seine Persönlichkeit, sein Interesse an der Wissenschaft, seine Freundlichkeit gegenüber allen, sein angenehmes Verhalten, seine Toleranz gegenüber anderen und seine Sanftmut.« Und auch John behalten seine ehemaligen Kollegen und Schüler nicht nur wegen seiner wissenschaftlichen Meriten in Erinnerung, sondern auch wegen seines Humors, seiner Offenheit, seiner Fröhlichkeit und seiner Fürsorge.

Die Zahl der Ehrungen, mit denen die beiden bedacht wurden, ist überwältigend. Der Nobelpreis für Davis ist dabei nur die sichtbarste. Gemeinsam haben sie den Enrico-Fermi-Preis des Department of Energy erhalten, jener Behörde, die unter anderem die großen Beschleunigerzentren wie z. B. das BNL betreibt, Davis' beruflicher Heimstatt. Mit Masatoshi Koshiba haben sie sich die Benjamin-Franklin-Medaille für Physik des Jahres 2003 geteilt, eine hoch dotierte Auszeichnung, die 1915 zum ersten Mal verliehen worden ist, damals an Thomas Alva Edison. 1998 verleiht Präsident Clinton John Bahcall die National Medal of Science – die höchste wissenschaftliche Auszeichnung der USA. Er allein hat so etwa alles an Ehrungen erhalten, was die USA auf dem Gebiet der Astronomie zu bieten haben. In Bezug auf die Anzahl der Auszeichnungen steht ihm Davis nicht viel nach. Darunter ist der Pontecorvo-Preis des Jahres 1999, den das Vereinigte Institut für Kernforschung in Dubna verleiht. Die Russen würdigten damit Davis' Ergebnisse zu Sonnenneutrinos, insbesondere aber auch die Tatsache, dass er es war, der Pontecorvos Chlor-Argon-Idee umgesetzt und bis zur Perfektion getrieben hat. Jeder der beiden hat mehrere Ehrendoktorwürden eingesammelt, Bahcall von sechs Universitäten, Davis von dreien. Eine beeindruckende Bilanz.

Nun weilen sie schon seit zwei Jahrzehnten in jenem Teil des Himmels, der möglicherweise für Neutrinoforscher vorgesehen ist. Nachts können wir am realen Himmel das schwache Licht der Zwillingssterne Castor und Pollux sehen, benannt nach zwei mythischen Helden mit einer ähnlich langen Fahrt ins Ungewisse wie Davis und Bahcall, tags scheint vom selben Himmel die Sonne auf uns herab und ermöglicht Leben auf der Erde. Und dank Ray Davis und John Bahcall wissen wir jetzt auch erstaunlich genau, wie das funktioniert!

5 WIE AUS HEITEREM HIMMEL: MASATOSHI KOSHIBA

»Und das kann fahren?« Masatoshi Koshiba stand entgeistert vor dem Motorraum des Trabants meines Kollegen Michael Walter. Für einen Japaner sah das Innere des legendären ostdeutschen Kleinwagens aus wie eine Reise in die ferne Vergangenheit. Aber dennoch: Der Trabant fuhr – zwar knatternd, aber verlässlich – und transportierte Koshiba, einen Amerikaner, Michael und mich von Leipzig nach Naumburg. Dort wollten die beiden unbedingt den Naumburger Dom besichtigen. Auf dem Rückweg sangen unsere beiden Gäste mit frappierender Textsicherheit deutsche Volks- und Kunstlieder. Besonders Koshiba tat sich hervor. *Am Brunnen vor dem Tore*, die *Loreley*, *Ännchen von Tharau*, das ganze Programm. Michael und ich konnten nicht mithalten, vielleicht auch, weil wir nicht so begeistert dem deutschen Bier zugesprochen hatten wie unsere Gäste. Erst spätabends waren wir zurück in Leipzig und lieferten unsere beiden Mitfahrer in ihrem Hotel ab.

In Leipzig fand in jenem Juli 1984 die 22nd International Conference on High-Energy Physics statt, eine Gesamtschau über das viel verzweigte Gebiet der Teilchenphysik. Die Mehrzahl der Teilnehmer waren Physiker, die an Beschleunigern Teilchen aufeinander schießen und untersuchen, nach welchen Gesetzen deren Reaktionen verlaufen, oder um gar nach völlig neuen Teilchen zu fahnden. Eine kleinere Gruppe bildeten jene, die sich in Laboratorien tief unter der Erde Prozessen widmeten, die so selten sind, dass sie an der Erdoberfläche von der allgegenwärtigen kosmischen Strahlung völlig überdeckt werden – wenn es sie denn überhaupt gibt. Einer dieser Prozesse ist der Protonzerfall.

Im Standardmodell der Teilchenphysik sind Protonen stabil. Seit den 1970er-Jahren hatten jedoch Theorien an Attraktivität gewonnen, die weit über das Standardmodell hinausgehen. In diesen Theorien werden die drei Kräfte, die das Verhalten von Elementarteilchen bestimmen, vereinigt und durch eine einzige Kraft beschrieben, durch eine Art Urkraft. Tatsächlich sind die drei Kräfte nur für die ersten Sekundenbruchteile nach dem Urknall gleichwertig, aber auch heute noch könnten sie sich in einem einzigen sehr, sehr seltenen Prozess bemerkbar machen: dem Zerfall eines Protons. Die Lebensdauer von Protonen – das hatte vorher schon Fred Reines gezeigt – muss mehr als 10^{30} Jahre betragen. Anders ausgedrückt: Wenn man eine Ansammlung von 10^{30} Protonen präzise überwacht, dann liegt die Chance, innerhalb eines Jahres einen Protonzerfall zu beobachten, bestenfalls bei etwa 50 Prozent.

Auf Englisch werden die besagten Theorien als Grand Unified Theories (GUTs) bezeichnet. Die GUTs machten nun, als erste Theorien überhaupt, eine Aussage zur Lebensdauer des Protons. Laut den einfachsten GUT-Versionen sollte sie zwischen 10^{30} und 10^{32} Jahren liegen. Also höchstens 100-mal länger als der Maximalwert, den Reines gerade noch hatte ausschließen können. Eine große Zahl, aber eben eine konkrete Vorgabe, die man überprüfen konnte. Darum hatten sich um 1980 mehrere Gruppen an den Bau von gewaltigen unterirdischen Wassertanks gemacht, in denen sie die winzigen Lichtblitze registrieren wollten, die bei einem Protonzerfall entstehen. Vertreter aller dieser Gruppen waren auf der Konferenz vertreten und stellten ihre Ergebnisse vor. In einem Übersichtsvortrag sollte einer von ihnen diese Ergebnisse miteinander vergleichen, zusammenfassen und erste Schlussfolgerungen ziehen. Dieser eine war Masatoshi Koshiba, der Kenner deutschen Liedguts und Protagonist dieses Kapitels.

Damals wurde Übersichtsvortragenden üblicherweise ein wissenschaftlicher Sekretär zur Seite gestellt, der ihnen technische Hilfe bei der Vorbereitung ihres Vortrags leistete. Ich hatte mich gern für den Koshiba-Vortrag beworben, denn ich war damals gerade dabei, ein populärwissenschaftliches Buch mit dem Titel *Auf der Suche nach der Urkraft* zu schreiben. Zwar hatte ich selbst einen völlig anders gearteten Vortrag auf der Konferenz zu halten, aber bei einem Übersichtsvortrag zu assistieren, bei dem es um eine der zentralen Vorhersagen der GUTs ging, also um genau das, was ich in meinem Buch populär als Urkraft verkaufte – das erschien mir die Doppelbelastung wert zu sein. Damals wusste ich noch nicht, dass ich einige Jahre später in ein Forschungsgebiet wechseln würde, das dem von Koshiba äußerst nahe war.

Die Leipziger Konferenz bleibt nicht nur deshalb in Erinnerung, weil sie von einer lächerlich großen Zahl politischer Vorsichtsmaßnamen begleitet wurde, ganz zu schweigen von einem nicht zu übersehenden Aufgebot von Spitzeln, die argwöhnisch die Privatgespräche zwischen Ostlern und Westlern beäugten. Sie bleibt auch wegen dreier Verkündigungen von Entdeckungen in Erinnerung, die sich allesamt später *nicht* bestätigten. Da war als Erstes der spätere Nobelpreisträger Carlo Rubbia, der behauptete, das sechste, bis dahin noch fehlende Quark, das Top-Quark, entdeckt zu haben, und sich daran erfreute, dass ihm zu Ehren ein Tigerbaby im Leipziger Zoo auf den Namen Top getauft wurde. Das Top-Quark wurde jedoch erst elf Jahre später an dem größten amerikanischen Teilchenbeschleuniger nahe Chicago entdeckt. Furore machten auch die Hinweise auf ein exotisches Teilchen, für dessen Existenz Gastforscher am Hamburger Forschungszentrum DESY gewisse Anzeichen gefunden haben wollten. Und schließlich war da Koshiba. Er war sich der Hinweise auf den Protonzerfall, auf die er mit seinem Experiment gestoßen war, durchaus noch nicht sicher. Aber auch er konnte es nicht lassen, einen vorsichtigen, aber eben keineswegs abgesicherten Vorgriff auf die Zukunft zu wagen: »We are beginning to see the proton decay« – »wir fangen an, den Protonzerfall zu sehen«, verkündete er. Den Protonzerfall hat er im Folgenden leider nicht gesehen, und auch kein anderes Experiment hat bisher einen Nachweis dafür liefern können. Stattdessen hat sich Koshiba mit zwei Ergebnissen zur Neutrinoastronomie in die Geschichtsbücher eingeschrieben und dafür auch 2002 den Nobelpreis für Physik erhalten.

Im Zeichen des Krieges

Masatoshi Koshiba wird am 19. September 1926 in Toyohashi geboren, einer mittelgroßen altehrwürdigen Stadt an der Pazifikküste von Japans Hauptinsel Honshu. Sein Vater Toshio ist Berufsoffizier der kaiserlichen Armee und bei Masatoshis Geburt in Toyohashi stationiert. Vier Jahre zuvor hat sich die Armee aus dem südöstlichen Teil der jungen Sowjetunion zurückgezogen, nachdem deren Partisanentruppen bis zum Stillen Ozean durchmarschiert waren und die weißgardistische Regierung aus der Küstenregion vertrieben hatten. Bei Masatoshis Geburt herrscht gerade einmal Frieden, aber er sollte nicht lange währen. Schon 1928 werden die Japaner ihren Fuß wieder auf das chinesische Festland setzen, wenngleich nur für eine kurze Zeit. 1932 werden sie dann aber den größten Teil der Mandschurei einnehmen und bis zum Ende des Zweiten Weltkriegs besetzt halten. Schon zu Beginn der China-Invasion verüben die Japaner Massaker an der Zivilbevölkerung, denen mehrere 100 000 Chinesen zum Opfer fallen. Das japanische Militär hat aus seinen Scharmützeln mit der russischen Partisanenarmee den Schluss gezogen, dass kurze Feldzüge mit begrenzten Zielen und einem schnellen Sieg der Vergangenheit angehören. Stattdessen versuchen sie, die japanische Bevölkerung auf das Konzept eines lang andauernden, totalen Krieges vorzubereiten, dessen Ziel die Kontrolle des asiatischen Festlandes ist. Japans Großmachtstatus, so ihre felsenfeste Überzeugung, kann nur durch die Kontrolle der Ressourcen von China gehalten werden. Eine etwaige Rücksicht auf die Bevölkerung der eroberten Gebiete steht dabei sehr weit hinten im Verhaltenskodex der kaiserlichen Armee. Masatoshis Vater ist diszipliniertes Mitglied dieses Ungetüms.

Schon ein Jahr nach Masatoshis Geburt zieht die Familie nach Yokosuka um, einer Großstadt an der Mündung der Bucht von Tokio. Als der Junge drei Jahre alt ist, stirbt seine Mutter Hayako. Toshio Koshiba heiratet darauf die ältere Schwester der Verstorbenen. Für Masatoshi wird sie eine zweite Mutter, ebenso für seine ältere Schwester. Aus der zweiten Ehe von Toshio gehen zwei Brüder hervor.

Masatoshi wächst in Yokosuka auf. Der Junge ist gut in der Schule. Er ist von untersetzter, aber kräftiger Statur. Sein Lieblingshobby ist Kendo-Fechten; darin ist er sogar außergewöhnlich gut. Darum gibt es gar keinen Zweifel, dass er mit 14 Jahren in eine Militärkadettenschule eintreten wird, genau wie sein Vater in jenem Alter. Aber zum Glück – oder Pech – erkrankt er einen Monat vor der Aufnahmeprüfung an Kinderlähmung. Sein rechter Arm wird taub und sollte zeit seines Lebens kraftlos bleiben. Der Besuch der Kadettenschule hat sich damit erledigt. Zu allem Überfluss infiziert er sich in dem Krankenhaus, in dem er wegen seiner Kinderlähmung liegt, auch noch mit Diphtherie. Ein quälend langes halbes Jahr muss er darum in der Klinik zubringen.

Als Masatoshi an Kinderlähmung erkrankt, ist er 13 Jahre alt. Sechs Jahre Grundschule hat er da gerade hinter sich und ist jetzt im ersten Jahr der Mittelschule. Sein dortiger Klassenlehrer unterrichtet die Schüler auch in Mathematik. Als Masatoshi im Krankenhaus liegt, gibt er ihm ein paar Bücher zu lesen. Eines davon zieht ihn in seinen Bann. Es ist ein kleines Büchlein mit dem Titel *Die Evolution der Physik*. Albert Einstein und sein Freund und Kollege Leopold Infeld haben das Buch 1938 publiziert, auf Englisch, denn beide waren da schon längst im Exil und lebten in den USA. Kurz darauf ist eine japanische Ausgabe erschienen. Masatoshi versteht beileibe nicht alles, was er da liest, aber er ist gefesselt. Noch denkt er aber nicht im Entferntesten daran, einmal Physiker zu werden.

Nach der Entlassung aus dem Krankenhaus kann Masatoshi nur mit Mühe gehen. In den Bus, der ihn zur Schule bringt, hineinzuklettern, schafft er zunächst nicht. So kämpft er sich eisern, in kleinen Schritten, zu Fuß zur Schule. Zwei Stunden hin, zwei Stunden zurück. Natürlich kann er keinen Sport mehr treiben, sein geliebtes Kendo-Fechten muss er aufgeben. Nach einigen Monaten, da kann er schon besser laufen, sucht er sich ein neues Hobby: Er baut Modellflugzeuge. Er wird Mitglied eines entsprechenden Clubs und spielt ernsthaft mit dem Gedanken, sein Hobby zu seinem späteren Beruf zu machen. Eine Firma für Modellflugzeuge zu eröffnen und seine Produkte zu verkaufen – wäre das nicht eine Perspektive? Immerhin baut er auch jetzt schon nicht mit vorgefertigten Bausätzen, sondern nach eigenen Entwürfen. Aber bald hat er ganz andere Herausforderungen zu bewältigen. Er muss seine Aufnahmeprüfung für die höhere Schule, für das Gymnasium bestehen. Bei der ersten Prüfung fällt er durch und schafft es erst im zweiten Anlauf.

Inzwischen ist Japan Teilnehmer des Zweiten Weltkriegs geworden. Mit dem Angriff der Japaner auf den US-amerikanischen Flottenstützpunkt Pearl Harbor hat der Krieg auf den Pazifikraum übergegriffen. Während über dem Militärhafen auf Hawaii noch die letzten Rauchschwaden stehen, schicken sich am 8. Dezember die USA und Japan ihre gegenseitigen Kriegserklärungen zu. Noch ist davon in Japan nicht viel zu spüren. Erst viereinhalb Monate später führen die Amerikaner ihren ersten überraschenden Luftangriff auf Tokio durch. Nicht mehr als ein Nadelstich, verglichen mit den Bombardierungen zu Kriegsende, die 50 Prozent der japanischen Hauptstadt in Schutt und Asche legen sollten. Aber immerhin: Der Krieg ist nun auch über die Japaner selbst hereingebrochen und wird erhebliche Entbehrungen und Verluste für die Zivilbevölkerung mit sich bringen.

Masatoshis Gymnasium befindet sich in Tokio. Es ist eine Eliteschule, die beste des Landes. Kostspielig ist sie natürlich auch. Aber das Geld für den Schulbesuch ist bei den Koshibas kein Problem. Der Vater ist inzwischen zum Oberst aufgestiegen und verfügt über ein genügend hohes Gehalt. Masatoshis Schuljahr beginnt im April 1945, vier Monate vor den Atombombenabwürfen über Hiroshima und Nagasaki und der Kapitulation Japans. Seit Dezember 1944 fliegen die USA ihre verheerenden Bombenangriffe auf Tokio. Die Stadt ist eine Trümmerwüste. Das Gymnasium befindet sich jedoch im Südwesten von Tokio, während die meisten Bombenangriffe im zentralen und östlichen Teil der Stadt erfolgen. Darum wird die Schule nicht evakuiert. Immerhin sind aber auch in ihrer Nähe ganze Häuserzeilen niedergebrannt.

Alle Oberschüler, es sind knapp 1000, leben zusammen in einem riesigen Wohnheim auf dem Schulgelände, naturwissenschaftlich und geisteswissenschaftlich Spezialisierte bunt gemischt. Einige von Masatoshis

Freunden sollten später renommierte Physiker oder Chemiker werden, ein anderer der Präsident der Bank von Japan und wieder ein anderer ein bekannter Dichter. Masatoshi interessiert sich damals übrigens eher für Literatur als für Naturwissenschaften. Er denkt sogar ernsthaft darüber nach, sich später an der Universität für das Fach Deutsche Literatur einzuschreiben.

Als Masatoshi im zweiten Jahr seiner Gymnasialzeit ist, wird er zum Vizepräsidenten der Schülerschaft gewählt. Er ist ein Anführer-Typ, schon damals. Der Präsident der Schülerschaft und seine beiden Vizepräsidenten sind für den geregelten Ablauf des Unterrichts und das gesamte tägliche Leben im Wohnheim zuständig – ein erstaunlicher Akt der Selbstverwaltung in einem durch den gerade erst beendeten Krieg geprägten Land. Jedoch – die vielfältigen Aufgaben fressen Masatoshis Zeit auf, seine Noten verschlechtern sich. Zum Schulabschluss ist er gerade mal im Mittelfeld. Selbst was das Fach Physik betrifft, gehen die Ansichten über seine Leistungen auseinander. Zwei Physiklehrer benoten Masatoshi sehr gut, ein dritter schlecht. Masatoshi ficht das zunächst nicht an. Immer noch steht bei ihm deutsche Literatur auf Platz eins seiner Studienwünsche, noch vor Physik.

Aber durch einen Zufall ändert er seinen Plan. Eines Abends sitzt er mit einem Mitschüler in einem japanischen heißen Bad. Die Nacht draußen ist kalt, durch das Fenster, das bei einem Bombenangriff in die Brüche gegangen ist, pfeift kalter Wind hinein. Durch die Dampfschwaden kann man keine zwei Meter weit sehen. Plötzlich hört er, ohne ihn zu sehen, die Stimme des Lehrers, der ihn schlecht benotet hat. Der fragt seinen Lieblingsschüler, der direkt neben ihm sitzt, was Koshiba denn studieren wolle, und der Schüler berichtet, dass sich Masatoshi für deutsche Literatur interessiere. Der Lehrer antwortet: »Soll er deutsche Literatur studieren. Oder, von mir aus, indische Philosophie. Bloß für Physik sollte er sich bitte nicht bewerben!«

Manchmal kann man auch durch pure Wut über eine abfällige Bemerkung zu Höchstleistungen angestachelt werden. So auch in diesem Fall. Masatoshi vergräbt sich einen vollen Monat in seine Physikbücher und besteht danach an der Universität die Aufnahmeprüfung für das Fach Physik. Der Lieblingsstudent des Lehrers fällt durch.

Physikstudent in einem zerbombten Land

Masatoshi beginnt sein Studium ein paar Jahre nach Kriegsende. Die kaiserliche japanische Armee gibt es nicht mehr, Japan darf keine Streitkräfte unterhalten. Hochrangige Militärs sind in Kriegsverbrecherprozessen verurteilt worden. Masatoshis Vater war ein Jahr lang in China inhaftiert, ist dann entlassen worden und inzwischen nach Japan zurückgekehrt. Aufgrund seiner militärischen Laufbahn ist er jedoch von jeglichem öffentlichen Dienst ausgeschlossen. Zwar kann der Vater eines Mitschülers von Masatoshi dem Vater eine schlecht bezahlte Stelle beschaffen, aber das reicht nicht. Masatoshi selber muss versuchen, der Familie mit allen möglichen Gelegenheitsjobs ein Existenzminimum zu sichern. Mal gibt er Kindern reicher Leute Nachhilfe, mal fährt er auf die Docks von Yokohama und entlädt Schiffe – trotz seiner Behinderung. Seine ältere Schwester näht Kleider. So kommt die Familie mehr schlecht als recht über die Runden.

Nun ist Koshiba also Physikstudent an der Universität Tokio. Drei Jahre später macht er sein Diplom. Jetzt sucht er nach einem Thema für eine Doktorarbeit. Die Experimentalphysik in Japan hat es damals schwer. Viele Laboreinrichtungen sind im Krieg zerstört worden, es mangelt an neuen Geräten. Die japanische theoretische Physik hält indes das hohe Niveau, das sie auch vor dem Krieg hatte. Darum arbeitet Masatoshi im ersten Jahr seines Studiums zu einem Thema der theoretischen Physik. Aber dann beschleicht ihn das Gefühl, für Theorie nicht gut genug zu sein, und im zweiten Jahr schwenkt er auf die Experimentalphysik um – auf die Untersuchung kosmischer Strahlen mit Kernspuremulsionen.

Kernspuremulsionen sind spezielle Filmplatten, die wie zu einem Kartenspiel aufgeschichtet sind. In die Gelatine einer dicken Filmschicht sind Silberbromid- oder Silberchlorid-Moleküle eingebettet. Wenn ein geladenes Elementarteilchen durch den Plattenstapel fliegt, trifft es entlang seiner Bahn auf eine Reihe von Silberbromid-Molekülen, und die erscheinen nach dem Entwickeln als eine Linie aus geschwärzten Punkten. Eigentlich nicht viel anders als beim Film von analogen Fotokameras, nur dass es dort Licht ist, das die Moleküle spaltet. Kernspuremulsionen sind allerdings dicker als fotografische Filme, bis zu einem Millimeter, und enthalten weit mehr Silberbromid. Sie zu entwickeln ist zudem deutlich aufwendiger als die Prozedur für normale Filme – ein mehrstufiger Prozess, der mehrere Tage in Anspruch nimmt. Erstmalig eingesetzt worden sind solche Filme in den 1930er-Jahren, aber gerade erst haben britische Physiker in Zusammenarbeit mit der Firma Ilford Imaging eine besonders empfindliche Art von Kernspuremulsion entwickelt. Sie ist technisch ausgereifter als alle ihre Vorgänger.

Kernspuremulsionen sind bis in die 1950er-Jahre hinein so etwas wie ein Arme-Leute-Detektor für Kernphysiker. Sie sind nicht teuer und haben sich, kaum dass sie auf dem Markt waren, bei der Untersuchung der kosmischen Strahlung bewährt. Häufig sieht man in dieser längst vergangenen Zeit Kernphysiker auf hohen Bergen sitzen. Eingepackt in dicke Anoraks setzen sie dort ihre Emulsionen der kosmischen Strahlung aus. Wer noch höher will, hängt die Emulsionspakete an einen Ballon und hofft, dass ihm die Winde gewogen sind und er selbst – oder jemand anders – seine wissenschaftlich wertvolle Nutzlast findet und unversehrt bergen kann.

Ein paar Ilford-Emulsionsstapel haben sich auch nach Tokio verirrt. Masatoshi und ein Kommilitone besorgen sich einige der Stapel und starten ein kleines Experiment, indem sie die Emulsion auf dem Gipfel des Berges Fuji der kosmischen Strahlung aussetzen, in knapp 3800 Meter Höhe. Die Auswertung ihrer Emulsionsstapel ergibt nichts, was der Rede wert wäre. Aber Koshiba hat eine Methode kennengelernt, der er über fast zwei Jahrzehnte treu bleiben und für die er zum anerkannten Experten werden wird.

Einige der Spitzenkönner auf diesem Gebiet sitzen in den USA. Um dort eine Doktorandenstelle zu ergattern, müssten Masatoshis Diplomzensuren allerdings besser sein, als sie es sind. Sie sind befriedigend, aber das ist nicht gerade das, wofür man ein Promotionsstipendium in den USA bekommt. Da kommt ihm jedoch ein weitreichendes, bizarres Beziehungsgeflecht zugute. Den Anfang in der Kette macht sein alter Schuldirektor. Der ist inzwischen Bildungsminister. Seine Ehe ist, nach japanischem Brauch, durch einen Vermittler zustande gekommen. Der Sohn dieses Vermittlers aber, ein gewisser Professor Tomonaga, lehrt an der Tokioter Universität Physik und kennt Masatoshi als einen seiner Studenten. Der Bildungsminister ist mit ihm befreundet und bittet ihn um Unterstützung. Masatoshi will zu diesem Zeitpunkt unbedingt in die USA, weil man dort als Experimentator unvergleichlich mehr lernen kann als im Nachkriegsjapan. Tomonaga willigt ein, ihn dabei zu unterstützen: »In Ordnung«, sagt er zu ihm: »Du verfasst das Empfehlungsschreiben selbst, ich mache ein paar Korrekturen, und dann unterzeichne ich's.« Also schreibt Masatoshi etwas in der Art von »Obwohl dieser Mann, wie die beigefügte Akte zeigt, keine sehr guten Noten hat, ist er nicht völlig dumm. Ich kenne ihn seit Jahren.« Tomonaga macht aus dem »nicht völlig dummen Studenten« einen »begabten Studenten« und unterschreibt.

Ein berühmter japanisch-amerikanischer Physiker – es ist Hideki Yukawa, der seinerzeit das Pi-Meson als jenen Klebstoff vorgeschlagen hat, der Protonen und Neutronen im Kern zusammenhält – ist damals Professor an der Columbia University in New York, einer der renommiertesten Universitäten der USA. Die meisten guten Studenten versuchen, einen Platz an einer Spitzenuniversität zu bekommen: bei der Columbia in New York, bei Harvard oder dem MIT in Cambridge, beim CalTech in Los Angeles oder in Princeton. Yukawa kennt Tomonaga gut und empfiehlt Masatoshi einem seiner Kollegen, Robert Marshak, auch er ein führender theoretischer Teilchenphysiker der USA, der aber nicht an einer Spitzenuniversität lehrt. Marshak hat als Student mit Hans Bethe zu den Kernverschmelzungsprozessen im Sonneninnern gearbeitet, später, ebenfalls unter Bethe, im Manhattan-Projekt geforscht und hat 1947 eine klassische Arbeit zu Pi-Mesonen veröffentlicht, kurz bevor das Teilchen experimentell nachgewiesen worden ist. Er arbeitet an der Universität in Rochester, einer mittelgroßen Stadt im US-Bundesstaat New York, die an der Mündung des Genesee River in den Ontario-See liegt. Weil die Universität nicht zu den überlaufenen Elite-Universitäten gehört, muss sich Marshak bemühen, gute Studenten aus dem Ausland zu bekommen. Da kommt jemand, den Yukawa empfiehlt, gerade recht. Und mehr noch: An Marshaks Institut arbeitet ein Experte für Kernspuremulsionen namens Morton Kaplan. Und bei genau dem will Masatoshi seine Doktorarbeit schreiben. So besteigt er also im August 1953 ein Schiff und überquert in elf Tagen den Pazifik. In Seattle geht er von Bord und fährt von dort aus mit der Bahn quer durch den amerikanischen Kontinent, bis nach Rochester.

In Rochester wird er zunächst von vier Professoren mündlich geprüft, um zu entscheiden, welche Kurse er unbedingt belegen soll. Außerdem muss er, wie alle japanischen Studenten, einen Laborkurs absolvieren, denn die Ausbildung der jungen Japaner in experimentellen Techniken gilt in den USA als unzureichend. Dann kommen schließlich die Sprachen. Damals verlangt die Universität von Rochester die Kenntnis zweier Fremdsprachen. Im Oktober muss er eine Deutschprüfung ablegen – kein Problem für ihn. Japanisch könnte in seinem Fall als zweite Fremdsprache durchgehen, aber es gibt niemanden, der sein Japanisch prüfen könnte. Also muss er im November eine Prüfung in Französisch ablegen, einer Sprache, von der er nur rudimentäre Kenntnisse besitzt. Im Januar schließlich folgen sogenannte Qualifikationsprüfungen, die fast eine Woche dauern. Ein Prüfungsmarathon. Abermals, wie damals vor seiner Aufnahmeprüfung für die Tokioter Universität, bewährt sich jedoch seine unglaubliche Konzentrations- und Belastungsfähigkeit. Er besteht alle Prüfungen und kann mit seiner Doktorarbeit beginnen. Dabei hat er schnell verstanden, dass die

120 Dollar Stipendium pro Monat, die von Japan aus wie ein fürstliches Gehalt gewirkt haben, in den USA nur knapp zum Leben reichen. Um die Familie in Japan zu unterstützen, bleibt nichts übrig. Er muss also möglichst schnell promovieren, um mehr zu verdienen und Geld nach Japan schicken zu können.

Für seine Doktorarbeit wählt Masatoshi das Thema »Ultrahochenergiephänomene in der kosmischen Strahlung«. Sein Betreuer Morton Kaplan lässt seit Langem Ballons mit Kernspuremulsionen bis in die höheren Atmosphärenschichten fliegen, und diese Emulsionen analysiert Masatoshi. Er hat auch ein spezielles Forschungsziel, das mit einer vermeintlichen Entdeckung von Marcel Schein, dem Papst der amerikanischen Höhenstrahlungsforscher zusammenhängt. Schein, der an der University of Chicago forscht, hat in seinen Emulsionen nämlich gerade ein Ereignis entdeckt, von dem er meint, es sei auf ein energetisches Anti-Proton zurückzuführen. Großer Presserummel! Zwar sind die Physiker überzeugt, dass auch das Proton – genau wie das Elektron – ein Antiteilchen haben müsse. Nachgewiesen haben sie es aber noch nicht. Ein Beschleuniger, dessen Energie hoch genug ist, um das hypothetische Teilchen zu erzeugen, wird erst 1956 in Betrieb gehen. Dort wird dann auch prompt seine Entdeckung gelingen. Emilio Segrè, den wir ja schon als älteren Kollegen Pontecorvos kennengelernt haben, sollte dafür, zusammen mit seinem Mitstreiter Owen Chamberlain, den Physiknobelpreis des Jahres 1959 erhalten.

Scheins Interpretation seines Fundes kommt Masatoshi spanisch vor. Also führt er seine eigene Studie durch, um die Dinge zu klären. Er kommt zu dem Schluss, dass es sich bei dem Schein'schen Ereignis mit allerhöchster Wahrscheinlichkeit nicht um ein Anti-Proton handelt. Für Schein ist das kein Hinderungsgrund, dem jungen Koshiba eine Assistentenstelle anzubieten, ganz im Gegenteil. Außerdem hat Koshiba in der unglaublich kurzen Zeit von einem Jahr und acht Monaten promoviert und gezeigt, wie effektiv und zielstrebig er ist. Natürlich nimmt Koshiba das Angebot an. Eine Stelle bei dem renommiertesten Experten für kosmische Strahlung, wer könnte da Nein sagen! Und dazu 480 Dollar Monatsgehalt; er kann also endlich wieder Geld an die Familie in Japan schicken.

Schein, 1902 im damaligen Königreich Ungarn geboren, hat ein abenteuerliches Leben hinter sich. Nach dem Studium an verschiedenen deutschen, österreichischen und Schweizer Universitäten hat er zunächst in Zürich gearbeitet. 1934 hat er die Schweiz wegen Visaproblemen verlassen müssen und ist in die Sowjetunion gegangen, um in Odessa ein Physiklabor aufzubauen. In dieser Zeit hat er begonnen, sich mit kosmischer Strahlung zu beschäftigen, unter anderem auf dem Elbrus, dem höchsten Berg des Kaukasus. 1937 hat er jedoch angesichts der Stalin'schen Säuberungskampagnen die Sowjetunion verlassen und ist nach Prag übergesiedelt. Kaum war er dort angekommen, nahm die Bedrohung der Tschechoslowakei durch Nazideutschland immer beunruhigendere Ausmaße an. Grund genug für Schein, der Jude ist, seine Bemühungen um ein Einreisevisum in die USA zu intensivieren. 1938 ist er mit Frau und Sohn in den USA eingetroffen und dort zum führenden Experten für die Untersuchung höchstenergetischer kosmischer Strahlung emporgestiegen. Für seine Experimente benutzt er unterschiedliche Techniken, darunter auch Emulsionspakete, die er an Ballons bis in die Stratosphäre aufsteigen lässt.

Bei Schein bleibt Koshiba knapp drei Jahre. In dieser Zeit wird er selbst zum anerkannten Experten auf dem Gebiet der kosmischen Strahlung. Unter anderem untersucht er die relative Häufigkeit von leichten Kernen wie Lithium, Beryllium und Bor und vergleicht sie mit den Häufigkeiten von mittelschweren Kernen wie Kohlenstoff, Stickstoff und Sauerstoff. Auch den winzigen Anteil von Eisenkernen an der kosmischen Strahlung kann er genau bestimmen. Es zeigt sich, dass sich seine Ergebnisse von früher gewonnenen Daten anderer Wissenschaftler unterscheiden. Das ist physikalisch hochinteressant, denn aus den relativen Häufigkeiten kann man viel darüber lernen, woher diese kosmischen Geschosse stammen und durch wie viel interstellare Materie sie auf ihrem Weg zur Erde geflogen sind. Koshiba hat trickreiche Methoden entwickelt, mit denen man die Schwärzung einer Spur bestimmen kann. Die Schwärzung wiederum steht für das Ionisationsvermögen, und das wiederum wächst mit ansteigender Kernladung. Koshibas präzise Eichmethoden für die Schwärzung verleihen seinen Ergebnissen Gewicht.

Nach zwei Jahren und acht Monaten bei Marcel Schein wird Koshiba eine außerordentliche Professur an der Universität Tokio angeboten. Er geht nach Japan zurück und heiratet. Obwohl er sich während seiner Zeit in den USA viele westliche Gepflogenheiten zu eigen gemacht hat, laufen seine Heiratsvorbereitungen nach japanischem Muster ab: über einen Heiratsvermittler, der mehrere Heiratspläne für ihn ausarbeitet. Nachdem auch seine Auserwählte nichts gegen ihn einzuwenden hat, heiraten die beiden. Kyoko – so heißt seine Frau – hat Kunstgeschichte studiert, insbesondere buddhistische Kunst. Bevor sie Koshiba heiratet, ist sie stellvertretende Kuratorin in einem Museum gewesen. Von nun an ist sie Hausfrau.

Ballonabenteuer

Koshiba ist gerade mal ein Jahr zurück in Tokio, da schreibt Schein ihm, dass er jetzt eine große internationale Kollaboration zusammentrommele. Deren Ziel soll es sein, einen riesigen Emulsionsstapel auszuwerten, den er mit einem Ballon hochschicken will. Er lädt Koshiba ein, nach Chicago zu kommen und dabei zu helfen. Der lässt sich von der Universität Tokio beurlauben. Wir schreiben das Jahr 1959. Koshibas Frau ist bereits schwanger, ihr Sohn Shun wird in Chicago geboren werden.

Drei Monate nach Koshibas Ankunft in Chicago aber stirbt Schein. Beim Schlittschuhlaufen, an einem Herzinfarkt. An der Universität Chicago herrscht Ratlosigkeit. Wer soll das Projekt, für das Schein die Kollaboration zusammengezimmert und Forschungsgelder aufgetrieben hat, weiterführen? Schließlich fragt man einen auswärtigen hoch angesehenen Pionier der Kernphysik um Rat, den Italiener Giuseppe

Occhialini, der sich zu jener Zeit gerade zu einem Forschungsaufenthalt in Chicago befindet. Und der empfiehlt, nach einer Befragung aller Gruppenmitglieder, Koshiba als vorläufigen Nachfolger von Schein.

Koshiba krempelt die Ärmel hoch. Als Erstes stellt sich allerdings heraus, dass das Geld nicht reicht. Zunächst einmal muss er also zusätzliche Mittel in Washington loseisen. Mit seiner später legendär gewordenen Hartnäckigkeit gelingt ihm das auch. Ein Dutzend Länder sind an dem Projekt beteiligt. Allerdings liegt fast alles bis auf die Endauswertung auf den Schultern der Chicago-Gruppe: der Kauf der Emulsionsstapel, die Montage in einem Behälter, die Vertragsverhandlungen mit der Ballonfirma, die Durchführung des Fluges, die Entwicklung und Fixierung der Emulsion und das Schneiden der Stapel in brauchbare Größen. Jede Gruppe bekommt am Ende einen oder mehrere Teilstapel, die sie unter dem Mikroskop vermessen und die Daten auf Lochstreifen übertragen.

Zunächst aber gilt es, die Firma zu finden, die die besten Ballons herstellt, und eine weitere, welche die Ballonstarts am professionellsten durchführen kann. Die besten Ballons, da sind sich alle einig, stellt die General Mills Company her, die aeronautische Abteilung dieses eigentlich auf Futtermittel spezialisierten Konzerns. Die beste Startmannschaft aber hat die Raven Company, die zwei abtrünnige Ingenieure von General Mills gegründet haben. Warum nicht bei General Mills kaufen und den Start mit Raven durchführen? Aber da hat Koshiba nicht mit den mächtigen Lobbyisten von General Mills gerechnet. Die Regierung setzt ihn unter Druck, beides – Ballonfertigung und Start – mit dieser Firma zu machen. Vertrauen in General Mills als Flugexperten hat Koshiba nicht, darum schreibt er die Bedingungen für einen erfolgreichen Flugbetrieb penibel auf und legt fest, dass er die Startgebühr von 40 000 Dollar nur dann zahlen würde, wenn sie in vollem Umfang erfüllt wären. Die Firma akzeptiert die Bedingungen, nämlich mindestens sechs Stunden lang in einer Höhe von 70 000 Fuß (etwa 24 km) in der Luft zu bleiben. Die Operation erreicht das festgelegte Ziel jedoch nicht, also bleibt er hart und zahlt keinen einzigen Cent. Die Firma protestiert, lenkt aber letztlich zähneknirschend ein und sieht von Geldforderungen ab. Schließlich schafft Koshiba es sogar, Raven und General Mills zusammenzubringen. Und so stellt zu guter Letzt der eine den Ballon her, und der andere lässt ihn steigen, ganz so, wie es Koshiba von Anfang an wollte.

Zwei Flüge führen sie durch. Der erste misslingt, aber *wie* er misslingt, könnte abenteuerlicher nicht sein. Im Juni 1960 lässt die Raven Company den Ballon von einer Marinestation nahe der Atlantikküste aufsteigen. Bei der Durchquerung der Wolkendecke muss jedoch ein Blitz eingeschlagen sein, und die Funkverbindung fällt aus. Der Ballon schwebt über ganz Amerika bis hin nach Texas, wo die Bedienmannschaft die Nutzlast mit einem kleinen Flugzeug abtrennen will, ehe der Ballon auf Nimmerwiedersehen über dem Pazifik entschwindet. Ein kleines Flugzeug kann die Höhe des Ballons von etwa 76 000 Fuß aber auf keinen Fall erreichen. Auch auf ein neuerliches Funksignal hin, mit dem man die Nutzlast abschneiden und an einem Fallschirm herabschweben lassen will, geschieht nichts. Langsam, aber sicher treibt der Ballon auf die kalifornische Küste zu. Koshiba muss die Leute der Pazifikflotte anrufen, um ihn abzuschießen. Die schlagen zunächst vor, Jagdflugzeuge zu schicken, die den Ballon, auf etwas geringerer Höhe fliegend, aus der Luft holen sollen. Tatsächlich setzen sie vier Kampfflugzeuge ein, aber die Einschusslöcher von deren Bordmunition sind im Vergleich zu der Riesenoberfläche des Ballons so klein, dass praktisch kein Gas entweicht. Wieder nichts. Dann schlägt einer der Militärs den Einsatz einer Sidewinder-Rakete vor. Aber Koshiba weiß, dass die Zielvorrichtung des Sidewinder auf Infrarotbasis funktioniert und dass die kostbare Nutzlast rot angestrichen ist. Der Sidewinder würde also eher die Nutzlast als den Ballon treffen. Das ist also auch keine Option. Koshiba tobt: »Ihr gebt viel Geld aus und behauptet, eine russische Interkontinentalrakete abschießen zu können, und erzählt mir, dass ihr einen langsam fliegenden Ballon in 70 000 Fuß Höhe nicht abschießen könnt?« Nein, können sie leider nicht! Auch die Idee, eine U-2 einzusetzen, das berühmte Spionage-Flugzeug der 1950er-Jahre, mit dem der

Pilot Francis Gary Powers 1960 beim Überfliegen der Sowjetunion abgeschossen wird, muss verworfen werden. Die U-2 kann zwar die notwendige Höhe erreichen, ist aber für solche Operationen zu leicht gebaut.

Und so entschwindet der Ballon mit seiner Nutzlast und einem Wert von fast einer Million Dollar friedlich in die Weiten des Pazifiks. Ein russischer Kollege verrät Koshiba später: »Wir haben es. Ein unbekanntes, rot bemaltes Objekt. Es ist in den sibirischen Wäldern heruntergekommen.«

Der nächste Ballonstart findet in Kalifornien statt, nahe der der mexikanischen Grenze. Die Höhenwinde kommen nämlich zu dieser Jahreszeit von Westen und treiben den Ballon über das Festland. Diesmal klappt es. Der Ballon erreicht eine Höhe von 30 Kilometern und bleibt dort mehr als 36 Stunden. Ein Kleinflugzeug eskortiert den Ballon auf niedriger Höhe. Die Nutzlast wird schließlich über South Carolina abgeworfen und landet zur Hauptverkehrszeit auf einer stark befahrenen Autobahn. Der gesamte Verkehr kommt zum Erliegen. Aber die Polizei birgt den Ballon und bringt die Nutzlast sicher nach Chicago zurück. Dort werden die Emulsionspäckchen getrocknet, entwickelt, fixiert, in handliche Portionen geschnitten und dann an die weltweiten Mitglieder der Kollaboration zur Auswertung verschickt. Das Ergebnis sind einmalige Erkenntnisse über Kernreaktionen in einem Energiebereich, der gut 30-mal so hoch ist wie der, den man damals mit Beschleunigern erreichen kann.

Die Kamioka-Goldmine: Vom Himmel in die Hölle

Koshiba bleibt bis Ende August 1962 in Chicago, ein Jahr und neun Monate. Dann kehrt er nach Tokio zurück und leitet dort die immer noch laufende Analyse der Kernemulsionen aus dem geschilderten Ballonflug. Inzwischen ist er zum zweiten Mal Vater geworden, diesmal ist es eine Tochter, Mari. Und er ist reguläres Fakultätsmitglied an der Universität. Seinen Doktoranden bietet die Analyse der Chicago-Emulsion immer noch genügend Stoff zum Promovieren. Allerdings sind Ballonflüge mit Kernemulsionen inzwischen langsam aus der Mode gekommen. Immer noch untersucht Koshiba kosmische Strahlung, aber jetzt mit Szintillationszählern und anderen elektronischen Instrumenten.

Bei der Analyse des großen Emulsions-Stapels aus Chicago hat er häufig parallele hochenergetische Myonen beobachtet. Auch andere Gruppen haben Ereignisse mit drei, vier oder fünf Myonen registriert. Wie wäre es, so überlegt Koshiba, wenn er einen großen Detektor tief unter der Erde aufbaut? Groß, weil er damit viele solcher Myonen einfangen kann, auch wenn sie weiter voneinander entfernt sind, als dass sie mit einer Emulsion noch erfasst werden könnten. Und tief unter der Erde, weil von allen geladenen Teilchen es nur Myonen bis in die große Tiefe schaffen. Diejenigen, die es schaffen, müssen hohe Energien besitzen, sonst wären sie vorher vom Gestein abgebremst worden. Sie müssen also von sehr hochenergetischen kosmischen Teilchen abstammen.

Jetzt braucht er nur noch einen Detektor und eine geeignete Mine. Als Detektor entscheidet er sich für mehrere drei mal drei Meter große Funkenkammern. Darunter sind ebenso große Szintillationszähler angeordnet. Fliegt ein geladenes Teilchen durch die Zähler, so triggern sie die Funkenkammer, in der dann die Spuren der Teilchen sichtbar werden und fotografiert werden können.

Die Mine, die er sich aussucht, liegt unweit der Stadt Kamioka, einer kleinen Stadt am Fuß der Gebirgskette, die sich von oben nach unten durch Japan zieht. Dort sitzt auch die Kamioka Mine Company, die in ihrem Bergwerk Zinn und Zink abbaut. Koshiba kann den Präsidenten der Company für sich gewinnen. Der Präsident lässt eine unterirdische Kaverne für das Experiment bauen und Telefon- und Stromleitungen installieren, und das alles, ohne dass Koshiba auch nur einen einzigen Yen dafür bezahlen muss. 1969 beginnen die Messungen. Mit den Ergebnissen darf Koshiba zufrieden sein: Er findet Ereignisse mit bis zu 18 Myonen, weit mehr, als irgendjemand sonst bisher registriert hat. Richtig erklären vermag damals niemand solche »Bündel« aus Myonen, die seine Funkenkammer wie ein scharf fokussierter Strahl durchqueren und irgendwie an einen Stoßtrupp von Samurai-Kriegern erinnern, der durch die feindlichen Linien stürmt. Erst einige Jahre später kann man die Entwicklung der Teilchenschauer in der Erdatmosphäre so genau beschreiben, dass man auch Koshibas Ergebnisse korrekt deuten kann.

Auf der Suche nach Quarks

Inzwischen sind nicht nur Kernspuremulsionen, sondern auch kosmische Strahlen als Mittel der Teilchenphysik aus der Mode gekommen. Die menschengemachten Beschleuniger auf der Erde haben jenen im Weltall längst den Rang abgelaufen. Noch ein Teilchen und noch ein Teilchen entdecken die Physiker, bald ist der Teilchenzoo auf an die 100 Mitglieder angewachsen. Um Ordnung in die Vielfalt zu bringen, haben im Jahr 1964 zwei Amerikaner, Murray Gell-Mann und George Zweig, vorgeschlagen, dass die zahlreichen Elementarteilchen, die der starken Wechselwirkung unterliegen, aus wenigen Elementarbausteinen bestehen, die auf den Namen *Quarks* getauft werden. Drei solcher Quarks gibt es diesem Modell zufolge, die der Einfachheit halber mit den Buchstaben u (für *up*), d (für *down*) und s (für *strange*, d. h. *seltsam*) bezeichnet werden. Protonen und Neutronen zum Beispiel setzen sich aus drei Quarks zusammen, Pionen aus einem Quark und einem Antiquark. Quarks tragen dem theoretischen Modell zufolge keine ganzzahligen elektrischen Ladungen, sondern entweder ein Drittel oder zwei Drittel der Elementarladung, jener Ladung also, die das Elektron (negativ) oder das Proton (positiv) besitzen. Ein Quark mit einer Drittelladung müsste die Materie, die es durchfliegt, nur ein Neuntel so stark ionisieren wie ein Elektron. Das ist ein ziemlich eindeutiges Erkennungszeichen.

Sofort begeben sich Beschleuniger-Physiker und Höhenstrahl-Physiker auf die Quark-Jagd, auch Koshiba. Er benutzt eine verbesserte Form der Funkenkammer, eine sogenannte Streamerkammer, die gerade eben erst erfunden worden ist. Da er kein Teilchen mit Drittelladung entdeckt, kann er zumindest eine Obergrenze für deren mögliches Vorkommen in der kosmischen Strahlung angeben. Lieber hätte er natürlich Quarks gefunden. Nichts zu sehen, aber eine klare Obergrenze angeben zu können ist jedoch auch ein Erkenntnisgewinn. Später wird man das Quarkmodell weiterentwickeln und feststellen, dass es freie Quarks prinzipiell nicht geben kann. Sie existieren nur eingeschlossen in den Teilchen, deren Bausteine sie sind. Aber das können Koshiba und all die anderen Quarksucher damals noch nicht wissen …

Intermezzo am Deutschen Elektronen-Synchrotron DESY

Koshiba ist inzwischen auch bei den Beschleuniger-Experimenten angekommen. Eigentlich liegen sie ihm nicht besonders. Nicht, dass ihm die Physik, um die es dort geht, nicht gefällt. Nein: Er fühlt sich einfach nicht zu Hause in Kollaborationen mit 100 oder mehr Mitgliedern. Schließlich landet er aber doch bei einem dieser Experimente. Es wird am Deutschen Elektronen-Synchrotron DESY in Hamburg durchgeführt. Dort schießt man Elektronen und Positronen, die man in einem Kreisbeschleuniger gegenläufig beschleunigt hat, aufeinander. Auf DESY ist er gekommen, weil er bei Marcel Schein mit einem jungen Physiker zusammengearbeitet hat, der jetzt Professor in Hamburg ist und gleichzeitig Forschungsdirektor beim DESY. Nun kann er endlich auch seiner Neigung zu deutscher Sprache und deutscher Kultur nachgehen, so selten er selbst auch vor Ort sein wird. Das überlässt er seinen Doktoranden.

Der Beschleuniger, den DESY gerade baut, heißt DORIS (für Doppel Ring Speicher) und bringt die Teilchen an vier Punkten zur Kollision. Um jeden dieser Punkte ist ein Detektor angeordnet. Koshibas Gruppe beteiligt sich an Bau und Betrieb von einem davon. Die Arbeiten am DESY verzögern sich allerdings im Vergleich zu einem amerikanischen

Konkurrenzprojekt in Kalifornien, und so schnappen die Amerikaner den Deutschen ein Nobelpreisergebnis weg: die Entdeckung eines Teilchens, das aus einer vierten Quarksorte zusammengesetzt ist, des sogenannten J/Ψ-Teilchens. Aber der Hamburg-Ring, als er dann schließlich in Betrieb geht, ist weit leistungsstärker als der US-amerikanische, und bei der genauen Erforschung der Eigenschaften von Teilchen, die ein solches Quark vom vierten Typ enthalten, haben die Hamburger die Nase vorn. Natürlich bekommt auch dieses Quark einen Buchstaben zugewiesen: c (für *charm*). Ein charmantes Quark …

Koshiba selbst hat die Teilnahme an dem Experiment zwar eingefädelt, aber sich nicht am Entwurf des japanischen Teildetektors, der Experimentdurchführung und der Auswertung der Ergebnisse beteiligt. Seinen Studenten und Doktoranden hat er allerdings durch seine Richtungsentscheidung eine neue Welt eröffnet. Während DORIS läuft, ist in Hamburg schon ein neuer Collider im Bau: die *Positron Elektron Tandem Ring Anlage*, kurz PETRA. Auch hier ist Koshibas Gruppe dabei, und diesmal steuert er auch selbst etwas zum Bau des Detektors bei. Das Gerät heißt JADE (für Japan-Amerika-Deutschland-England). Die Japaner bauen eine Detektorkomponente, die aus vielen kleinen Blöcken aus Bleiglas besteht und besonders geeignet für den Nachweis von Gammaquanten, Elektronen und Positronen ist. Später wird seine Gruppe einen ähnlichen Detektor für ein CERN-Experiment bauen. Mit PETRA gelingt schon 1979, kein Jahr nach der Inbetriebnahme, eine Entdeckung, die durchaus nobelpreiswürdig ist, für die es aber – wie für viele andere Entdeckungen gleichen Kalibers – den begehrten Preis nicht geben wird: die Entdeckung des Gluons. Das Gluon – das ist der Klebstoff, der die Quarks im Innern von Hadronen zusammenhält. JADE ist zwar nicht der erste der vier PETRA-Detektoren, der Hinweise auf das Gluon sieht, aber die Beiträge der JADE-Kollaboration ergeben zusammen mit denen der anderen drei Kollaborationen eine beeindruckende Bestätigung und Vervollkommnung der sogenannten Quantenchromodynamik, der Theorie der Kernkraft, die beschreibt, wie die Welt der Quarks funktioniert.

Die Autorenliste für das erwähnte CERN-Experiment umfasst etwa 350 Namen, und Koshiba ist sich mehr und mehr sicher, dass das nicht sein Stil von Physik ist. Da kommt ihm eine Idee zugute, die weit über das Standardbild der Teilchenphysik hinausgeht. Es ist die zu Beginn dieses Kapitels beschriebene Idee, dass man die Wechselwirkungen der Teilchenphysik mit einer vereinheitlichten Theorie beschreiben kann, mit einer Grand Unified Theory, kurz GUT. Und dass die vorhersagt, dass Protonen nicht auf ewig stabil sind, sondern mit einer Halbwertszeit von 10^{30} bis 10^{32} Jahren zerfallen. Koshiba wird den Protonzerfall nicht finden. Stattdessen wird ihm das Schicksal elf Neutrinos aus einer Supernova-Explosion bescheren – aus einem der vielen Höllenfeuer, denen wir fast alle Elemente jenseits von Wasserstoff und Helium verdanken, aus denen die Erde und auch wir selbst bestehen.

Können Protonen zerfallen?

Ein Proton – das ist der leichteste aller Atomkerne, der Kern des Wasserstoffs. Das Universum besteht zu etwa 93 Prozent aus Wasserstoff und 7 Prozent aus Helium, daran hat sich seit dem Urknall vor 13,8 Milliarden Jahren kaum etwas geändert. Fast alle anderen Elemente sind erst später im Innern von Sternen entstanden und tragen nur wenig zur Gesamtbilanz bei. Und dieses stabile Teilchen soll nun – den GUTs zufolge – in leichtere Teilchen zerfallen können, zum Beispiel in ein Positron und ein neutrales Pion. Das steht im Widerspruch zu einem Erhaltungssatz der Physik, der besagt, dass sich bei jeglicher Reaktion eine gewisse Quantenzahl nicht ändern kann. Zwar ist dieser Erhaltungssatz nicht so fundamental wie der von der Erhaltung der Energie, aber immerhin gehorchen ihm alle bisher beobachteten Prozesse. Für Protonen und Neutronen hat die erwähnte Quantenzahl, die man als *Baryonzahl* bezeichnet, den Wert +1, für deren Antiteilchen den Wert –1. Wenn in einem Atomkern genügend Energie zur Verfügung steht, kann sich ein Proton unter Aussendung eines Positrons und eines Neutrinos in ein schwereres Neutron verwandeln. Da Neutronen die gleiche Baryonzahl wie Protonen haben, ändert sich diese Größe bei der genannten Reaktion nicht. Da das Proton aber das leichteste Baryon ist, kann es nicht in leichtere Teilchen zerfallen. Das würde den Satz von der Erhaltung der Baryonzahl verletzen.

Eine mögliche Verletzung des genannten Erhaltungssatzes hätte nicht nur den Reiz, eine entscheidende Vorhersage der Großen Vereinheitlichten Theorien der Teilchenphysik zu bestätigen. Sie würde dabei, quasi beiläufig, auch eine Hypothese von Andrei Sacharow, dem russischen Physiker und Vater der sowjetischen Wasserstoffbombe, bestätigen: dass nämlich das Universum nur deshalb aus Materie (und nicht etwa zu gleichen Teilen aus Materie und Antimaterie) besteht, weil es in den ersten Sekundenbruchteilen des Urknalls zu einer winzigen Verletzung der Baryonzahl-Erhaltung gekommen sei. Ohne diesen Effekt hätten Materie und Antimaterie sich gegenseitig vollständig vernichtet. Das Universum bestünde demnach nur noch aus Strahlung. Ohne diese klitzekleine Verletzung gäbe es darum auch uns nicht. Die Verletzung des Satzes von der Erhaltung der Baryonzahl im Protonzerfall ist also Voraussetzung unserer eigenen Existenz!*

Schon aus dem Alter des Universums – 13,8 Milliarden Jahre – ergibt sich, dass Protonen länger als diese Zeitspanne leben müssen, also

* In diesem Zusammenhang kam es auf der Leipziger Konferenz zu einem bemerkenswerten Vorfall. Eines Morgens tauchten auf den Gängen des Konferenzzentrums eine Vielzahl von Kopien des besagten Sacharow'schen Artikels von 1966 auf. Die Verbindung zum Thema des Tages lag auf der Hand: der Protonzerfall. Allerdings war Sacharow 1984, als die Konferenz stattfand, durch seine Arbeit als Bürgerrechtler längst zum politischen Problemfall für die sowjetischen Machthaber geworden. 1980 war er verhaftet und in die Stadt Gorki verbannt worden. In den Augen der Konferenzorganisatoren war das Auftauchen dieses Artikels darum eine Provokation, und als solche – also als Protest gegen Sacharows Verbannung – hatte sie derjenige, der die Artikel ausgelegt hatte, mit Sicherheit auch gemeint. Wir wurden verdonnert, schnellstens auszuschwärmen und alle Kopien, derer wir habhaft werden, unauffällig einzusammeln und bei der Konferenzleitung abzugeben. Das Erste taten wir, das Zweite (bis auf einige Angsthasen oder Obrigkeitstreue) nicht. Wir behielten unser Fundstück für uns selbst: Der Physikartikel war zum subversiven Andenken mutiert.

länger als 13,8 mal 10^9 Jahre. Das ist natürlich nichts im Vergleich zu 10^{30} Jahren. 10^{30} Jahre sind das Milliarde-mal-tausend-Milliarden-Fache von 10^9 Jahren. Und 10^{32} Jahre ist noch mal das Hundertfache davon. Aussichtslos, diese Hypothese zu überprüfen? Durchaus nicht.

Tausend Tonnen Wasser (also ein Würfel mit der Kantenlänge zehn Meter) enthalten 3 x 10^{32} Protonen. Wenn man diese Wassermenge über ein Jahr lang beobachtet und die Lebensdauer des Protons 10^{31} Jahre betrüge, dann hätte man eine gute Chance, ein gutes Dutzend Protonzerfälle zu registrieren.

Was würde man bei einem Protonzerfall in ein Positron und ein neutrales Pion beobachten? Eigentlich ist es ganz einfach: Ein Positron, das in die eine Richtung fliegt und im Detektor eine Spur hinterlässt, und zwei Gamma-Strahlen als Zerfallsprodukte des Pions, das in die entgegengesetzte Richtung fliegt. Die Energien der Zerfallsprodukte müssen sich zur Masse des Protons aufsummieren, aus dessen Zerfall sie ja stammen. Das ist eine Konsequenz des Energieerhaltungssatzes. Außerdem muss der Impulserhaltungssatz erfüllt sein, das heißt, alle Impulse der Zerfallsteilchen müssen sich zu null aufsummieren. Fertig!

Ausgerüstet mit der Vorhersage der GUTs und ermutigt durch das im Grunde recht einfache Nachweisprinzip machten sich Ende der 1970er-, Anfang der 1980er-Jahre mehrere Projekte daran, Nachweisgeräte für den Protonzerfall zu bauen. Natürlich mussten die Detektoren tief unter der Erdoberfläche stehen, ansonsten hätten die Signale aus der kosmischen Strahlung alles andere dominiert. Das war hier nicht anders als bei Reines' Experimenten zum Nachweis von Neutrinos aus der Erdatmosphäre. Allerdings erzeugen atmosphärische Neutrinos viel häufiger ein Signal als Protonzerfälle. Nur indem man sehr genau überprüfen kann, ob tatsächlich Energie- und Impulserhaltungssatz erfüllt sind und um genau welche Teilchen es sich im Endzustand handelt, ist dieser »Untergrund« (so werden in der Physik häufig schwer oder nicht vermeidbare Störsignale bezeichnet) zu identifizieren und auszuschließen. Insofern waren die damaligen Experimente alles andere als einfach, im Gegenteil: Die Auswertung war hoch kompliziert.

Fünf Experimentgruppen versuchten es auf die bei unterirdischen Experimenten bewährte Methode: Ihre Detektoren bestanden aus vielen Lagen aus Eisen, zwischen denen Geräte zum Nachweis der Endprodukte aus dem Protonzerfall angebracht waren. Das Eisen mit seiner großen Masse enthielt die vielen Protonen, nach deren Zerfall man suchte. Zwei Experimente waren in Tunneln unter den Alpen aufgebaut, eines in Indien und zwei weitere in Bergwerken in den USA. Drei andere Gruppen nutzten jedoch den Cherenkov-Effekt, aufgrund dessen hochenergetische geladene Teilchen in Flüssigkeiten, in diesem Fall Wasser, ein bläuliches Leuchten auslösen können. Zwei davon befanden sich in den USA und einer in Japan. Der japanische Detektor war der von Koshiba.

Kamiokande

Koshiba sitzt Ende 1978 in seinem Büro an der Tokioter Universität und denkt darüber nach, was er anstelle der ungeliebten Riesenexperimente an Beschleunigern machen könnte. Es soll etwas sein, woran sich auch seine Studenten und Diplomanden beteiligen können, etwas, das in Japan und nicht irgendwo in Europa oder in den USA steht. Und es soll etwas sein, das bis an die Grenzen der Physik geht. Etwas Großes. Koshiba ist jetzt 52 Jahre alt. Er hat wichtige Experimente durchgeführt, aber nichts, womit man in die Geschichtsbücher eingeht. Da erreicht ihn ein Anruf von Hirotaka Sugawara, dem Chef der Theorieabteilung im Teilchenforschungszentrum KEK, etwa 60 Kilometer von Tokio entfernt gelegen. Sugawara fragt ihn, ob er sich Gedanken über ein Experiment zum Protonzerfall machen könne. Koshiba beißt an. Kaum dass er den Hörer aus der Hand gelegt hat, zeichnet er einen Entwurf für einen Detektor auf. Einige Monate später findet im KEK ein Symposium zum Protonzerfall statt. Da er selbst schwer erkältet ist, schickt Koshiba einen Assistenten auf das Symposium, und der stellt den Entwurf vor. Auch andere Japaner haben Experimentskizzen eingereicht, aber Koshibas Entwurf setzt sich als der beste durch. Er wird in den nächsten Wochen noch modifiziert, aber das Prinzip bleibt dasselbe.

Und das ist der Grundgedanke: Koshiba will einen großen Tank mit Wasser füllen und an seinen Wänden Photomultiplier anbringen. Die Photomultiplier sollen das bläuliche Licht nachweisen, das geladene Teilchen aussenden, wenn sie sich mit einer Geschwindigkeit oberhalb jener bewegen, mit der sich Licht in diesem Medium fortpflanzt – das Cherenkov-Licht. In Wasser pflanzt sich Licht nur mit drei Vierteln seiner Vakuumgeschwindigkeit aus. Teilchen können dagegen, auch in Wasser, beliebig dicht an die Lichtgeschwindigkeit im Vakuum herankommen. Sie ziehen das Cherenkov-Licht in einem Kegel hinter sich her, ähnlich wie ein Boot eine kegelförmige Wasserwelle hinter sich herschleift. Wenn man von vorn, entgegen der Bewegungsrichtung, auf das Teilchen und auf die Lichtwelle blickt, dann sieht man einen Lichtring auf sich zukommen. Dieses Ringmuster will Koshiba mit seinen Photomultipliern aufzeichnen und daraus die Richtung und – über die registrierte Lichtmenge – auch die Energie des Teilchens bestimmen.

Nach einigen schrittweisen Modifikationen schält sich folgender Entwurf heraus: ein zylindrischer Wassertank, 16 Meter hoch und mit 15,5 Meter Durchmesser, der 3000 Kubikmeter Wasser enthält. An seinen Wänden sind 1000 Photomultiplier angeordnet, jeder mit zwölf Zentimeter Durchmesser. Das Bildungsministerium, von dem das Geld kommen soll, gibt grünes Licht. Doch mitten in diese Überlegungen platzt die Neuigkeit, dass die Amerikaner einen ähnlichen Detektor bauen wollen. Sie sind den Japanern in ihren Vorbereitungen fast ein Jahr voraus. Und, was das Wichtigste ist: Ihr Tank soll 8000 Tonnen Wasser enthalten. Was die Anzahl der Protonen in ihrem Tank betrifft, sind sie den Japanern also weit überlegen. Was tun?

Koshiba hält an seinem Plan fest. Aber er entscheidet sich, statt Photomultipliern mit 12 Zentimeter Durchmesser solche mit 50 Zentimeter Durchmesser zu verwenden. Dadurch kann er das Licht von einem viel größeren Teil der Innenfläche des Tanks auffangen und so auch solche Protonzerfälle beobachten, auf die das amerikanische Experiment nicht empfindlich ist. Das einzige Problem: Solche Riesen-Photomultiplier gibt es nicht. Nirgends auf der Welt.

Koshiba nimmt den Telefonhörer in die Hand und ruft den Chef der Firma Hamamatsu Photonics an. Die Firma hat ihm schon mehrere Tausend 12-Zentimeter-Röhren für seine Experimente in DESY und am CERN geliefert, jetzt sollen sie ihre Entwicklungsingenieure an den Entwurf eines viermal so großen Photomultipliers setzen. Die Experten bei Hamamatsu schütteln den Kopf. »Unmöglich.« So große Glaskolben mit einem sphärischen Eintrittsfenster hat noch niemand hergestellt. Schon gar nicht solche, die dem starken Druck des Wassers standhalten würden. Und wie soll man die Elektronen, die das Licht-Quant aus der lichtempfindlichen Schicht auf der Innenseite der Kolben herausschlägt, so auf die Auffangelektrode fokussieren, dass das Signal das gleiche ist, egal auf welche Stelle des Kolbens das Licht-Quant auftrifft? Und gesetzt den Fall, es geht: Wer bezahlt das?

Koshiba hat vorgesorgt. Das Ministerium will ihm zwar nicht mehr Geld für den geplanten Detektor geben, aber bei einer Hightech-Sonderentwicklung, wie es die 50-cm-Röhren sind, lassen sie mit sich reden. Hamamatsu Company kann also loslegen. Und tatsächlich gelingt das Kunststück, Koshiba bekommt sein Wunschprodukt. Und er besitzt sogar die Chuzpe, den Preis zu drücken. Umgerechnet 900 Dollar will ihm die Firma für jeden Photomultiplier in Rechnung stellen, Koshiba zahlt ihnen lediglich 450, nur wenig mehr als die Produktionskosten. Hamamatsu stimmt zähneknirschend zu. Irgendwie wollen sie die Entwicklungskosten ja wieder hereinbekommen, und einen anderen Abnehmer haben sie im Moment nicht.

Anfang 1982 wird mit dem Bau der Kaverne in der Kamioka-Mine begonnen. Einen Namen für das Experiment hat man inzwischen auch: Kamiokande, für **Kamioka N**ucleon **D**ecay **E**xperiment. Schon im März des nächsten Jahres ist die Kaverne vollendet und der Riesentank installiert. Im April beginnen die Physiker und Studenten mit dem Einbau der Photomultiplier. Erst die auf der Bodenfläche, dann die an den Seitenwänden – von Schlauchbooten aus, die von dem langsam steigenden Wasserspiegel immer höher getragen werden. Im Juli 1983 ist Kamiokande fertiggestellt und beginnt mit der Datenaufzeichnung. Am 17. September registriert Koshibas Detektor das erste Ereignis, das exakt wie ein Protonzerfall aussieht.

Zehn Monate später findet die zu Beginn erwähnte Konferenz in Leipzig statt, die 22nd International Conference on High-Energy Physics. Die meisten von uns nennen sie damals die Rochester-Konferenz, denn die ersten sieben Veranstaltungen dieser Reihe fanden in Rochester statt. Koshiba hat damals, als er in Rochester arbeitete, zwei von ihnen miterlebt und sich gewundert, wie ungehemmt jüngere Physiker ihre älteren Kollegen in die Zange genommen haben, wenn sie deren Argumente nicht stichhaltig fanden. Das war so ganz anders als in Japan, bei dessen strengem Hierarchieverständnis so etwas als Respektlosigkeit eingeordnet worden wäre.

Sechs Experimente haben auf der Leipziger Konferenz Ergebnisse zum Protonzerfall eingereicht, drei vom Spurkammer-Eisen-Typ und drei Experimente, die vom Wasser-Cherenkov-Typ sind. Alle haben sie irgendwelche Ereignisse gefunden, bei denen es sich vielleicht um Protonzerfälle handelt, vielleicht aber auch nicht. Auch bei Kamiokande sind noch eine Handvoll Ereignisse dazugekommen. Aber keines sieht so klar nach einem Protonzerfall aus wie ihr allererstes vom September 1983. Es ist inzwischen offensichtlich, dass die Protonlebensdauer größer als 10^{31} Jahre sein muss, sonst hätte man schon mehr klare Kandidaten beobachtet haben müssen. Spitzenreiter bei der Jagd nach dem Protonzerfall sind Kamiokande und das amerikanische Experiment, als dessen Galionsfigur Fred Reines gilt. Nach den teilnehmenden Universitäten wird dieses Projekt IMB-Experiment genannt: Irvine (die Universität von Fred Reines), Michigan und Brookhaven. Kamiokande und IMB werden die Untergrenze für den Protonzerfall bis 1990 auf über 10^{32} Jahre hochschrauben, zumindest, wenn man annimmt, dass das Proton vorzugsweise in ein Positron und ein Pion zerfällt, der Zerfall, der sich am leichtesten beobachten lässt. Heute, im Jahr 2025, ist man bei einer Untergrenze von $2{,}4 \times 10^{34}$ Jahren angelangt. Und selbst wenn das Proton es vorzieht, nicht in ein Positron und ein Pion zu zerfallen, sondern in Teilchen, die schwerer nachzuweisen sind, ergeben sich 10^{32} Jahre als Untergrenze. Die Hoffnung, den Protonzerfall jemals nachweisen zu können, ist darum nicht mehr allzu groß.

Sonnenneutrinos, zum Ersten

Natürlich ist sich Koshiba von Anfang an klar darüber gewesen, dass die Chancen, zerfallende Protonen zu finden, schwer abzuschätzen sind. Einen Detektor zu bauen, bei dem nur eine untere Lebensdauer für Protonen herauskommt und sonst nichts, war für ihn aber von Beginn an keine Option. Schließlich will er seine Studenten mit interessanten Analysen zur Promotion führen! Zudem fühlt er sich als Wissenschaftler verpflichtet, mit mehr als lediglich einer Nichtbeobachtung aufzuwarten – wenn er denn schon eine beträchtliche Summe von Steuergeldern verbraucht.

Eine Sache, die die Natur ihm quasi als Beigabe schenkt, sind atmosphärische Neutrinos – jene Neutrinos, die Fred Reines 1965 in einer südafrikanischen und seine Konkurrenten in einer indischen Goldmine entdeckt haben. Für die Suche nach Protonzerfällen stören sie nur, weil einige von ihnen diesen Zerfällen zum Verwechseln ähnlich sehen und fälschlich als solche eingeordnet werden können. Übermäßig interessant scheinen sie damals nicht, aber ein Dutzend Doktoranden kann man damit durchaus beschäftigen. Einer der Doktoranden, der sich nicht nur mit dem Protonzerfall, sondern auch mit atmosphärischen Neutrinos beschäftigt, heißt übrigens Takaaki Kajita. Dass Kajita 2015 den Nobelpreis für ein Ergebnis erhalten wird, das er durch die Untersuchung atmosphärischer Neutrinos gewonnen hat – das kann 1983 noch niemand ahnen.

Schon 1983 hat Koshiba aber eine ganz andere Idee, wie er Kamiokande nutzen kann: zum Nachweis solarer Neutrinos! Noch immer steht ja das Rätsel der fehlenden Sonnenneutrinos im Raum, noch immer gibt es Zweifel an Ray Davis' Resultat. Ist es nicht höchste Zeit, das Thema mit einer völlig anderen Methode anzugehen? Eine Methode, die nicht auf irgendeiner chemischen Extraktionsmethode basiert, sondern bei der man tatsächlich eine *Richtung* messen kann?

Ein solares Neutrino, so Koshibas Überlegung, stößt gegen ein Elektron aus der Hülle irgendeines Atoms und überträgt ihm den größten Teil seiner Energie. Das angeschubste Elektron fliegt daraufhin annähernd in die gleiche Richtung weiter wie das Neutrino und sendet Cherenkov-Licht aus. Das Ringmuster dieses Lichts gilt es zu identifizieren. Leider hat die Sache einen Haken: Die besagten Elektronen tragen nur ein Hundertstel der Energie, die bei einem Protonzerfall frei wird. Um solche winzigen Signale aus der Unmasse an Störsignalen herausfiltern zu können, ist Kamiokande nicht geeignet, zumindest im Moment. Aber das kann man ändern. Zum Ersten braucht Kamiokande eine radikal verbesserte (und teurere!) Elektronik. Zum anderen müssen um den existierenden Tank herum ein Zylinder und eine Kappe gebaut werden, beide mit Wasser gefüllt und an den Wänden mit Photomultipliern bestückt. In dieser äußeren Hülle würde man die 30 000 Myonen registrieren, die von oben kommend Tag für Tag durch Kamiokande rauschen und in ihrem Gefolge ein Feuerwerk winziger Lichtfunken zurücklassen können, die leicht mit Signalen von Sonnenneutrinos verwechselt werden können. Ein glaubhafter Kandidat für ein Sonnenneutrino darf also, so die Bedingung, nicht mit einem Teilchendurchgang durch die äußere Hülle zusammenfallen. Und drittens muss das Wasser bis zu einem nachgerade verrückten Grad gefiltert werden, um alle radioaktiven Restsubstanzen zu entfernen. Auch deren Zerfälle können solare Neutrinos vortäuschen.

Leider sagt das Bildungsministerium Nein. Soll doch das Gerät erst einmal fünf, sechs Jahre laufen, ehe man an eine Aufrüstung denkt! Doch dann trifft Koshiba in den USA auf Alfred Mann, einen Veteranen des Manhattan-Projekts, seit 1949 Professor an der Universität Pennsylvania. Al Mann verlockt die Möglichkeit, durch einen (nach amerikanischen Verhältnissen) nicht übermäßig teuren Umbau eines schon existierenden Detektors den jahrelangen Diskussionen um die Sonnenneutrinos eine neue Grundlage zu geben. Mann, der auf den Fluren der amerikanischen Förderorganisationen genauso zu Hause ist wie an seiner Universität, gelingt es, die notwendigen Mittel aufzutreiben. Die Amerikaner steuern die neue Ausleseelektronik bei und finanzieren einen Teil der äußeren Hülle. Koshiba überzeugt derweil seine jüngeren Mitarbeiter, die so viel Zeit und Herzblut in Kamiokande gesteckt haben, dass sie ihre hart erarbeitete Expertise mit den Amerikanern teilen sollen.

Kamiokande-II, so wird der aufgerüstete Detektor getauft, beginnt seine Messungen im Dezember 1985. Noch sind die Physiker aber weit davon entfernt, Sonnenneutrinos zu beobachten. Viel zu hoch sind die Störsignale aus radioaktiven Zerfällen, insbesondere aus Radon. *Noch* ein Filter, *noch* ein Wasserreinigungssystem, *noch* ein Ionenaustauscher. Die Ungeduld nimmt zu, langsam, aber sicher bauen sich Spannungen zwischen den Japanern und den Amerikanern auf. Aber dann, nach zwei Jahren, hat man alle Störsignale um das Tausendfache unterdrückt, sodass sich allmählich erste Sonnenneutrino-Ereignisse über dem Restrauschen abzeichnen müssten. Ein leichter Überschuss aus der Richtung der Sonne …

Stattdessen zeichnet sich aber zunächst etwas ganz anderes ab: eine Supernova-Explosion. Nein – sie »zeichnet« sich nicht ab. Sie kommt wie ein Donnerschlag! Wie ein Blitz aus heiterem Himmel.

Aus heiterem Himmel: SN-1987A

Am frühen Morgen des 24. Februar 1987 beendet der kanadische Astronom Ian Shelton eine Nachtschicht auf dem Las-Campanas-Observatorium in Chile. Er hatte sein Teleskop drei Stunden lang auf die Große Magellansche Wolke, eine Satellitengalaxis unserer Milchstraße, gerichtet und eine Fotoplatte belichtet. Die Große Magellansche Wolke ist etwa 160 000 Lichtjahre von uns entfernt und nur von der Südhalbkugel der Erde aus zu beobachten. Auf der gerade entwickelten Platte fällt Shelton ein helles Objekt auf, das in der Nacht zuvor noch nicht vorhanden war. Die Helligkeit entspricht in etwa der Helligkeit der Venus. Shelton, da ist er sich sofort sicher, hat eine Supernova entdeckt!

Weit entfernte Supernovae registriert man Jahr für Jahr. Aber keiner der damaligen Astronomen hat jemals eine Supernova mit bloßem Auge sichten können, keiner der lebenden und auch niemand in den vorhergehenden 383 Jahren. Der Letzte, dem dieses Glück zuteilwurde, war Johannes Kepler. Das war im Jahr 1604. Einige Jahrzehnte zuvor, 1572, hatte auch Tycho Brahe eine Supernova beobachtet. Und nochmals fünf Jahrhunderte früher, im Jahr 1054, hatten chinesische Astronomen eine Supernova im Sternbild Stier aufgezeichnet. Alle hatten sie angenommen, dass sie Zeuge der Geburt eines neuen Sterns gewesen seien. In Wahrheit waren sie Zeugen des Todes eines Sternes geworden, Zeugen eines flammenden Finales.

Innerhalb kürzester Zeit werden Astronomen in aller Welt über Telegramme und Telefonate informiert und richten in der folgenden Nacht ihre Teleskope auf die Große Magellansche Wolke. Einer von ihnen, der Schotte Robert McNaught, hat schon in der Nacht zuvor von Australien aus eine einstündige Aufnahme der Magellanschen Wolke gemacht, die entwickelten Fotoplatten aber zunächst beiseitegelegt. Nun inspiziert er die Platten und findet den neuen Stern ebenfalls. Er hat sein Foto 15 Stunden vor Shelton aufgenommen. Zu diesem Zeitpunkt ist der Stern noch um eine Helligkeitsgröße schwächer als auf Sheltons Platten. Auf einer nochmals anderthalb Stunden vorher belichteten Aufnahme ist er überhaupt noch nicht zu sehen. Die Lichtfront dürfte demnach am 23. Februar zwischen 9:20 und 10:38 Uhr Greenwich-Zeit auf die Erde getroffen sein.

Da Sheltons Supernova die erste registrierte Supernova des Jahres 1987 ist, wird sie auf den Namen SN-1987A getauft, wobei das A für ihre Stellung als erste des Jahres steht. Als ihr Vorgänger entpuppt sich ein Stern, der unter dem Namen Sanduleak –69° 202 katalogisiert worden ist. Seine Masse dürfte das Fünfzehn- bis Zwanzigfache der Sonnenmasse betragen haben. Supernovae, die nach dem Muster dieses Sterns explodieren, müssen mindestens achtmal so schwer wie die Sonne sein. Sie machen etwa die Hälfte aller beobachteten Supernovae aus.

Der Tod schwerer Sterne

Kaum ein kosmisches Drama ist so interessant und vielschichtig wie das, was sich zum Lebensende schwerer Sterne abspielt. Es lohnt sich darum, der Beschreibung dieses Dramas etwas Raum zu geben.

Im Innern aller Sterne verschmelzen Wasserstoffkerne zu Heliumkernen. Bei Sternen, die 15-mal so schwer sind wie unsere Sonne, ist der Wasserstoff im zentralen Bereich des Sterns schon nach zehn Millionen Jahren aufgebraucht. Bei stetig wachsenden Temperaturen wird es im Zentralbereich des Sterns irgendwann heiß genug, um die bei der Fusion entstandenen Heliumkerne über wenige Zwischenschritte zu Kohlenstoff und Sauerstoff verschmelzen zu lassen. Es dauert nur weitere zwei Millionen Jahre, bis die Temperatur im Innern auf 800 Millionen Grad gestiegen ist, gut das Fünfzigfache der Temperatur im Sonneninnern. Jetzt werden aus Kohlenstoffkernen Neon und Magnesium gebrütet. Und nun geht es – nach kosmischen Maßstäben – Schlag auf Schlag.

Schon 2000 Jahre später zündet eine nächste Stufe tief im Innern der Neon-Magnesium-Kugel – immer schwerere Kerne entstehen. Schließlich beginnt im Innenbereich der Kugel die Erzeugung von Eisen. Beim Eisen ist allerdings das Ende der Fusionsprozesse erreicht. Die Erzeugung noch schwererer Kerne würde eine *Zufuhr* von Energie erfordern, statt Energie freizusetzen. Jetzt trennen uns nur noch einige Tage vom Sternentod.

Unser Stern hat in all dieser Zeit nach außen hin einige Zehntausend Mal stärker geleuchtet als die Sonne, anfangs 30 000-mal, zum Ende hin 70 000-mal so hell. Ein riesiger Energieverlust! In den letzten Phasen wird der Verlust jedoch nicht durch die Abstrahlung von Licht, sondern durch die Abstrahlung von Neutrinos dominiert. Zwar werden auch in der Sonne Neutrinos erzeugt, aber sie machen nur zwei Prozent der Energieabstrahlung aus. Die Dichte im Zentrum unseres schweren Sterns ist in dieser Phase, beim Brennen von Magnesium und Neon, allerdings auf das Tausendfache der Dichte im Sonneninnern angewachsen: schlecht für das Entweichen von Photonen! Wie im vorigen Kapitel geschildert, brauchen selbst die Wärme und das Licht aus dem Innern der Sonne Hunderttausende Jahre, um an die Oberfläche der Sonne zu dringen. Anstatt sich mühsam aus dem superkompakten Inneren nach draußen zu arbeiten, geben die Photonen nun ihre Energie an Neutrinos ab, die aufgrund ihrer äußerst schwachen Wechselwirkung den Stern ohne Probleme verlassen können. Und jetzt kommt es zu einem regelrechten Energie-Aderlass. Die Häufigkeit, mit der die Photonen ihre Energie an Neutrinos abgeben, steigt steil mit der Temperatur an. Darum wächst die Energieabstrahlung über Neutrinos auf das Vierhunderttausendfache der Sonnenleuchtkraft! Kein Wunder also, dass von hier ab alles rasend schnell geht. Beim Siliziumbrüten emittiert der Stern schließlich 100 Milliarden Mal so viel Energie in Neutrinos wie die Sonne in Licht. Das kann nicht lange gut gehen. Bis hierhin hat der thermische Innendruck des Sterns dem gewaltigen Schwerkraftdruck seiner eigenen Masse noch standhalten können. Jetzt hat der Stern aber alle seine Energiereserven in den Kosmos geblasen. Wir nähern uns dem Kollaps.

Als Erstes kracht das Innere des Sterns zusammen. Innerhalb von weniger als einer Zehntelsekunde fällt ein Bereich mit etwa 3000 Kilometer Radius auf einen superdichten Kern von etwa 30 Kilometer Durchmesser zusammen. Die Fallgeschwindigkeit beträgt also zehn Prozent der Lichtgeschwindigkeit!

Die Elektronen und die Protonen, die bis dahin noch unabhängig voneinander existiert haben, werden jetzt schlagartig zusammengepresst und verschmelzen unter Aussendung eines Neutrinos zu einem Neutron. Tief im Innern unseres Riesensterns ist nun die Vorstufe eines Neutronensterns entstanden, ein sogenannter Proto-Neutronenstern.

Seine Masse beträgt etwa das Anderthalbfache der Sonnenmasse. Bevor die Materie im Innern so dicht wird, dass auch Neutrinos nicht mehr problemlos entweichen können, schafft es ein Teil der Elektron-Neutrinos noch nach draußen. Sie machen sich als ein wenige Hundertstelsekunden langer, intensiver Neutrino-Blitz bemerkbar.

Der Proto-Neutronenstern kollabiert derweil weiter (man scheut sich, angesichts von Sekundenbruchteilen das Wort »derweil« zu benutzen) und erreicht einen Zustand, in dem auch die Neutronenkugel nicht weiter komprimierbar ist. Jetzt verhält sich die Neutronenmaterie fast wie eine starre Kugel. Die weiterhin nachfallende Materie prallt zurück und steilt sich zu einer Stoßwelle auf, die gegen die von noch weiter außen einfallende Materie anrennt.

Im Innern des Proto-Neutronensterns herrscht jetzt die absurd hohe Temperatur von 150 Milliarden Kelvin. 10 000-mal so viel wie im Zentrum der Sonne! Die Dichte ist auf über 10^{14} g/cm^3 angestiegen. Das ist *noch* absurder und entzieht sich schon jedem fassbaren Vergleich mit den 160 g/cm^3 im Zentrum der Sonne. Ein Teelöffel Neutronensternmaterie enthält so viel Masse wie 100 Cheops-Pyramiden! Photonen haben bei diesen Dichten natürlich nicht die geringste Chance, nach außen zu dringen und Wärme abzutransportieren. Diese Aufgabe können nach Lage der Dinge nur Neutrinos übernehmen.

Die Erzeugung von Neutrinos und der Abtransport von Energie allein durch Neutrinos haben ja eigentlich zum Standardrepertoire der letzten 1000 Jahre schwerer Sterne gehört. Die Zahl der Neutrinos, die jetzt ausgesandt werden, stellt aber alles Vorangegangene in den Schatten. Innerhalb von wenigen Sekunden verlassen rund 10^{58} Neutrinos und Anti-Neutrinos den Stern. Sie tragen 99 Prozent der Energie weg, die er ausschwitzt. Nur ein mageres Prozent wird durch Photonen hinausgetragen.

Eigentlich würde man nun erwarten, dass die Stoßwelle, die sich nach außen hin ausbreitet, den gesamten darüber liegenden Stern auseinanderreißt. Aber die Energie, die in der Stoßwelle steckt, reicht dafür einfach nicht aus. Als Retter in der Not erweisen sich nun ausgerechnet die Neutrinos, die Teilchen, die so unglaublich schwach wechselwirken. Sie tragen den Löwenanteil der Energie aus dem Proto-Neutronenstern hinaus und geben knapp ein Prozent ihrer Gesamtenergie an das nachstürzende superdichte Plasma ab. Dank der Neutrinos kann die Stoßfront nunmehr nach draußen jagen. »Draußen« – das sind die äußeren Schalen des Sterns, in denen er im Verlauf seines Lebens schwere Elemente von Kohlenstoff bis hin zu Silizium erzeugt hat. All diese Elemente werden jetzt von der Stoßfront mitgerissen. Nach einigen Stunden bis Tagen (je nach Sterndurchmesser) erreicht die Stoßwelle die Sternenoberfläche, und der Stern beginnt aufzuleuchten.

Bis hierher hat sich alles im Verborgenen abgespielt. Nur über die beim Kollaps erzeugten Gravitationswellen und durch Neutrinos hätte man merken können, was tief im Innern vor sich ging. Jetzt aber, mit mehreren Stunden Verspätung, können auch Astronomen die Supernova mit optischen Instrumenten wahrnehmen. Bei der Supernova 1987A sind das Ian Shelton in Chile und Robert McNaught in Australien.

Die Stoßfront schleudert, wie gesagt, auch die Elemente jenseits von Wasserstoff und Helium nach draußen. Ohne Supernova-Explosionen würde das Universum außerhalb der Sterne selbst immer noch nur aus Wasserstoff und Helium bestehen. Hinausgeschleudert in die Weiten des Alls düngen die schweren Elemente den Kosmos mit dem Material für spätere Sonnen, für Planeten, für Meteoriten – und für uns selbst. Es spricht also viel dafür, dass wir Menschen nicht nur Kinder des Weltalls sind, sondern dass einer der Geburtshelfer für unsere spätere Existenz ausgerechnet dasjenige Teilchen ist, das eigentlich »nichts bewirken« kann!

SN-1987A: Die Neutrino-Story

Ist die optische Entdeckung von SN-1987A schon aufregend genug, so ist es der Nachweis des Neutrinosignals umso mehr. Er ist ein Paradebeispiel dafür, dass Entdeckungen häufig nur glücklichen Umständen zu verdanken sind und dass darüber hinaus Wissenschaft alles andere als eine emotionslose Sache ist. Oft ist sie mit einer beträchtlichen Ausschüttung von Stress- oder Glückshormonen, mit Bangen und Zittern ebenso wie mit Erleichterung und Triumphgefühl verbunden.

Im Jahre 1987 gibt es weltweit fünf Detektoren, die für den Nachweis eines kurzen Neutrinosignals infrage kommen. Kamiokande ist einer davon. Nach dem gleichen Prinzip wie Kamiokande funktioniert auch der zweite Detektor, der für die Registrierung von Supernova-Neutrinos geeignet ist, Fred Reines' IMB-Detektor, der schon in Bezug auf den Protonzerfall mit Kamiokande konkurriert hat. Er befindet sich in der rund 600 Meter tiefen Salzmine in Ohio, in einem Stollen unter der Küste des Eriesees, und ist mit 8000 Tonnen Wasser gefüllt. Schon seit vielen Jahren führt Reines hier seine Experimente durch.

Die drei anderen Detektoren enthalten nicht Wasser, sondern Szintillatorflüssigkeit. Bei Reaktionen in Szintillatoren wird ein intensiveres Lichtsignal ausgesendet als das relativ schwache Cherenkov-Licht in Wasserdetektoren. Darum sind diese drei Detektoren auf geringere Energien empfindlich als IMB und Kamiokande. Andererseits sind sie – auch wegen der hohen Kosten des Szintillators – wesentlich kleiner.

Der erste der drei Szintillationsdetektoren steht in einem Seitenstollen des Straßentunnels unter dem Montblanc, der Italien und Frankreich verbindet. Der Detektor ist auf den Namen LSD (für Liquid Scintillator Detector, Flüssigszintillator-Detektor) getauft worden, was in den 1980er-Jahren, als die Hippie-Kultur und die LSD-Droge im allgemeinen Bewusstsein noch stärker verankert waren als heute, von den einen als besonders originell, von den anderen eher als zweifelhaft empfunden wird. LSD ist mit 90 Tonnen Szintillatorflüssigkeit gefüllt. Anders als Kamiokande und IMB ist LSD speziell für den Nachweis von

Supernova-Neutrinos ausgelegt. Allerdings haben die Physiker bei der Planung eher an eine Supernova direkt in unserer Galaxis gedacht, nicht an eine in der Großen Magellanschen Wolke. Dafür ist LSD eigentlich zu klein.

Das Gleiche trifft auf einen Szintillator-Detektor im nordkaukasischen Baksan-Tal zu, das Baksan Underground Scintillation Telescope (BUST), das in einem speziell für Neutrinoexperimente gegrabenen Tunnel steht, 300 Meter unter der Bergoberfläche. BUST ist mit etwas mehr als doppelt so viel Szintillator gefüllt wie LSD, mit 200 Tonnen. Ähnlich groß ist der dritte Szintillationsdetektor, der, wie BUST, Anfang der 1980er mit der Datenaufzeichnung begonnen hat. Er befindet sich in einer Salzmine nahe der ukrainischen Stadt Artyomovsk.

Bei allen diesen Detektoren außer LSD kommen Umstände ins Spiel, die leicht die Entdeckung hätten verhindern können. Am schlimmsten trifft es den Artyomovsk-Detektor. Der 23. Februar ist der Tag der sowjetischen Armee. Obwohl offiziell nicht arbeitsfrei, wird an diesem Tag in vielen Betrieben der Sowjetunion praktisch nicht gearbeitet. Stattdessen feiert man, ehrt Kriegsveteranen und spricht mit Hingabe hochprozentigen Getränken zu. Aus diesem Grunde ist der Artyomovsk-Detektor zur Zeit des Neutrinosignals nicht in Betrieb.

Das gleiche Schicksal hätte den Baksan-Detektor ereilen können, aber hier ist der Direktor sich offenbar der Tatsache bewusst, dass eine mögliche Supernova sich nicht nach Feiertagen richtet und uns in jeder Sekunde ohne Voranmeldung mit einem Neutrinosignal überraschen kann. BUST ist also, entgegen allen üblichen sowjetischen Gebräuchen, in Betrieb.

Ganz dicht schrammt auch Kamiokande am Nicht-Nachweis vorbei: Die Anlage wurde fünf Minuten vor dem Eintreffen der Neutrinos für eine zwei Minuten währende Routineeichung abgeschaltet. Wäre das Supernova-Signal ein paar lächerliche Minuten eher eingetroffen, wäre Kamiokande daher um einen Nobelpreis ärmer gewesen. Genau genommen hätten noch zwei weitere Umstände die Entdeckung verhindern können. Die Kamiokande-Leute haben nämlich eigentlich eine bauliche Veränderung am Tank vornehmen und ihn darum Ende Februar für ein paar Tage abschalten wollen. Aber die Firma, die das machen soll, hat personelle Schwierigkeiten und muss den Umbau auf März verschieben. Doppelt Glück gehabt. Drittens wird üblicherweise montags das Magnetband, egal ob es vollgeschrieben ist oder nicht, gegen ein neues ausgewechselt. Der Grund ist, dass die Mitarbeiter, die abends nach Tokio fahren, das Band zur Auswertung mitnehmen und den letzten Zug erwischen wollen. So wäre es auch diesen Montag gewesen, etwa um die Zeit, als die Supernova-Neutrinos eingetroffen sind. Aber dieser Montag ist kein gewöhnlicher Montag. Es ist ein örtlicher Feiertag. Darum werden die Magnetbänder früher als gewöhnlich ausgetauscht, damit der Kurier ein bisschen früher losfahren kann. Zum dritten Mal Glück gehabt!

Ähnlich zufällig verlaufen die Dinge beim IMB-Detektor. Einige Stunden vor Eintreffen der Neutrinos ist das Magnetband, auf dem die Daten aufgezeichnet wurden, fast voll. In solchen Fällen wird automatisch die Energieschwelle, von der ab Ereignisse aufs Band geschrieben werden, so hoch gesetzt, dass zwar Protonzerfälle noch akzeptiert werden, aber die Riesenflut von Rauschsignalen, die das Band so schnell vollschreiben, nicht – und damit auch nicht Supernova-Neutrinos. Das Neutrinosignal von SN-1987A trifft in der Nacht vom 22.2. (Sonntag) zum 23.2. (Montag) ein, und fatalerweise hat der Computer am Sonntagnachmittag auf die höhere Schwelle umgeschaltet. Auch den IMB-Physikern wäre darum die Supernova durch die Maschen gerutscht, wenn nicht ein stolzer Doktorand am Sonntagabend seiner Freundin die Anlage hätte zeigen wollen. Er fährt mit ihr in die Mine hinab, bemerkt, dass das Band nahezu voll ist, und tauscht es gegen ein neues aus. IMB ist wieder bereit für Supernova-Neutrinos!

Das erste von allen Signalen vermeldet LSD. Noch bevor die Astronomen ihre Meldungen verbreiten, hat der Detektor von sich aus eine automatische Alarmmeldung abgesetzt. Er ist das einzige aller fünf Geräte, das ohne menschliche Intervention einen Alarm erzeugen kann. Am 23. Februar um 2:52 Uhr Greenwich-Zeit hat LSD fünf Ereignisse innerhalb von sieben Sekunden registriert. Die Wahrscheinlichkeit, dass so etwas durch puren Zufall in einem Zeitraum von acht Stunden vor der ersten optischen Sichtung auftritt (dem Foto von McNaught), beträgt weniger als ein Tausendstel.

Die Physiker der anderen Experimente hören davon und durchkämmen ihre Magnetbänder nach einem Überschuss von Ereignissen in einem entsprechenden Zeitfenster. Das betrifft besonders die IMB-Physiker, die sich voll auf LSD verlassen. Bei ihnen ist die Spannungsversorgung für die Photomultiplier einer ganzen Seitenwand ausgefallen, deswegen ist ihre Empfindlichkeit schlechter und die Suche nach einem Überschuss zeitaufwendiger. Das LSD-Signal soll ihnen helfen, das zeitliche Suchfenster zu verkleinern. Verwirrenderweise finden sie nichts. Erst als sie inoffiziell erfahren, wann Kamiokande etwas gesehen hat, und als sie dieses Zeitfenster genauer unter die Lupe nehmen, werden sie fündig. Kamiokande hat am 23.2. um 7:35 Uhr Greenwich-Zeit elf Neutrinos aufgezeichnet und IMB zur gleichen Zeit acht Ereignisse registriert. Die Ereignisse sind innerhalb von zwölf Sekunden (Kamiokande) bzw. sechs Sekunden (IMB) eingetroffen. Die Wahrscheinlichkeit, dass das purer Zufall war, beläuft sich auf weit weniger als das Tausendstel (10^{-3}) von LSD: Sie beträgt weit unter 10^{-20}. Irgendeiner der Physiker bezeichnet diese Wahrscheinlichkeit launig als »ziemlich gute Näherung an null«. Es ist eine kristallklare Entdeckung!

An den ersten Tagen nach der Supernova-Sichtung wissen aber die Kamiokande- und IMB-Leute noch nichts von ihren jeweiligen Ergebnissen. Bei Kamiokande hat man die besagten elf Signale gefunden, und Koshiba ist schon dabei, den Text für die Publikation zu schreiben, bei IMB tappt man noch im Dunkeln. Erst durch eine Indiskretion erfahren Fred Reines, John Learned und ihre Mitkämpfer, zu welchem Zeitpunkt Kamiokande etwas gesehen hat, und können nun auch selbst an der richtigen Stelle nachgucken, ohne sich durch Unmengen Rauschsignale durcharbeiten zu müssen. Vermutlich hätte Koshiba den Plauderer in Grund und Boden gestampft, wenn es nicht Sugawara gewesen wäre, der Chef der Theorieabteilung, der seinerzeit sein Interesse für den Protonzerfall geweckt hat. So aber macht er gute Miene zum bösen Spiel. Jetzt kann er seine Ergebnisse allerdings nicht früher, sondern nur im gleichen Band der Zeitschrift *Physical Review Letters* veröffentlichen wie IMB. Immerhin sind die Amerikaner so korrekt, in ihrem Beitrag darauf hinzuweisen, dass sie die genaue Zeit von den Japanern erhalten haben.

Etwas schwieriger als Kamiokande und IMB tut sich das Baksan-Experiment. Die russischen Physiker entdecken zu etwa der gleichen Zeit wie die beiden anderen Detektoren eine Handvoll Ereignisse, die über dem Rauschen lagen (drei bis fünf, je nachdem, was man als Signal und was als Rauschen rechnet). Für sich allein genommen ist dieser Überschuss nicht signifikant (d. h., er hätte sehr wohl zufällig sein können), und eigentlich ist er auch etwas zu hoch für diesen vergleichsweise kleinen Detektor. Nach den Ergebnissen von Kamiokande und IMB und unter Berücksichtigung statistischer Fluktuationen hätte Baksan null, ein oder maximal zwei Neutrinos aufzeichnen müssen. Wahrscheinlich sind also doch mehr als zwei der fünf Ereignisse dem Rauschen zuzuschlagen.

Sosehr die Physiker von IMB und Kamiokande im Triumph schwelgen, so enttäuscht sind die LSD-Forscher. Sie sind fest davon überzeugt, dass ihr Signal real ist. Immerhin ist es das einzige Signal, das automatisch und von allein gemeldet worden war – und nicht erst im Nachhinein durch Absuchen der Magnetbänder! Die Frage ist nur: Warum haben die anderen um 2:52 Uhr nichts gesehen, und warum hatte LSD seinerseits um 7:35 Uhr nichts? Die italienischen und russischen LSD-Physiker verfallen auf die ausgefallensten und trickreichsten Argumente, um die Diskrepanz zu erklären und ihre Entdeckung zu »retten«. Auf den Konferenzen des Jahres 1987 sollten diese Argumente aber von den anderen mit teils sehr rigoros vorgetragenen Gegenargumenten vom Tisch gewischt werden. Mehr als einmal stehen die Streithähne kurz davor, handgreiflich zu werden. Als Arnold Wolfendale, den die Leser schon aus dem Kapitel zu Fred Reines kennen, in seinem Vortrag das Resultat von LSD als »unbelievable« bezeichnet, springt ein italienisches Mitglied der LSD-Mannschaft auf und ruft mit geschwollenen Stirnadern: »I call it unbelievable that Professor Wolfendale calls our result unbelievable!« – »Ich nenne es unglaublich, dass Professor Wolfendale unser Resultat unglaubwürdig nennt!«. Auch in den folgenden Jahren sollten die LSD-Physiker ein Argument nach dem anderen aus der Tasche zaubern, um zu erklären, warum *sie* etwas gesehen haben, als alle anderen nichts, aber auch gar nichts gesehen haben. Viele Experten hätten es in der Tat viel aufregender gefunden, wenn es tatsächlich *zwei* Neutrinoausbrüche gewesen wären. Dann wäre die nächstliegende Erklärung, dass beim ersten Puls der Stern zu einem Neutronenstern kollabiert wäre und beim zweiten Puls zu einem Schwarzen Loch. Das ist zweifellos viel spektakulärer als ein »einfacher« Kollaps zu einem Neutronenstern. Aber heute, aus der Rückschau, wird man beim besten Willen das LSD-Signal nur als einen extremen statistischen Ausreißer bezeichnen können.

Aus der Messung der Neutrinos ergeben sich eine Reihe von Schlussfolgerungen. Aus der mittleren Energie der ankommenden Neutrinos kann man errechnen, wie hoch die Temperatur im Innern des Neutronensterns war, bei jener Entfernung zum Sternmittelpunkt, wo auch Neutrinos begannen, sich frei zu bewegen. Das Ergebnis: 35 bis 50 Milliarden Kelvin. Das ist in guter Übereinstimmung mit den Modellrechnungen für frisch kollabierte Neutronensterne und stellt gleichzeitig einen erstmaligen Blick ins Innere eines Neutronensterns dar. Kein anderes Teilchen außer Neutrinos kann uns diesen Einblick verschaffen!

Aus der Dauer des Impulses, etwa zehn Sekunden, und aus einer möglichen Korrelation zwischen Ankunftszeit und Energie der Ereignisse kann man auch Schlüsse über die Neutrinomasse ziehen. Gesetzt den Fall, das Neutrino wäre masselos, dann würden sich alle ausgesendeten Neutrinos mit Lichtgeschwindigkeit bewegen. Sie würden also auf der Erde genau mit den gleichen Zeitabständen zueinander ankommen, mit denen sie aus der Supernova gestartet sind. Hätten sie jedoch eine Masse, dann würden die energetischeren von ihnen als Erste ankommen und die weniger energetischen später. Ein solcher Trend ist nicht erkennbar. Von einer gewissen Masse der Neutrinos an würde sogar der gesamte Impuls in die Länge gezogen werden und mehr als zehn Sekunden betragen. Auch das hat man nicht beobachtet. Mithilfe dieser Argumente kann man schon 1987 ableiten, dass die Neutrinomasse kleiner als zehn Elektronenvolt sein muss, damals die schärfste Obergrenze, dreimal besser als die, die man aus Laborexperimenten auf der Erde gewonnen hat. Die Grenze legt übrigens schon damals nahe, dass die Dunkle Materie nicht aus Neutrinos bestehen kann; zumindest nicht *nur* aus Neutrinos. Zu guter Letzt kann man aus dem Umstand, dass überhaupt Neutrinos angekommen sind, schließen, dass sie auf ihrem Weg von der Magellanschen Wolke bis zu uns nicht zerfallen sind. Und das bedeutet schon damals, dass das Sonnenneutrino-Problem nicht mit Neutrino-Zerfällen auf dem Weg von der Sonne zur Erde zu lösen ist.

Sonnenneutrinos, zum Zweiten

Dass die elf Neutrinos, die Kamiokande am 23. Februar um 7:30 Uhr registriert hat, aus der Supernova stammen müssen, kann niemand infrage stellen. Allerdings ist die Richtung der aufgezeichneten Lichtringe auf den Kamiokande-Wänden in keiner Weise mit der Supernova-Richtung in Verbindung zu bringen. Der Grund ist einfach: Die Supernova sendet, abgesehen von dem kurzen Elektron-Neutrino-Blitz ganz zu Beginn des Kollapses, ähnlich viel Neutrinos wie Anti-Neutrinos aus. Allerdings haben die Anti-Neutrinos eine weit höhere Wahrscheinlichkeit, zu reagieren, als Neutrinos. Bestünde die Erde aus Antimaterie, wäre es umgekehrt. Die Anti-Neutrinos unterliegen der gleichen Reaktion wie die Reaktor-Neutrinos, die Fred Reines 1956 am Savannah-River-Reaktor nachgewiesen hat: Ein Anti-Neutrino stößt gegen ein Proton, das Proton wandelt sich in ein Neutron und das Anti-Neutrino in ein Positron um. Leider behält bei dieser Reaktion das Positron nicht die Richtung des Anti-Neutrinos bei. Aus der Richtung eines Positrons kann man darum nicht schließen, von woher das Anti-Neutrino gekommen ist. Wenn die Supernova-Neutrinos über eine Stunde verteilt angekommen wären, hätte darum niemand irgendeinen Überschuss bemerkt. Nur die Ballung auf ein kleines Zeitintervall hat die Entdeckung ermöglicht.

Das ist bei Sonnenneutrinos anders. Ein solares Neutrino stößt gegen ein Elektron aus der Hülle irgendeines Atoms und schubst es in annährend die gleiche Richtung wie die, der das Neutrino gefolgt ist. Das Elektron sendet bei seinem Weiterflug Cherenkov-Licht aus. Leider stößt das Elektron auf seinem Weg durch das Wasser an die Atomhülle der umgebenden Wasserstoff- und Sauerstoff-Atome an und wird dabei abgelenkt. Die Richtung des Cherenkov-Kegels weicht darum um bis zu 30 Grad von der Neutrinorichtung ab. Das Bild, das sich durch die Aufzeichnung vieler Neutrinoreaktionen ergibt, ist darum ein Fleck mit 20 bis 30 Grad Radius, viel größer als das optische Bild der Sonne, das von der Erde aus betrachtet einen Durchmesser von etwa einem halben Grad hat. Aber immerhin, man hat ein Unterscheidungsmerkmal zu Störsignalen: einen um 20 Grad verwaschenen Überschuss in Richtung der Sonne.

Nachdem die Kamiokande-Gruppe sich mit den Supernova-Neutrinos herumgeschlagen hat, arbeitet sie zielstrebig daran weiter, Sonnenneutrinos auf die beschriebene Art und Weise zu identifizieren. Die Andeutung eines Überschusses sieht das Sonnenneutrino-Team schon Anfang 1987. Da haben sie gerade einmal anderthalb Monate Daten ausgewertet, bei denen sie die Störsignale genügend effektiv unterdrücken konnten. Aber erst 1989 können sie ein hieb- und stichfestes Resultat präsentieren. 450 Tage, an denen die Rate der Störsignale gering war, haben sie ausgewertet. Und das Resultat ist eindeutig. Auch Kamiokande misst ein Defizit. Der Neutrinofluss, auf den sie kommen, beträgt nur etwa die Hälfte des Flusses, den das Standard Solar Model vorhersagt. Davis hat recht. Das Defizit ist nicht auf einen Fehler seines Experiments zurückzuführen. Entweder ist das Sonnenmodell nicht korrekt, oder es geschieht irgendetwas mit den Neutrinos auf ihrem Weg von der Sonne zur Erde. Bis diese Frage durch die Gallium-Germanium-Experimente SAGE und GALLEX geklärt werden wird, sollen noch weitere zwei Jahre vergehen.

Man kann sich heute darüber streiten, ob die Neutrinoastronomie mit den Sonnenneutrinos in Kamiokande begonnen hat oder mit dem Supernova-Signal von 1987 oder mit dem Experiment von Ray Davis. Astronomie bedeutet eigentlich, dass man Richtung und Energie (d. h. bei Licht: seine Wellenlänge) aufzeichnet, wenn möglich auch die Ankunftszeit. Das Davis-Experiment konnte nichts davon liefern. Selbst zur Energie konnte Davis nichts aussagen, außer dass sie größer ist als die Minimalenergie, ab der die Umwandlung von Chlor-37 in Argon-37 überhaupt erst möglich ist. Für SN-1987A konnte man immerhin den genauen Zeitpunkt und die Energie des Signals bestimmen. Aber erst für die Sonnenneutrinos in Kamiokande lagen alle drei Werte vor. Koshiba beharrte zeitlebens mit einem seltsam anmutenden Eigensinn auf dieser Unterscheidung, sosehr er auch Davis für sein Resultat bewunderte, wie er immer wieder betonte. Er hätte es sich einfacher machen können, wenn er von Astrophysik statt von Astronomie gesprochen hätte: Im Jahr 2002 sollten Koshiba und Davis sich die eine Hälfte des Physiknobelpreises teilen: »für bahnbrechende Arbeiten in der Astrophysik, insbesondere für den Nachweis kosmischer Neutrinos«. Die andere Hälfte ging an den Italiener Riccardo Giacconi, für »bahnbrechende Arbeiten in der Astrophysik, die zur Entwicklung kosmischer Röntgenquellen geführt haben«.

Super-Kamiokande

Schon 1983, als er das Aufrüsten von Kamiokande mit neuer Elektronik und eine Außenhülle vorschlug, hatte sich Koshiba über einen völlig neuen Detektor Gedanken gemacht, einen, der mindestens zehnmal so groß sein sollte wie Kamiokande. Nur damit, so seine Überlegung, kann man genügend Sonnenneutrinos registrieren, um wirkliche Präzisionsergebnisse zu erhalten. Ein Jahr später, 1984, hatte man sich auf einen passenden Namen geeinigt: Super-Kamiokande. Auf der zu Beginn erwähnten Konferenz in Leipzig stellte er das Projekt erstmals einem internationalen Auditorium vor.

Dann aber war Koshiba auf Jahre hin völlig eingedeckt mit dem Ausbau von Kamiokande, mit der schrittweisen Eliminierung der Störsignale, die der Identifizierung von Sonnenneutrinos entgegenstanden, und schließlich mit der Supernova SN-1987A. Die Supernova-Signale waren am 23. Februar registriert worden. Keinen Monat später war seine Amtszeit als Professor an der Universität Tokio abgelaufen. Damals wurden japanische Professoren an staatlichen Universitäten mit 60 Jahren emeritiert, egal ob sie drei Wochen vorher eine Supernova entdeckt hatten oder nicht.

Von nun an ist Koshiba Privatmann. Seinen Posten als Leiter von Kamiokande hat er an seinen Nachfolger Yoji Totsuka abgegeben. Aber untätig ist er nicht. Zunächst einmal geht er für vier Monate an die Hamburger Universität und beginnt, an einem Überblicksbericht über das Gebiet der Neutrinoastrophysik zu arbeiten. Schon im August erhält er eine Professur an einer privaten Tokioter Lehranstalt, der Tokai-Universität. Die Finanzierung dieser Professur ist lächerlich. Er teilt sich eine Sekretärin mit zwei anderen Professoren und kann auch Studenten ausbilden, aber für Geräte und Reisen stehen ihm nicht mehr als umgerechnet 3000 Dollar zur Verfügung. Pro Jahr, nicht pro Monat! Wenn er damit auskommen müsste, wäre es fatal. Aber zum Glück reißen sich Forschungsstätten weltweit um ihn und bieten ihm Gastprofessuren und Forschungsstipendien an. Schon im September 1987 tritt er eine einjährige Stelle als Gastwissenschaftler am CERN an, danach verbringt er zwei Monate als Distinguished Visiting Professor an der University of Chicago. 1990 und 1994 weilt er für jeweils ein bis zwei Monate als Gastprofessor an kalifornischen Universitäten. Von April 1995 bis März 1997 amtiert er als Direktor des Washingtoner Verbindungsbüros der Japanischen Behörde für Forschungsförderung und ist nebenbei als Gastwissenschaftler an der George Washington University beschäftigt.

1987, als ihn die Universität Tokio in Rente geschickt hat, ist Super-Kamiokande nicht viel mehr als eine Projektstudie. In den nächsten zwei Jahren arbeitet die Kamiokande-Gruppe jedoch intensiv an der genauen Ausarbeitung des Projekts und legt auch die Position der Kaverne für Super-Kamiokande fest. Sie befindet sich nur 200 Meter von Kamiokande entfernt. Super-Kamiokande, oder Super-K, wie das Gerät kurzerhand genannt wird, soll aus einem Tank mit 50 000 m^3 Volumen bestehen, 42 Meter hoch und 39 Meter im Durchmesser. Die Wände sind mit 11 000 Photomultipliern gepflastert, jeder mit einem halben Meter Durchmesser. In Super-K bedecken sie 40 Prozent der Wandfläche; bei Kamiokande waren es »nur« 20 Prozent (und bei IMB 4 Prozent). 42 Meter – das ist die Höhe eines zwölfstöckigen Hauses. Ein Monstrum. Und dieses Monstrum kostet Geld, sehr viel Geld. Es versteht sich, dass man ohne die erfolgreiche Messung von Sonnenneutrinos und vor allem ohne das Gottesgeschenk einer Supernova nicht im Traum an die Finanzierung eines solchen Projekts denken könnte. Aber auch mit diesen Erfolgen im Rücken ist die Genehmigung alles andere als trivial. Den letzten Ausschlag geben am Ende Unterstützerbriefe, die mehrere Nobelpreisträger an die japanische Forschungsbehörde schreiben. Organisiert hat die Briefe – natürlich – Koshiba, den inzwischen schon selbst der Nimbus eines möglichen Nobelpreisträgers umgibt. Und so wird Super-K 1991 genehmigt. Noch im gleichen Jahr beginnen die Grabungsarbeiten für die Kaverne, und schon am 1. April 1996 ist Super-K vollendet und geht in Betrieb. Fünf Jahre, eine fantastisch kurze Zeitspanne für ein derartiges Projekt. Die Pennsylvania-Leute sind nicht mehr dabei, stattdessen ist ein Großteil der ehemaligen IMB-Truppe zu Super-K übergeschwenkt.

Koshiba denkt inzwischen schon wieder einen Schritt weiter. Er schlägt einen Detektor mit einer Million Kubikmeter Wasser vor. Der soll nicht mehr wie eine große Tonne aussehen, sondern wie ein riesengroßer Doughnut. Genau unter diesem Namen verkauft Koshiba auch sein Projekt landauf, landab: DOUGHNUT. Auch mich will er auf einem Arbeitstreffen im kalifornischen Jet Propulsion Laboratory überzeugen, dass sein Prinzip demjenigen von unserem Projekt AMANDA überlegen ist, dem Neutrinoteleskop am Südpol und Vorläufer von IceCube. Alle meine Argumente prallen an ihm ab, bis ich schließlich entnervt sage: »My mother told me: Never listen to authorities!« Natürlich hat meine Mutter nie zu mir gesagt, ich solle nicht auf Autoritäten hören, aber paradoxerweise gefällt ihm dieser Satz mehr als alle meine vorherigen Einwände. »… and your mother is right!«, ruft er fröhlich aus.

Super-Kamiokande erfüllt alle Erwartungen, die in den Detektor gesetzt worden sind. 1998 wird Takaaki Kajita mit einer hochpräzisen Analyse seiner Daten beweisen können, dass die Myon-Neutrinos, die beim Zerfall von Pionen in der Erdatmosphäre entstehen, sich bei ihrem Weg durch die Erde in eine der anderen zwei Neutrinosorten umwandeln, genauer gesagt in Tau-Neutrinos, die in Super-K schwer zu identifizieren sind. Das ist, neben den Befunden aus Sonnenneutrino-Messungen, der zweite klare Beweis für Neutrino-Oszillationen. Im Jahr 2015 kann Kajita dafür den Nobelpreis entgegennehmen.

Der Nobelpreis

Noch vor Kajita wird aber jemand anders den Nobelpreis erhalten: Masatoshi Koshiba selbst. Das ist im Jahr 2002. Ein Jahr zuvor ist er zu einem Vortrag in Berlin gewesen, da haben wir uns zum letzten Mal gesehen. Nochmals drei Jahre vorher, 1998 und 1999, hat er sich als Alexander-von-Humboldt-Preisträger für ein Jahr lang an verschiedenen Forschungsinstituten in Deutschland aufgehalten und die Ehrendoktorwürde der Universität Hamburg erhalten. Schon 1985 war ihm für seine Verdienste für die deutsch-japanische Zusammenarbeit das große Bundesverdienstkreuz verliehen worden.

Jetzt ist er in Stockholm und hört die bekannte Formel. »Im Namen der Königlich Schwedischen Akademie der Wissenschaften gratuliere ich Ihnen zu Ihrer herausragenden Arbeit und bitte Sie nun, nach vorne zu treten, um den Nobelpreis für Physik aus den Händen Seiner Majestät des Königs entgegenzunehmen.« Da steht er nun, auf einen Stock gestützt, vor dem schwedischen König und nimmt die schwere Medaille und die Urkunde entgegen. Er genießt es. Die Zeremonie, das großartige Dinner. Selbst der Vortrag vor Studenten bereitet ihm offensichtliches Vergnügen. Nachdem alles vorbei ist, werden die drei Nobelpreisträger interviewt. Die Interviewerin fragt ihn nach dem Geheimnis seines Erfolges. Und er antwortet: »Tatsächlich hatte ich in meinen Experimenten von Zeit zu Zeit Schwierigkeiten. Aber ich gebe niemals auf. Ich denke noch mal und noch mal nach, bis ich irgendeine Lösung finde. Das ist die Art und Weise, wie ich meine Arbeit gemacht habe.« So hat er es bei seinen Ballonexperimenten gehalten. So hat er Hamamatsu Photonics dazu gebracht, den größten Photomultiplier der Welt zu entwickeln, die Voraussetzung all seiner späteren Erfolge. So hat er es geschafft, Sonnenneutrinos nachzuweisen. So hat er, weit in die Zukunft schauend, Super-Kamiokande vorgeschlagen. Die Supernova war da, genau genommen, nur eine Zugabe, wenngleich eine hochverdiente. Wenn man ihn später nach diesem Himmelsgeschenk fragt, pflegt er zu antworten: »Ja, natürlich war es Glück. Aber ich war für das Glück gut vorbereitet. Genau darum habe ich es auch nicht verpasst.«

Unmittelbar nachdem er den Nobelpreis erhalten hat, gründet Koshiba eine Stiftung, deren Ziel es ist, das Interesse und das Verständnis Jugendlicher für Grundlagenforschung zu fördern. Weder die Regierung noch privatwirtschaftliche Unternehmen tun genug dafür, so seine Überzeugung. Allerdings beläuft sich der Mindestbetrag für eine Stiftungsgründung laut damaligem japanischen Gesetz auf 100 Millionen Yen. Sein Preisgeld beträgt aber nur 40 Millionen. Koshiba wäre allerdings nicht Koshiba, wenn er nicht eine Lösung fände. Er ruft Hamamatsu Photonics an. Und wirklich: Der Präsident der Firma macht die fehlenden 60 Millionen Yen locker. Immerhin ist der Nobelpreis auch ein Nobelpreis für Hamamatsu Photonics – so empfindet es zumindest der Präsident. Und ganz unrecht hat er damit nicht.

Ein alter Freund hat Koshiba gleich nach Erhalt des Preises angerufen und ihm geraten, wenigstens einen Teil des Geldes für die Familie zu verwenden. Koshiba lehnt ab. Er hat seine Prinzipien. Er ist der festen Überzeugung, dass das Preisgeld für Forschung, die mit Steuergeldern finanziert worden ist, den Steuerzahlern gehört, nicht nur dem Preisträger. Aber er lässt es mit dem Preisgeld nicht genug sein. Er kommt auf die ebenso verrückte wie geniale Idee einer *Ein-Yen-pro-Person-Kampagne.* Die Idee: Jeder Japaner solle einen Yen pro Jahr (also etwa einen Cent) für Grundlagenforschung einzahlen. Ein Cent – das ist gar nichts. Aber bei 127 Millionen Einwohnern kommen über eine Million Euro zusammen. Offenbar finden die Politiker einiger Präfekturen und Großstädte die Idee nicht völlig verrückt und spenden entsprechend ihrer Einwohnerzahl. Koshibas Gegenleistung sind öffentliche Vorträge, Vorlesungen an Schulen und Universitäten, die er selbst und andere renommierte Wissenschaftler halten. 13 lange Jahre hält er das durch, bis er – nun schon Ende 80 – die Stiftung auflöst. Die Spenden haben nachgelassen, und das ursprüngliche Stiftungsgeld ist nahezu aufgebraucht.

Zeitlebens ist Koshiba früh zu Bett gegangen und früh aufgestanden. Morgens kämen ihm die besten Gedanken, sagt er. Dabei ist er alles andere als ein Asket. »Gutes Essen ist die Quelle von Langlebigkeit«, predigt der Genießer Koshiba gerne. Am 12. November 2020 stirbt er in Tokio. Masatoshi Koshiba wurde 94 Jahre alt.

EPILOG

Wir haben eine Jahrhundertreise unternommen. Eine Reise auf den Spuren des seltsamsten Teilchens der Welt. Eine Reise, deren Glanzpunkte anfangs nicht im Geringsten absehbar waren.

Was hätte Lise Meitner vor einem Jahrhundert gedacht, wenn ihr jemand gesagt hätte, auf welchen verschlungenen Pfad die Unstimmigkeiten beim Beta-Zerfall die Physik führen würden? Die Unstimmigkeiten, denen sie über zwei Jahrzehnte nachgegangen war. Hätte sie sich vorstellen können, dass ein geisterhaftes Teilchen die Lösung des Rätsels sein würde, ein Teilchen, von dem sogar sein Erfinder Wolfgang Pauli meinte, man werde es nie nachweisen können? Und hätte Pauli sich vorstellen können, dass uns dieses obskure Produkt seiner Grübeleien einige Jahrzehnte später überraschende Einblicke in verborgene kosmische Welten öffnen würde? Vermutlich nicht. Vermutlich hätte selbst seine Fantasie (und die war beträchtlich) dazu nicht ausgereicht. Immerhin: Er hat die Entdeckung des Neutrinos noch miterleben dürfen und mit dem lakonischen Satz »Alles kommt zu dem, der zu warten versteht« kommentieren können. Das war 1956. Fred Reines und Clyde Cowan war damals das Kunststück gelungen, das Neutrino »aus einem Zustand als Fantasiefigur zu befreien und seine Existenz als real existierendes Teilchen zu beweisen« – so hat es später das Nobelkomitee formuliert. Erst 1995 erhielt Reines den begehrten Preis. Cowan lebte da schon lange nicht mehr.

Fred Reines, der Besessene. Mir ist kein treffenderes Wort eingefallen. Ein Mann, der wie gejagt von Forschungsprojekt zu Forschungsprojekt eilte, gleichermaßen von Wissbegierde wie von Ehrgeiz getrieben. Dabei hätte ihn ebenso gut »sein schöner Bariton zur Oper bringen können, statt dass er jene großartige Karriere in der Neutrinophysik durchlief, die im Nobelpreis gipfelte« – wie es die *New York Times* zu seinem Tod schrieb. Ein Jahrzehnt nach seiner Entdeckung des Neutrinos an einem Kernreaktor gelingt ihm dann in einer Goldmine in Südafrika auch noch der Nachweis von Neutrinos, die durch Stöße kosmischer Strahlen in der Erdatmosphäre erzeugt worden sind. Und auch in den folgenden Jahren fährt er noch Ergebnis auf Ergebnis ein.

Neutrinos aus Kernreaktoren, Neutrinos aus der Erdatmosphäre – die nächste spektakuläre Entdeckung war die von Neutrinos aus der Sonne. Doch während man mithilfe von atmosphärischen Neutrinos einiges über das Teilchen selbst, aber überhaupt nichts Neues über die Atmosphäre lernen kann, ist das bei solaren Neutrinos gänzlich anders. Sie erzählen uns sowohl etwas über die Sonne wie auch über das Neutrino. Neutrinos aus dem Sonneninnern sind die einzigen Boten aus dem 15 Millionen Grad heißen Kern unseres Gestirns. Die Gamma-Strahlung, die im Zentrum der Sonne beim Verschmelzen von Wasserstoff zu Helium erzeugt wird, braucht Hunderttausende Jahre, um schließlich als sichtbares Licht und UV-Strahlung an der Sonnenoberfläche zu erscheinen. Die Einzelheiten der komplizierten Prozesse im Sonnenzentrum haben Licht und UV-Strahlung da schon längst »vergessen«, denn durch die unendlich vielen Streuprozesse auf ihrem Weg zur Oberfläche ist diese Information völlig verwischt worden. Es sind tatsächlich nur die Neutrinos, die uns – Reaktionsschritt für Reaktionsschritt – mitteilen können, was im Innern vonstattengeht. Die Sonnenneutrinos – das war der erste Blick in eine verborgene Welt. Und dass dieser Blick Ende der 1960er-Jahre gelang, verdanken wir in erster Linie zwei Menschen: John Bahcall als genialem theoretischem Physiker und Raymond Davis als beharrlichem, peniblem Experimentator; beide Ausdauerläufer par excellence. Ray Davis erhielt für seine Entdeckung solarer Neutrinos den Physiknobelpreis des Jahres 2002.

Die Methode, mit der Ray Davis Sonnenneutrinos nachwies, war schon zwei Jahrzehnte zuvor von Bruno Pontecorvo vorgeschlagen worden, der omnipräsenten Figur der Neutrinophysik. Drei Ideen, die später zu Nobelpreisen führten, gehen auf sein Konto. Seine Flucht in die

Sowjetunion beraubte ihn jedoch der Möglichkeit, sie selbst in die Praxis umzusetzen. Das betrifft insbesondere seinen zweiten berühmten Vorschlag, dass es nämlich außer dem Neutrino, das in Verbindung mit Elektronen auftritt, dem »Elektron-Neutrino«, noch eine zweite Neutrinosorte gibt, die in Verbindung mit Myonen auftritt: das »Myon-Neutrino«. Und dass es sich dabei um zwei verschiedene Teilchen handelt. Das Experiment, mit dem der Nachweis des Myon-Neutrinos 1962 gelang, wurde in den USA durchgeführt. Die Urheberschaft dieser Idee aber lebt fort: mit der Formel $\nu_\mu \neq \nu_e$ auf dem Grab in Rom, in dem die Hälfte von Pontecorvos Asche begraben liegt! Auf ewig verknüpft bleiben wird Pontecorvos Name besonders mit den Neutrino-Oszillationen, mittels derer Neutrinos auf ihrem Flug die Identität wechseln können wie ein Chamäleon die Farbe und von Elektron-Neutrinos zu Myon-Neutrinos oder Tau-Neutrinos hin und her »changieren« können. Neutrino-Oszillationen haben bewiesen, dass Neutrinos – anders als zu Beginn vermutet – eine Masse besitzen.

Bleibt als letzter meiner Helden Masatoshi Koshiba mit seinem Kamiokande-Detektor, mit dem er nicht nur Sonnenneutrinos registriert hat, sondern auch Neutrinos aus einer Supernova. Elf Neutrinos, die in Kamiokande ein Signal ausgelöst haben. Elf von schätzungsweise zehn Billiarden, die innerhalb von einigen Sekunden durch seinen Detektor gerauscht sind. Neutrinos, die uns erstmalig Einblick in das Innere eines Neutronensterns gewährt haben. Das war der zweite Blick – nach jenem ins Innere der Sonne – in eine verborgene Welt, aus der nichts außer Neutrinos zu uns dringen kann. Paradoxerweise sind wahrscheinlich diese Neutrinos der Grund dafür, dass nicht sämtliche Materie des Sterns in den Neutronenstern hinabstürzt, sondern ein Teil davon hinaus in den Kosmos geschleudert wird und ihn mit den Elementen düngt, aus denen später Planeten wie die Erde entstehen und dann auch das, was darauf lebt, also auch wir. Völlig verdient ist Koshiba im Jahr 2002 der Nobelpreis verliehen worden, zusammen mit Ray Davis.

o

Alle meine Protagonisten sind inzwischen verstorben, auch die, die ich noch selbst kennenlernen durfte. Wenn zum Todeszeitpunkt dieser fünf alle ihre Hauptfragen zu Natur und Herkunft von Neutrinos beantwortet gewesen wären, dann könnte ich das Buch an dieser Stelle beruhigt enden lassen. Aber natürlich ist es nicht so. Ich vermute, die Leser möchten wenigstens im Groben wissen, wie es weitergegangen ist. Mit den Sonnenneutrinos, mit den Neutrino-Oszillationen, mit den Supernova-Neutrinos und schließlich auch mit den hochenergetischen Neutrinos, nach denen wir mit dem IceCube-Teleskop suchen. In diesem Epilog will ich darum die Hauptresultate der letzten zwei bis drei Jahrzehnte skizzieren.

Zuerst etwas zu den **Sonnenneutrinos**: Nachdem Davis mit seinem Chlor-Argon-Experiment das Rätsel der fehlenden Sonnenneutrinos entdeckt und Kamiokande den Befund bestätigt hatte, nachdem die beiden Gallium-Germanium-Experimente auch die pp-Neutrinos messen konnten und schließlich Super-Kamiokande die Ergebnisse von Kamiokande erheblich präzisiert hatte, wurde der bisherige Höhepunkt der Sonnenneutrino-Forschung mit dem Borexino-Experiment erreicht. Dieser Detektor wurde von 2007 bis 2021 im Gran-Sasso-Laboratorium in den Appenninen betrieben. Borexino war ein Meisterwerk in Bezug auf die Unterdrückung von Störsignalen. Nur durch die weitgehende Eliminierung solcher Signale war es möglich, ein regelrechtes Energiespektrum der Sonnenneutrinos aufzuzeichnen, in dem sich klar die Beiträge der einzelnen Reaktionen abheben. Borexino ist zweifellos die glanzvolle Krönung in der bisherigen Geschichte der Sonnenneutrinos.

Borexino spielte übrigens auch eine wesentliche Rolle für die Messung von **Geoneutrinos** – ein Aspekt, der in diesem Buch bisher noch keine Rolle gespielt hat. Die Erde strahlt pro Sekunde knapp 50 Terawatt Wärme ab (weniger als 0,1 Prozent der Energie, welche die Sonne auf die Erde *ein*strahlt). Ein großer Teil davon dürfte auf das Milliarden Jahre lange Abkühlen des Erdkerns und des Mantels zurückzuführen sein. Gäbe es jedoch kein »Nachfüttern« mit Wärme aus radioaktiven Zerfällen im Erdinnern, dann hätte unser Planet zu Beginn eine extrem hohe Temperatur haben müssen, die sich mit keinerlei sinnvollen Modellannahmen vereinbaren ließe. Der relative Anteil dieser *radiogenen* Wärme ist darum entscheidend, um die thermischen Bedingungen während der Frühphasen der Erde zu verstehen. Er ist außerdem wichtig, um die Konvektionsprozesse im äußeren Mantel zu verstehen – also die Prozesse, die zu Kontinentalverschiebungen, Erdbeben und Vulkanausbrüchen führen und damit ganz unmittelbar auch uns selbst berühren. Auskunft über die Stärke der radiogenen Wärme kann uns die Messung von Neutrinos aus Beta-Zerfällen im Erdmantel geben, und tatsächlich gelang dieses Kunststück einem japanischen Detektor und – weit genauer – Borexino. Der Anteil der radiogenen Erdwärme beträgt demnach etwa 50 % (mit einem Fehler von 20 %).

Unglaublich viel hat sich auf dem Gebiet der **Neutrino-Oszillationen** getan. Nach den Resultaten der beiden Gallium-Germanium-Experimente zweifelte kaum jemand daran, dass das Defizit solarer Neutrinos auf Oszillationen beruht. Dass tatsächlich Oszillationen und nicht etwa Neutrino*zerfälle* der Grund für das Defizit waren, bewiesen 2001 die Ergebnisse des Sudbury Neutrino Observatory (SNO), das ich schon im Kapitel zu Davis und Bahcall erwähnt habe. Dieses Experiment, dessen Leiter der Kanadier Art McDonald war, sprach auf alle Neutrinosorten an und nicht nur auf Elektron-Neutrinos. Die Messungen bewiesen, dass exakt so viele Sonnenneutrinos auf der Erde ankommen, wie Bahcalls Standard Solar Model vorhersagt. Es war dieser Befund von 2001, nach dessen Bekanntgabe sich Bahcall fühlte wie jemand, der eines Vergehens verdächtigt gewesen und nun endlich durch eine DNA-Probe entlastet worden war.

Einen weiteren schlagenden Beweis, dass Neutrinos einer Sorte sich in solche einer anderen Sorte verwandeln können, hatte schon 1998 der Japaner Takaaki Kajita geliefert. Er hatte sich seit den Kamiokande-Tagen mit jenen Neutrinos beschäftigt, die in der Erdatmosphäre beim Aufprall geladener kosmischer Teilchen erzeugt werden – den »atmosphärischen Neutrinos«. Kajita untersuchte diese Neutrinos mit Super-Kamiokande, dem vielfach größeren Nachfolgedetektor von Kamiokande. Dabei stellte er fest, dass ihre Anzahl geringer war als erwartet, und konnte das sehr überzeugend auf Neutrino-Oszillationen zurückführen. Tatsächlich waren die Diskussionen, ob es ein solches Defizit gibt, seit den 1980er-Jahren hin und her gewogt. Die einen registrierten es, die anderen nicht. Erst die Riesenanzahl von genauestens vermessenen Neutrinoreaktionen und die peniblen Korrekturen auf alle verzerrenden Einflüsse führten Kajita zu seinem eindeutigen Ergebnis. Bei Bekanntgabe seines Ergebnisses auf einer Konferenz im Jahr 1998 spendete man ihm donnernden Applaus – wahrlich nichts, wozu sich Physiker für gewöhnlich hinreißen lassen.

Anderthalb Jahrzehnte später, 2015, nachdem Neutrino-Oszillationen auch mit Neutrinos aus Kernreaktoren und aus Teilchenbeschleunigern gemessen worden waren, erhielten Kajita und McDonald den Nobelpreis für Physik »für die Entdeckung der Neutrino-Oszillationen, die zeigt, dass Neutrinos Masse besitzen«. Bruno Pontecorvo, ihr einstiger Erfinder, war da schon 22 Jahre tot …

Mit den erwähnten Experimenten an Kernreaktoren und Beschleunigern ist es inzwischen gelungen, die Größen, die das Oszillationsverhalten bestimmen, immer genauer einzugrenzen. Wir kennen zum Beispiel die *Differenzen* zwischen den Massen der drei »Massenzustände«. Was wir noch nicht kennen, sind die Massen selbst. Um die herauszukriegen, ist der vielversprechendste Weg immer noch die Vermessung des Spektrums von Elektronen, die beim Beta-Zerfall entstehen. Also genau das, was Lise Meitner vor einem Jahrhundert gemacht hat, nur mit unvorstellbar besserer Genauigkeit. Das Spitzenexperiment dazu, das Karlsruhe Tritium Neutrino Experiment (KATRIN), steht im Karlsruher Institut für Technologie. Aus bisherigen Messungen des Beta-Spektrums von Tritium mit KATRIN wissen wir, dass alle drei Massen kleiner als 0.45 eV sein müssen. Gleichzeitig sagen uns die Kosmologen, dass die astrophysikalischen Daten wenig Raum für Neutrinos mit mehr als 0.2 eV lassen, alle drei Massen zusammengezählt. Man darf also gespannt sein, ob KATRIN (oder ein Nachfolgeprojekt) irgendwann statt einer Obergrenze eine endliche Masse oberhalb von

0.2 eV melden kann und damit die Kosmologen in Schwierigkeiten bringt oder ob das Spiel zugunsten der Kosmologen ausgeht.

Einige Worte sind zu dem möglichen Erscheinen einer nächsten **Supernova** in unserer Galaxis angebracht. Die Supernova 1987A liegt nun schon fast 40 Jahre zurück. Pro Jahrhundert erwartet man in einer Galaxis wie der unsrigen im Mittel ein bis zwei Supernova-Explosionen. Dass im vergangenen Jahrtausend nur fünf gesichtet wurden, hängt vermutlich damit zusammen, dass der größte Teil von ihnen durch Staubmassen verdeckt war und somit unbemerkt blieb. Heute können wir jedoch mit Radio- und Infrarotwellen durch viel dickere Staubschichten hindurchschauen als die Astronomen vergangener Jahrhunderte, und außerdem haben wir zwei gänzlich neue Informationsträger – Neutrinos und Gravitationswellen.

Das Signal von der nächsten galaktischen Supernova kann schon vor der Tür stehen. Es kann morgen ankommen, es kann im nächsten Jahr ankommen, es kann aber durchaus auch noch ein paar Jahrzehnte auf sich warten lassen. Auf jeden Fall aber sind die Wissenschaftler diesmal besser gerüstet als 1987. Super-Kamiokande dürfte für eine Supernova im galaktischen Zentrum mit 10 000 Neutrinoreaktionen rechnen. Für den JUNO-Detektor in China, der Ende 2025 in Betrieb gehen soll, wären etwa 5000 Reaktionen zu erwarten. Ein halbes Dutzend weiterer Detektoren könnten sich auf ein paar Hundert Ereignisse freuen. Das IceCube-Teleskop, über das ich zum Schluss berichten werde, würde einen sprunghaften Anstieg der Zählraten seiner Photomultiplier registrieren, hervorgerufen durch Millionen von Neutrinoreaktionen im umgebenden Südpoleis. Eine Goldgrube nicht nur für die Astrophysik, sondern auch für die Teilchenphysik. Und schließlich soll 2027 ein Nachfolgedetektor von Super-Kamiokande in Betrieb genommen werden: Hyper-Kamiokande. Bei einer Supernova-Explosion im Zentrum der Milchstraße würde dieses Monstergerät, fast halb so hoch wie der Kölner Dom, etwa 100 000 Ereignisse registrieren.

Bei all den geschilderten Vorhaben, bei denen das Neutrino als Sonde dient, um in eine verborgene Welt »hineinzuschauen«, mögen sich einige Leser gefragt haben: na und? Natürlich ist es brennend interessant zu wissen, wie die Sonne arbeitet, was im Innern eines kollabierenden Sterns vonstattengeht oder woher die Erdwärme stammt. Aber kann ich mit Neutrinos etwas machen, das an das Durchleuchten eines Patienten mit Röntgenstrahlen erinnert oder an das Aufspüren von Materialfehlern mit Ultraschall? Etwas mit praktischem Nutzen, hier auf der Erde, nicht Millionen oder Milliarden von Kilometern entfernt? Die Antwort lautet: *vielleicht*. Und zwar im Rahmen des Programms **Neutrinos for Peace.**

Tatsächlich kann man mithilfe von Anti-Neutrinos kontrollieren, was im Innern eines Kernreaktors vor sich geht, wie viel Plutonium mit der Zeit erzeugt worden ist und ob – sozusagen über Nacht und von Inspektoren unbemerkt – Plutonium entnommen und durch frisches Uran ersetzt worden ist, um dann für die Produktion von Atombomben genutzt zu werden. Es gibt nur zwei Probleme. Erstens: Lassen einen die mutmaßlichen Verletzer des Verbots, Kernwaffen zu bauen oder Kernwaffenmaterial weiterzugeben, nahe genug an ihren Reaktor heran? Und zweitens: Wie teuer wird das Ganze? Der Preis hängt natürlich von der Entfernung zwischen Kernreaktor und Neutrinodetektor ab. Je größer die Entfernung, umso größer muss der Detektor sein, um noch genügend Neutrinos zu erwischen. Ein typischer der gegenwärtig existierenden mobilen, kühlschrankgroßen Detektoren, in unmittelbarer Nähe des Reaktors aufgestellt, ist nicht teurer als ein paar Millionen Dollar, das heißt 1000- oder 10 000-mal weniger als der Reaktor selbst. Wollte man jedoch einen 300 Kilometer entfernten Reaktor auch nur *erkennen* (und nicht etwa den Plutoniumgehalt nachverfolgen), wäre man schnell bei einer Milliarde Dollar für den Neutrinodetektor. Immerhin ermutigt und unterstützt die International Atomic Energy Agency (IAEA) diese Bemühungen im Rahmen ihres Programms zur Nichtweitergabe von Kernwaffen. Gegenwärtig sind weltweit einige Hundert Physiker und Techniker mit der Entwicklung der Methode beschäftigt. Ganz unrealistisch ist sie also nicht.

Zum Schluss einige Worte zu **Neutrinos aus kosmischen Teilchenschleudern**, zum Beispiel aus der Umgebung Schwarzer Löcher oder entlang von Materiewellen, die sich nach einer Supernova-Explosion in die interstellaren Weiten ausbreiten. Das ist das Gebiet, dem ich mich seit 1988 gewidmet habe. Begonnen hat diese Forschungsrichtung Mitte der 1970er-Jahre mit dem DUMAND-Projekt nahe Hawaii, seinen vorläufigen Höhepunkt hat es mit unserem IceCube-Neutrinoteleskop am Südpol gefunden.

Das DUMAND-Projekt habe ich in dem Kapitel zu Fred Reines beschrieben. Ein Neutrinoteleskop, das mehr als einen Kubikkilometer Wasser umspannen und von amerikanischen, russischen und japanischen Physikern im tiefen Meer vor Hawaii gebaut werden sollte. Das Projekt wurde 1995 abgebrochen, aber das Erbe, das dieses Ursprungsprojekt aller großen Neutrinoteleskope hinterlassen hat, ist unschätzbar.

Die Russen wurden 1980 wegen des Afghanistan-Kriegs aus dem Projekt hinausgeschmissen und mussten sich überlegen, was sie danach machen sollten. Sie kamen auf die Idee, es im sibirischen Baikalsee zu versuchen, dessen maximale Tiefe 1642 Meter beträgt. Die Durchsichtigkeit des Wassers kann nicht ganz mit der Klarheit ozeanischen Tiefenwassers mithalten, aber im Vergleich mit anderen Binnengewässern nimmt der Baikalsee eine unumstrittene Spitzenposition ein. Ein großes Plus ist, dass er im späten Winter meterdick zufriert. Man benötigt also kein Schiff, um die Bestandteile des Teleskops in die Tiefe zu versenken, sondern kann das im Winter vom Eis aus bewerkstelligen, durch Löcher, die man durch die Eisdecke fräst.

Ich schloss mich 1988 mit meiner damals noch sehr kleinen Gruppe den russischen Baikalforschern an. Das zehn Jahre später fertiggestellte Teleskop war nach heutigen Maßstäben lächerlich klein. Das war aber nicht das Wesentliche. Es war klar, dass dieses erste Teleskop nur einen Machbarkeitstest für die Methode liefern und nicht in astrophysikalische Sphären vorstoßen konnte. Dieser Machbarkeitstest gelang schon mit den ersten drei Trossen. Deren Photomultiplier zeichneten

Signale auf, die auf Myonen zurückzuführen waren, die den Detektor von unten kommend durchflogen. Solche Myonen können nur durch ein Neutrino erzeugt worden sein, denn nur Neutrinos können die ganze Erde durchqueren. Es war ein solches Neutrino, das ich 1996 – wie im Reines-Kapitel beschrieben – stolz dem schon desorientierten Fred Reines präsentiert und danach in seine leeren Augen geblickt hatte. Es erübrigt sich, zu sagen, dass die paar Hundert nicht besonders energetischen Neutrinos, die wir im Baikalsee detektiert haben, vermutlich alle in der Erdatmosphäre erzeugt worden waren und nicht von weit her aus dem Kosmos kamen.

1994 beschlossen wir, uns zusätzlich zum Baikal-Programm dem AMANDA-Projekt anzuschließen. Amerikaner und Schweden wollten ein Neutrinoteleskop am Südpol bauen. Ihren Detektor wollten sie im drei Kilometer dicken Eispanzer direkt über dem geografischen Südpol installieren. Die kilometertiefen Löcher, in die man die Glaskugeln mit den Photomultipliern hinablässt, werden mit 80° heißem Wasser ins Eis geschmolzen. Das Wasser wird durch eine Düse auf das Eis gepresst und frisst sich innerhalb von zwei Tagen bis auf zwei Kilometer Tiefe hinab. In die Wassersäule werden danach Trossen mit Photomultipliern in Glaskugeln herabgelassen, ehe das Wasser im Loch dann tatsächlich gefriert.

Mit AMANDA haben wir jährlich etwa 1000 Neutrino-Reaktionen nachgewiesen. Auch sie stammen vermutlich alle aus der Erdatmosphäre – zumindest sahen wir aus keiner Richtung einen Überschuss an Neutrinos, der auf eine kosmische Quelle hingedeutet hätte. Und ebenso wenig zeigten sich irgendwo Neutrinos derartig hoher Energie, dass ein Ursprung in der Erdatmosphäre auszuschließen gewesen wäre. Auch AMANDA durfte nur als Vorstufe zu einem wirklichen Neutrinoteleskop gelten. Ein solches Teleskop ging schließlich Anfang 2011 im Tiefeneis des Südpols in seiner endgültigen Ausbaugröße in Betrieb: IceCube. Dieses Neutrinoteleskop überdeckt einen vollen Kubikkilometer Eis – also in etwa das, was die DUMAND-Leute in ihrem ersten Entwurf von 1978 angepeilt hatten.

Ich habe in dem Kapitel zu Davis und Bahcall beschrieben, dass wir uns durchaus nicht sicher sein durften, mit IceCube nun endlich kosmische Neutrinos zu entdecken. Tatsächlich sahen wir bis 2012 auch keinerlei Anzeichen dafür. Aber dann begann sich ein leichter Überschuss bei hohen Energien abzuzeichnen, und Ende 2012 hatten wir 28 Kandidaten für extraterrestrische Neutrinos gefunden. Die Wahrscheinlichkeit, dass sie durchweg atmosphärischen Ursprungs waren, betrug nur ein Fünfzigtausendstel. Das war der Durchbruch, der Ende 2013 dann auch von der Zeitschrift *Physics World* zum »Physics Breakthrough of the Year« gekürt wurde.

Was immer noch fehlte, war eine klare Zuordnung der Neutrinos zu einer bekannten Quelle. Weder die Himmelskarte *aller* Neutrinos noch die der hochenergetischsten unter ihnen zeigen eine auffällige Anhäufung an irgendeinem Punkt des Himmels. Das änderte sich am 22. September 2017, als IceCube ein äußerst energetisches Myon aufzeichnete, das den Detektor von schräg unten kommend durchflog. Die Energie war so hoch, dass wir sofort die Astronomen benachrichtigten. Und die wurden fündig! Das Neutrino kam aus einer Richtung, die mit der Position einer Aktiven Galaxie mit dem Namen TXS 0506+056 übereinstimmte. Sie ist etwa vier Milliarden Lichtjahre von uns entfernt. Laut den Befunden der Astronomen befand sich dieses Objekt im September 2017 gerade in einem Zustand erhöhter Aktivität. Ermutigt durch diese Nachricht, durchsuchten wir die archivierten Daten aus den Vorjahren und fanden, dass an ebendieser Position von Ende 2014 bis März 2015 ein ins Auge fallender Überschuss an Neutrinos registriert worden war. Für sich allein genommen war dieser Überschuss nicht signifikant (darum hatten wir ihn vorher auch nicht ernst genommen), aber zusammen mit der Beobachtung vom 22. September 2017 wurde er es.

TXS 0506+056 war noch nicht das Ende. Inzwischen haben wir auch Neutrinos aus einer anderen Aktiven Galaxie in einer Entfernung von »nur« 47 Millionen Lichtjahren registriert und auch Andeutungen von Überschüssen aus anderen Quellen beobachtet. Schließlich konnten wir im Jahr 2023 durch eine ausgeklügelte Unterdrückung der Signale von atmosphärischen Neutrinos auch das »Neutrinoleuchten« unserer eignen Milchstraße identifizieren. Sie stammen aus den Stößen geladener kosmischer Strahlen mit dem galaktischen Staub, der die Weiten der Milchstraße in äußerst verdünnter Form ausfüllt.

Mit IceCube haben wir ein neues Fenster zum Kosmos geöffnet, das Fenster für hochenergetische Neutrinos aus kosmischen Beschleunigungsprozessen. Aber es ist nur einen Spalt offen. Um die *terra incognita*, die da vor uns liegt, wirklich zu erkunden, brauchen wir noch mehr und noch größere Neutrinoteleskope. Unsere russischen Kollegen haben im Baikalsee ein Teleskop gebaut, das inzwischen mehr als halb so groß ist wie IceCube. Eine vorwiegend europäische Kollaboration baut im Mittelmeer ein großes Teleskop mit zwei Standorten, vor Sizilien ein großes mit einem Kubikkilometer Volumen, vor Toulon ein kleineres für Oszillationsuntersuchungen. Dem größeren der beiden ging am 13. Februar 2023 das Ereignis mit der höchsten jemals registrierten Neutrinoenergie ins Netz, 20-mal so hoch wie die des energetischsten Neutrinos, das in IceCube entdeckt worden war. Der Ursprung dieses Neutrinos ist bis jetzt völlig unklar. Während wir uns noch über dieses Ereignis der Superlative wundern, ist eine andere Kollaboration mit den Vorbereitungen für ein Teleskop vor der kanadischen Pazifikküste beschäftigt, und auch die Chinesen sind nicht untätig. Sie peilen ein 30 Kubikkilometer großes Neutrinoteleskop im Südchinesischen Meer an. Die IceCube-Kollaboration selbst plant einen Detektor von etwa 10 Kubikkilometer Volumen.

Vermutlich ist die Neutrinoastronomie hoher Energien das Gebiet, von dem in den nächsten zwei Jahrzehnten die meisten Entdeckungen zu erwarten sind. Die erwähnten neuen Neutrinoteleskope werden, alle zusammengerechnet, 10- bis 30-mal so groß sein wie IceCube allein. Und wie immer, wenn man Geräte mit einer Empfindlichkeit baut, die um eine volle Größenordnung oder mehr über der ihrer Vorgänger liegt, darf man auf Überraschungen gefasst sein. Das schließt Phänomene ein, die man vorher gar nicht auf der Einkaufsliste hatte – einfach, weil man nicht wusste, dass es sie überhaupt gibt. So war es bei der

Entdeckung der Jupitermonde durch Galileo Galilei, als er zum ersten Mal ein Fernrohr auf den Himmel richtete, und so blieb es bis zur Entdeckung von Pulsaren und Quasaren mit den ersten Radioteleskopen. Und so ist es heute noch. Garantieren kann solche gänzlich ungeplanten Entdeckungen niemand, aber zumindest haben wir die Geschichte der Astronomie auf unserer Seite.

o

Neutrinos aus Sternexplosionen, aus der Sonne, aus dem Erdinnern, aus Kernreaktoren und aus irdischen Teilchenbeschleunigern, jetzt auch solche aus kosmischen Beschleunigern: Die Geschichte des seltsamsten Teilchens der Welt, so viel steht fest, ist noch lange nicht auserzählt.

EINE KLEINE ÜBERSICHT: BASISDEFINITIONEN ZU NEUTRINOS

Das Neutrino existiert in drei Ausführungen (»Typen«):

1) Elektron-Neutrino (ν_e)
2) Myon-Neutrino (ν_μ)
3) Tau-Neutrino (ν_τ)

Zu jedem Neutrino gibt es eine Version als Antiteilchen ($\bar{\nu}_e$, $\bar{\nu}_\mu$, $\bar{\nu}_\tau$), dabei bedeutet der Überstrich, dass es sich um Antiteilchen handelt.

Die elektrisch geladenen Geschwisterteilchen der drei Neutrinos heißen Elektron, Myon und Tauon.

Alle Neutrinos (egal ob es Elektron-, Myon- oder Tau-Neutrinos sind) unterliegen nur der schwächsten aller Kräfte, die im Mikrokosmos wirken. Darum reagieren sie auch so selten. Allerdings steigt ihre Reaktionsneigung mit der Energie an. Während beim Durchqueren der Erde von 10 Milliarden Neutrinos aus der Sonne nur ein oder zwei wechselwirken, sind es bei den Neutrinos aus kosmischen Beschleunigern (wie sie mit dem IceCube-Experiment untersucht werden) schon einige Prozent der Neutrinos.

In diesem Buch werden Neutrinos häufig nicht nach ihrem *Typ*, sondern nach ihrer *Herkunft* benannt:

a) **Reaktor-Neutrinos.** Sie werden in Kernreaktoren durch Beta-Zerfälle erzeugt (Umwandlung eines Neutrons in ein Proton, ein Elektron und ein Antineutrino, $n \rightarrow p + e^- + \bar{\nu}_e$. Bei Reaktor-Neutrinos handelt es sich also durchweg um Anti-Elektron-Neutrinos.
b) **Geoneutrinos.** Sie werden bei Beta-Zerfällen in der Erdkruste erzeugt. Es handelt sich um Anti-Elektron-Neutrinos.

c) **Sonnenneutrinos (oder auch solare Neutrinos).** Sie werden bei Kernverschmelzungsprozessen im Innern der Sonne erzeugt. Sonnenneutrinos sind durchweg vom Typ Elektron-Neutrino. Zumindest entstehen sie als solche. Auf ihrem Weg zur Erde können sie sich mithilfe der sogenannten Neutrino-Oszillationen zu einem gewissen Prozentsatz in Myon- oder Tau-Neutrinos umwandeln. Je nachdem, in welchem der vielen Prozesse im Sonnenzentrum diese Neutrinos erzeugt werden, bezeichnet man sie als solare pp-, Bor-8- oder CNO-Neutrinos – um nur drei Beispiele zu nennen, die in diesem Buch vorkommen. pp-Neutrinos stammen aus einem Prozess, in dem zwei Protonen zu schwerem Wasserstoff verschmelzen, Bor-8-Neutrinos aus Zerfällen des Bor-Isotops ^{8}B und CNO-Neutrinos aus dem sogenannten CNO-Zyklus. pp-Neutrinos haben die geringste, Bor-8-Neutrinos die höchste Maximalenergie aller Sonnenneutrinos.

d) **Atmosphärische Neutrinos.** Sie werden bei der Reaktion elektrisch geladener kosmischer Teilchen in der Erdatmosphäre erzeugt. Atmosphärische Neutrinos bestehen zum größten Teil aus Myon- und Elektron-Neutrinos und deren Antiteilchen.

e) **Neutrinos aus Supernovae.** Sie werden in großer Zahl in der Endphase sehr schwerer Sterne und bei ihrem finalen Kollaps zu einem Neutronenstern erzeugt. Sie umfassen alle Typen von Neutrinos und Antineutrinos.

f) **Neutrinos aus kosmischen Beschleunigern.** Sie werden zum Beispiel in sogenannten Aktiven Galaxien erzeugt, in der Nähe supermassiver Schwarzer Löcher. Sie umfassen alle Typen von Neutrinos und Antineutrinos.

DANK

Erstleserin und Korrektorin der einzelnen Kapitel war meine Frau Gisela. Sie hat das Entstehen des Buches von den ersten Plänen bis zur Fertigstellung mit Neugier und Begeisterung begleitet. Meine Kollegen und Freunde Thomas Naumann und Johannes Knapp haben eine sorgfältige sprachliche und fachliche Korrekturlesung des gesamten Texts vorgenommen. Miriam Seidler und Wolfgang Lange haben in einem zweiten Durchlauf weitere wichtige Korrekturen angebracht. Folgenden ehemaligen Mitarbeitern und Verwandten der Protagonisten bin ich zu Dank für Informationen verpflichtet: William Kropp (†), Henry Sobel und John G. Learned zu Fred Reines, Samoil Bilenky (†) und Gil Pontecorvo zu Bruno Pontecorvo, Neta Bahcall zu John Bahcall, Masyuki Nakahata und Takaaki Kajita zu Masatoshi Koshiba. Weitere Hinweise zu inhaltlichen Verbesserungen erhielt ich von Dieter Hoffmann (zu Meitner und Pauli) und Luisa Bonolis (zu Pontecorvo). Satoshi Fukami hat die nur auf Japanisch erschienene Koshiba-Biografie gelesen und mir Informationen geliefert, die ich aus anderen Quellen nicht hatte. Miriam Seidler hat eines der Kapitel mit dem geübten Blick der Germanistin durchkorrigiert. *Last*, aber alles andere als *least*: Annika Domainko vom Hanser Verlag hat als Lektorin nicht nur entscheidend zum letzten Schliff des Textes beigetragen, sondern mich darüber hinaus mit einer Mischung aus Toleranz und Konsequenz überzeugt, fachspezifische Passagen zu vereinfachen und damit das Buch für Laien lesbarer zu machen. Allen diesen Personen danke ich sehr herzlich. Es erübrigt sich zu sagen, dass verbleibende Fehler auf meine Kappe gehen.

QUELLEN

Für über das rein Fachliche hinausgehende Informationen habe ich die folgenden Bücher, Interviews und Artikel benutzt:

Lise Meitner

1) David Rennert und Tanja Traxel: *Lise Meitner – Pionierin des Atomzeitalters* (Residenz Verlag 2018)
2) Anne Hardy und Lore Sexl: *Lise Meitner* (rororo 2002)
3) Charlotte Kerner: *Lise, Atomphysikerin, die Lebensgeschichte der Lise Meitner* (Beltz & Gelberg 1986)
4) Patricia Rife: *Lise Meitner, ein Leben für die Wissenschaft* (Claassen 1990)

Wolfgang Pauli

1) *Wolfgang Pauli, Wissenschaftlicher Briefwechsel*, Hrsg. A. Hermann, K. v. Meyenn, V. F. Weisskopf (Band 1: Springer 1979, Band 2: Springer 1985)
2) Charles P. Enz und Karl v. Meyenn (Hrsg.): *Wolfgang Pauli – das Gewissen der Physik* (Vieweg 1988)
3) Ernst Peter Fischer: *Brücken zum Kosmos. Wolfgang Pauli zwischen Kernphysik und Weltharmonie* (Libelle Verlag 2014)
4) Arthur Miller: *137 – C. G. Jung, Wolfgang Pauli und die Suche nach der kosmischen Zahl* (DVA 2011)

Fred Reines

1) Leondard A. Cole: *Chasing the Ghost – Nobelist Fred Reines and the Neutrino* (World Scientific 2021)
2) William Kropp, Jonas Schultz und Henry Sobel: *Fredrick Reines: A Biographical Memoir* (National Academy of Sciences USA 2009)

Bruno Pontecorvo

1) Frank Close: *Half-Life – The Divided Life of Bruno Pontecorvo, Physicist or Spy* (Basic Books 2015)
2) S. M. Bilenky u. a. (Hrsg.): *Bruno Pontecorvo – Selected Works and Recollections* (2. Aufl., Societá Italiana de Fisica 2013)

Ray Davis and John Bahcall

1) John N. Bahcall and R. Davis Jr: »An account of the development of the solar neutrino problem«, in: John N. Bahcall: *Neutrino Astrophysics* (Cambridge University Press 1989)
2) Kenneth Lande: *The Life of Raymond Davis Jr. and the Beginning of Neutrino Astronomy* (Annual Rev. Nucl. Part. Sci 2009)
3) Raymond Davis Jr.: https://www.nobelprize.org/prizes/physics/2002/davis/biographical/
4) Jeremia P. Striker, Neta Bahcall: Nachruf auf John Bahcall: https://ui.adsabs.harvard.edu/abs/2007BAAS...391053S/abstract
5) Magdolna Hargittai und Istvan Hargittai: *Conversations With Famous Physicists* (Imperial College Press 2004)

Masatoshi Koshiba

1) Alfred K. Mann: *Shadow of a Star – The Neutrino Story of Supernova 1987A* (Freeman & Company 1997)
2) David deVorkin, Interview mit Masatoshi Koshiba: https://www.aip.org/history-programs/niels-bohr-library/oral-histories/24870

Leser, die die physikalischen Hintergründe etwas genauer nachlesen wollen, verweise ich auf mein eigenes populärwissenschaftliches Buch *Neutrinoastronomie – Blick in verborgene Welten* (Springer 2021, aktualisierte Neuauflage Ende 2025).

REGISTER